普通高等教育能源动力类专业“十四五”系列教材

自动控制原理

孙培伟 魏新宇 编著

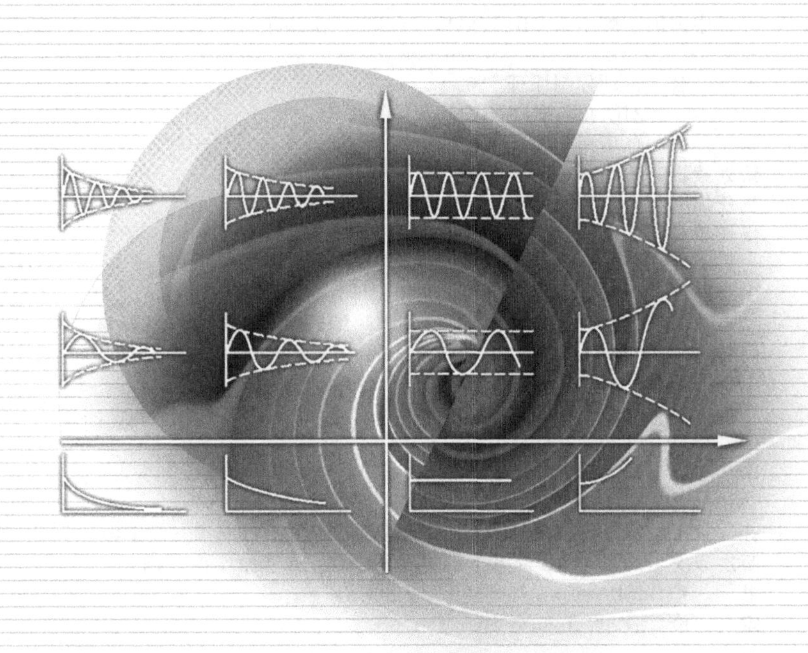

内容简介

本教材主要介绍了自动控制原理的基本内容，全书共分5章，主要讲述了自动控制原理的基本概念，控制系统的数学模型，经典控制理论中的时域分析、根轨迹分析和频率分析等方法。各章开篇均设置了相关内容的小故事，增加了教材的趣味性；各章均采用案例分析方式对MATLAB软件的使用进行了说明，以增强学生使用现代分析工具的能力。

图书在版编目(CIP)数据

自动控制原理/孙培伟，魏新宇编著. — 西安 ：
西安交通大学出版社，2023.12
普通高等教育能源动力类专业"十四五"系列教材
ISBN 978-7-5693-3539-2

Ⅰ. ①自… Ⅱ. ①孙…②魏… Ⅲ. ①自动控制
理论—高等学校—教材 Ⅳ. ①TP13

中国国家版本馆CIP数据核字(2023)第233064号

书　　名 自动控制原理
ZIDONG KONGZHI YUANLI
编　　著 孙培伟　魏新宇
策划编辑 田　华
责任编辑 王　娜
责任校对 郭鹏飞

出版发行 西安交通大学出版社
(西安市兴庆南路1号　邮政编码710048)
网　　址 http://www.xjtupress.com
电　　话 (029)82668357　82667874(市场营销中心)
(029)82668315(总编办)
传　　真 (029)82668280
印　　刷 西安日报社印务中心

开　　本 787 mm×1092 mm　1/16　**印张** 11.375　**字数** 284千字
版次印次 2023年12月第1版　2023年12月第1次印刷
书　　号 ISBN 978-7-5693-3539-2
定　　价 35.00元

如发现图书印装质量问题，请与本社市场营销中心联系。
订购热线：(029)82665248　(029)82667874
投稿热线：(029)82668818
读者信箱：465094271@qq.com

前　言

自动控制原理是工程技术人员必须掌握的技术基础知识，对于核工程与核技术专业人员亦是如此。通过对自动控制原理课程的学习，学生可掌握自动控制理论的基本原理和方法，为进一步学习核工程与核技术专业的后续课程打下坚实的理论基础。

本教材充分吸收了国内外相关教材的优点，注重基础理论和分析方法相结合，依照核工程与核技术专业自动控制原理课程的教学要求，重点介绍了经典控制理论的基本内容。

本教材共分5章，具有以下特点：

1. 从基础理论和分析方法出发，注重阐述分析方法背后的原理，突出重点，引导学生理解教材内容。

2. 为了增强教材的可读性，每章均设置了与该章内容相关的小故事，以提高学生的学习兴趣，减轻学生在学习过程中的枯燥感。

3. 为了增强学生使用现代分析工具的能力，本教材从MATLAB软件使用基础出发，每章均设置了使用MATLAB软件进行控制系统分析和应用的案例，以使学生更好地掌握利用MATLAB软件进行控制系统分析的方法，为后续利用该工具分析核工程与核技术复杂问题打下基础。

4. 为了便于学生自学和更好地掌握本教材的基础理论，每章均设置了小结和关键术语概念，以供学生归纳和总结使用。

5. 为了提高学生分析和解决问题的能力，每章均设置了充足的例题和习题，以供学生练习和强化使用。

全书由孙培伟和魏新宇编写。孙培伟编写了第1、2、5章，魏新宇编写了第3、4章，全书由孙培伟进行统稿。由于编者水平有限，书中难免存在错误和疏漏之处，敬请读者批评指正。

编者

2023年10月

前言

目 录

第1章 绪 论

1.1 自动控制的基本概念、发展及基本组成

1.1.1 自动控制的定义与发展

自动控制是指在没有人直接参与的情况下，利用外加的设备或装置(控制装置)，使机器、设备或生产过程(控制对象)中的某个工作状态或参数(被控量)，按照预定的规律自动地运行。

在人类发展的历史中，随着制造工具的进步，逐渐孕育发展形成了自动控制理论。比如，我国早在北宋时期就出现了苏颂和韩公廉等人利用天衡装置制造的水运仪象台(见图1.1)，其本质上就是一个按负反馈原理构成的闭环非线性自动控制系统；1765年俄国的普尔佐诺夫(I. Polzunov)发明了蒸汽锅炉水位调节器；等等。

图1.1 水运仪象台

小故事

水运仪象台是由北宋天文学家苏颂和韩公廉等人设计的以水为动力的天文钟，建成于北宋元祐年间(约公元1088年)。其是一座大型的天文钟，集计时、报时、天文观测和星象显示三项功能于一体，堪称是当时世界上最先进、技术综合程度最高的大型机械装置。

这座天文钟的结构分为三层：顶层为浑仪，用于观测星空，上方的屋顶在观测时可以打开；中层为浑象，用于显示星空；底层为动力装置及计时、报时装置，报时装置巧妙地利用了160多个小木人及钟、鼓、铃、钲四种乐器，不仅可以显示时、刻，还能报昏、旦时刻和夜晚的更点。这三部分用一套传动装置和一组机轮连接起来，用漏壶水冲动机轮，机轮可通过流量稳定的水流实现等时、高精度的回转运动，使这座三层结构的天文装置环环相扣，达到与天体同步运行的状态。

水运仪象台的机械传动装置类似现代钟表的擒纵器，被英国的李约瑟认为“很可能是欧洲中世纪天文钟的直接祖先”。

随着科学技术与工业生产的发展，自动控制理论逐渐应用到现代工业中。第一次工业革命开始的标志是蒸汽机的广泛使用。1788 年，英国的瓦特(J. Watt)发明了离心调速器，并制成了改良后的蒸汽机(见图 1.2)，解决了蒸汽机的速度控制问题，使蒸汽机得到广泛使用。1868 年，英国物理学家麦克斯韦(J. C. Maxwell)在论文“*On Governors*”(论调速器)中运用数学原理提出了基本的调速器模型，并分析了该模型的稳定性和性能，将蒸汽机的调速过程变成了一个线性微分方程的问题，开辟了用数学方法研究控制系统的途径。此后，英国数学家劳斯(E. J. Routh)和德国数学家古尔维茨(A. Hurwitz)分别在 1877 年和 1895 年独立地建立了直接根据代数方程的系数判别系统稳定性的准则。这些方法奠定了经典控制理论中时域分析法的基础。

图 1.2 瓦特蒸汽机

1932 年，美国物理学家奈奎斯特(H. Nyquist)在研究长距离电话线信号传输中出现的失真问题时，运用复变函数理论建立了以频率特性为基础的自动控制系统稳定性判据，奠定了频率响应法的基础。随后，伯德(H. W. Bode)和尼柯尔斯(N. B. Nichols)在 20 世纪 30 年代末和 40 年代初进一步将频率响应法加以发展，形成了经典控制理论中的频域分析法，为工程技术人员提供了一个设计自动控制系统的有效工具。

第二次世界大战期间，反馈控制方法被广泛用于设计研制飞机自动驾驶仪、火炮定位系统、雷达天线控制系统及其他军用系统。这些系统的复杂性和对快速跟踪、精确控制的高性能追求，迫切要求拓展已有的控制技术，促进了许多新的见解和方法的产生，同时，还促进了对非线性系统、采样系统及随机控制系统的研究。

1948 年，美国科学家伊万斯(W. R. Evans)在进行飞机导航和控制的研究时，在应用频域分析法时遇到了困难，因此他又回到特征方程的思路上并创立了根轨迹分析方法，该方法成为分析系统性能随系统参数变化的规律性的有力工具，被广泛应用于反馈控制系统的分析和设计中。

以传递函数作为描述系统的数学模型，以时域分析法、根轨迹分析方法和频域分析法作为主要分析设计工具，构成了经典控制理论的基本框架。1947 年控制理论的奠基人美国数学家维纳(N. Wiener)将控制理论引起的自动化提升同第二次产业革命联系起来，并于 1948 年出版了“*Cybernetics:on the Control Communication in the Animal and the Machine*”(《控制论:或关于在动物和机器中控制与通讯的科学》)一书,书中论述了控制理论的一般方法,推广了反馈的概念,为控制理论这门学科奠定了基础。此后,经典控制理论发展到相当成熟的地步,形成了相对完整的理论体系,为指导当时的控制工程实践发挥了极大的作用。我国著名科学家钱学森将控制理论应用于实践,并于1954年出版了《工程控制论》一书。

经典控制理论研究的对象基本上是以线性定常系统为主的单输入单输出系统,不能解决如时变参数问题及多变量、强耦合等复杂的控制问题,这对控制理论发展提出了新要求。科学技术的发展不仅需要迅速地发展控制理论,也给现代控制理论的发展提供了两个重要的条件——现代数学理论和数字计算机。

20世纪50年代末开始,以美国为首的西方阵营和以苏联为首的东欧阵营开始在航天和航空领域、核能领域进行竞争,同时,计算机技术的飞速发展推动了核能技术、空间技术的发展,进而迫切要求解决更复杂的多变量系统、非线性系统的最优控制问题(例如火箭和宇航器的导航、跟踪和着陆过程中的高精度、低消耗控制问题)。实践的需求推动了控制理论的进步,同时,计算机技术的发展也从计算手段上为控制理论的发展提供了条件,使得适合于描述航天器的运动规律,又便于计算机求解的状态空间描述成为主要的模型形式。在此期间,俄国数学家李雅普诺夫(A. M. Lyapunov)于1892年创立的稳定性理论被引用到控制理论中;1956年,苏联科学家庞特里亚金(Pontryagin)提出极大值原理,同年,美国数学家贝尔曼(R. Bellman)创立了动态规划理论,这两个理论为解决最优控制问题提供了理论工具;1959年美国数学家卡尔曼(R. Kalman)提出了著名的卡尔曼滤波器,1960年卡尔曼又提出系统的可控性和可观测性问题。这样,到20世纪60年代初,一套以状态方程描述系统的数学模型,以最优控制和卡尔曼滤波为核心的控制系统分析、设计的新原理和方法基本确定,现代控制理论应运而生。

现代控制理论主要利用计算机作为系统建模分析、设计乃至控制的工具,适用于多变量、非线性、时变系统。现代控制理论在航空、航天、制导等领域创造了辉煌的成就,使人类迈向宇宙的梦想变为现实。

为了解决现代控制理论在工业生产过程应用中所遇到的被控对象精确状态空间模型不易建立、合适的最优性能指标难以构造、所得最优控制器往往过于复杂等问题,科学家们不懈努力,在近几十年中不断提出一些新的控制方法和理论,例如自适应控制、模糊控制、预测控制、容错控制、鲁棒控制、非线性控制,以及大系统、复杂系统控制等,大大地拓展了控制理论的研究范围。

随着人工智能的发展,其与控制理论相结合形成了智能控制。智能控制是驱动智能机器自主地实现其目标的过程,即依据人的思维方式和处理问题的技巧,解决那些目前需要人的智能才能解决的复杂的控制问题,包括学习控制、模糊控制、神经网络控制和专家系统控制等。

控制理论目前还在向更纵深、更广阔的方向发展,其无论在数学工具、理论基础,还是在研究方法上都产生了质性的飞跃,为信息与控制学科的研究注入了蓬勃的生命力,启发并扩展了人的思维方式,引导人们去探讨自然界更为深刻的运行机理。控制理论的深入发展,必将有力地推动社会生产力的发展,提高人民的生活水平,促进人类社会继续向前发展。

1.1.2　自动控制系统的基本组成

自动控制系统是由被控对象和控制装置按照一定的控制逻辑组建起来形成的系统。自动控制表现在生活中的各个方面,日常生活中习以为常的平凡动作其实都渗透着自动控制的深奥原理。此处以人手拿书的动作举例，通过分析手从桌上取书的动作过程讨论其所包含的反馈控制机理，如图 1.3 所示。

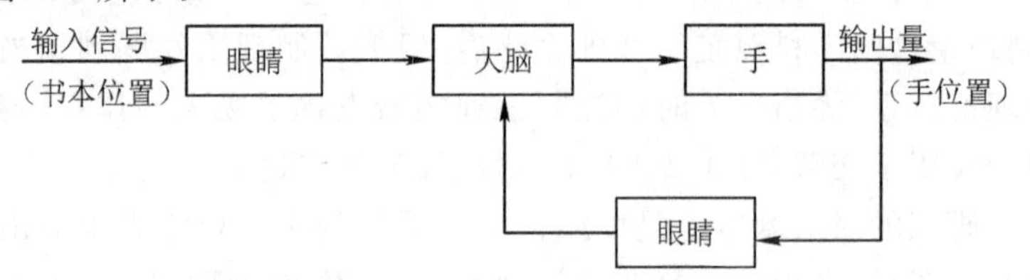

图 1.3　人手拿书原理示意图

在这个例子中，书本位置是手运动的指令信息，一般将其称为输入信号。取书时，人要先用眼睛连续目测手相对于书的位置，并将这个信息（称为位置反馈信息）送入大脑，由大脑判断手与书之间的距离，产生偏差信号，并根据其大小发出控制手臂移动的命令（称为控制作用或操纵量），逐渐使手与书之间的距离（即偏差）减小。显然，只要这个偏差存在，上述过程就要反复进行，直到偏差减小为零，手取到了书为止。可以看出，大脑控制手取书的过程，是一个利用偏差（手与书之间距离）产生控制作用，并不断使偏差减小直至消除的运动过程。同时，为了获得偏差信号，必须要有手位置的反馈信息，两者结合起来就构成了反馈控制。显然，反馈控制实质上是一个按偏差进行控制的过程，因此，其也被称为按偏差的控制，反馈控制原理就是按偏差控制的原理。

根据上述范例，自动控制系统的组成如图 1.4 所示，主要包含以下组成部分：

受控对象：需要控制的机器、设备或生产过程。

输入量：期望的状态值。

输出量：受控对象的某一工作状态或参数。

控制器：接收输入量和输出量（或其测量值），输出控制信号到执行器，若为开环控制，则没有输出量（测量值）到控制器。

执行器：执行实际调节的机构或部件。

控制量：对输出量有实质影响，用于调节输出量的值。

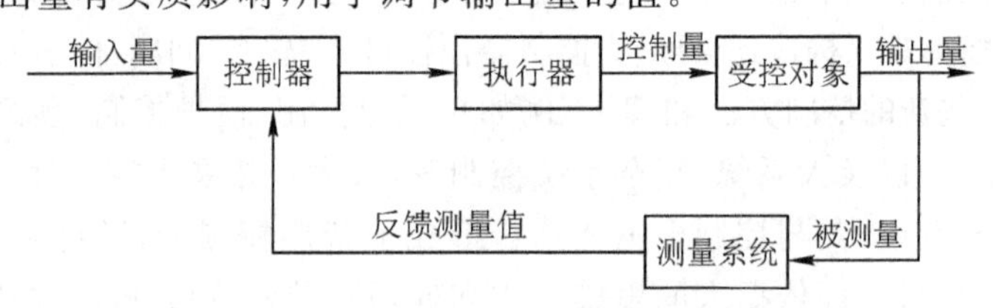

图 1.4　自动控制系统组成示意图

1.2　自动控制系统的基本控制方式

1.2.1　开环控制系统

开环控制系统是指在一个控制系统中系统的输入信号不受输出信号影响的控制系统，其原理如图 1.5 所示。在日常生活中，一些自动化装置，如自动门、自动售货机、自动洗衣机、自动车床等，一般都是可看作开环控制系统。

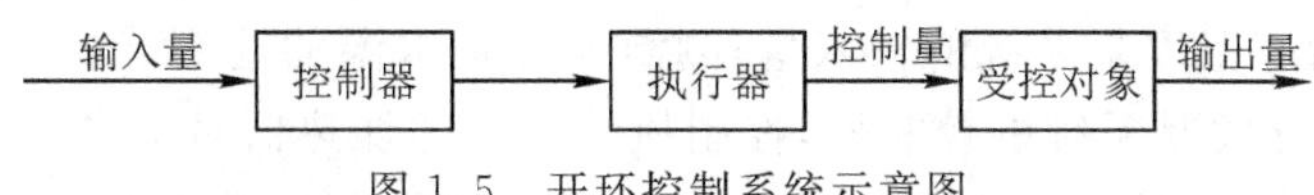

图 1.5　开环控制系统示意图

如图 1.5 所示,开环控制系统结构简单且不存在将输出结果反馈回来影响控制量的反向通路,因此,开环控制系统的特点是控制装置只按照给定的输入信号对被控对象进行单向控制,系统输入直接控制系统输出,装置简单且成本较低。相比于闭环控制系统,开环控制系统不具备修正由于扰动导致的被控制量偏离期望值的能力,其抗干扰能力较差。

1.2.2　闭环控制系统

闭环控制系统可以克服开环控制系统的缺点,其是由信号正向通路和反馈通路构成闭合回路的自动控制系统,又称反馈控制系统。相比于开环控制系统,闭环控制系统增加了修正被控制量偏离期望值的能力:闭环控制系统通过对输出量进行测量,并将测量的结果反馈到输入端,与输入量比较得到偏差值,再将偏差值输入控制器以产生控制作用而消除偏差。闭环控制系统示意图如图 1.6 所示,通常将从输入到输出的路径称为前向通路,将检测装置所在的路径称为反馈通路。

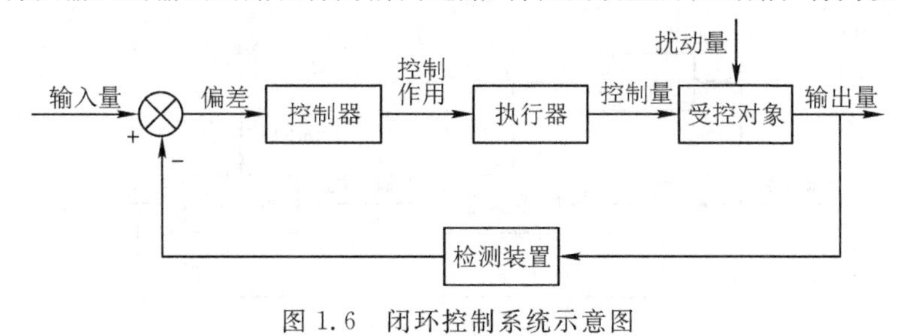

图 1.6　闭环控制系统示意图

图 1.7 所示电加热器系统就是一个闭环控制系统。

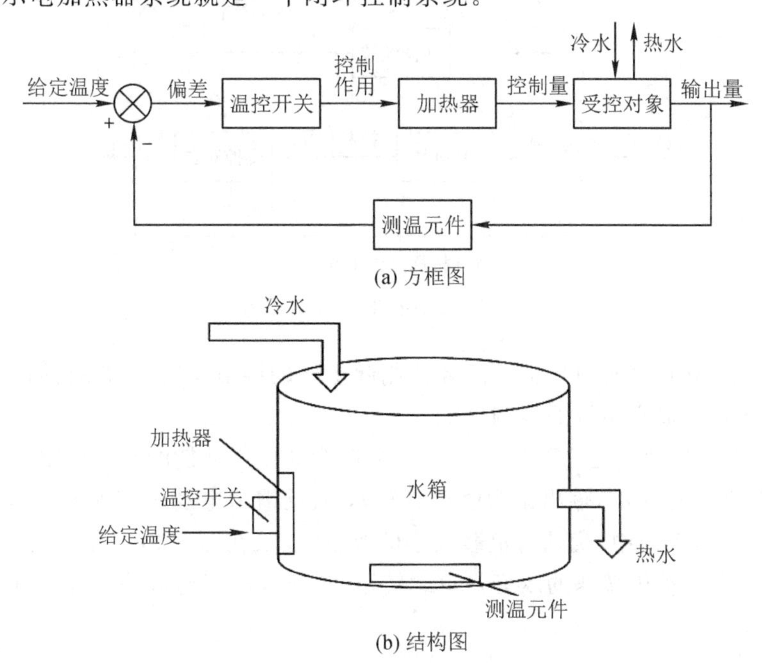

图 1.7　电加热器系统示意图

图 1.7(a)中,给定温度是系统的输入量;测温元件是水温的检测装置,也是系统的输出量(即检测温度);温控开关是系统的控制器,控制执行机构即加热器对水进行加热。系统通过对输入量给定温度和输出量检测温度求差,将偏差值输入到控制器进而对加热器进行控制,以减少输入温度和检测温度之间的偏差。扰动量是注入的冷水和流出的热水。

相比于开环控制,采用闭环控制可以有效地抑制前向通路中各种扰动对系统输出量的影响,即通过将输入值和输出值比较得出的偏差值作为控制器输入,提高系统的抗扰动性能,增强系统的鲁棒性、改善系统的稳态精度。但闭环控制也有其存在的问题,由于被控对象存在惯性,控制动作发生后产生的相应的输出效果会持续一段时间,而惯性使控制作用不能及时校正系统误差,如果控制系统的控制能力与被控对象的惯性匹配不当,还可能产生振荡现象。

1.2.3 复合控制系统

除开环控制系统和闭环控制系统外,还有可以实现更复杂的控制任务的复合控制系统,其是一种同时包含按偏差调节的闭环控制和按扰动或输入补偿的开环控制的控制系统。按偏差调节的控制即闭环控制(见闭环控制系统),其根据偏差确定控制作用以使输出量保持在期望值以上,如图 1.8 所示。

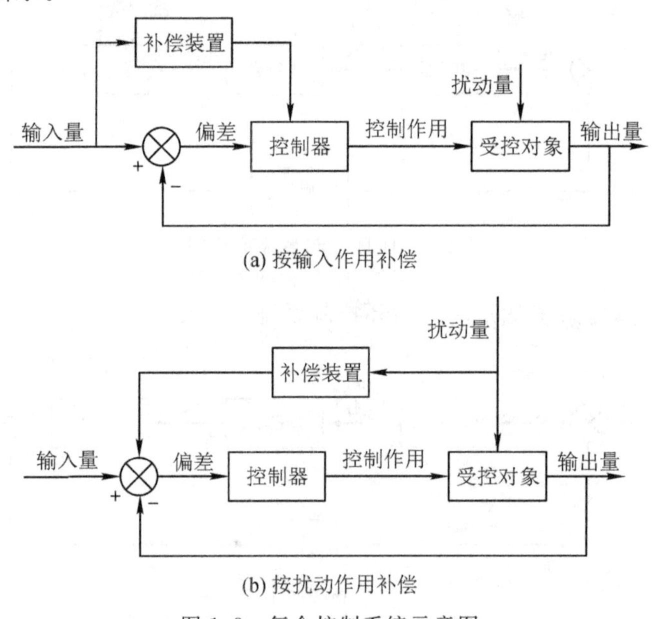

图 1.8 复合控制系统示意图

在复合控制系统中,带有负反馈的闭环控制起主要的调节作用,而带有前馈的开环控制则起辅助作用,这样就能提高系统的控制性能。

图 1.9 所示电动机速度复合控制系统是一个按扰动作用补偿的复合控制系统。其输入量为期望转速对应的电压值 u_0,输出量为电动机转速 n,反馈为电动机转速转换成的电压值 u_t,u_e 为电压偏差。在该系统中,扰动为负载大小的改变,反映在图 1.9(b)中即为负载转矩 M_c 的改变,该变化引起了电动机转速的改变。负载转矩 M_c 作为前馈通过补偿装置直接作用于前向通路。

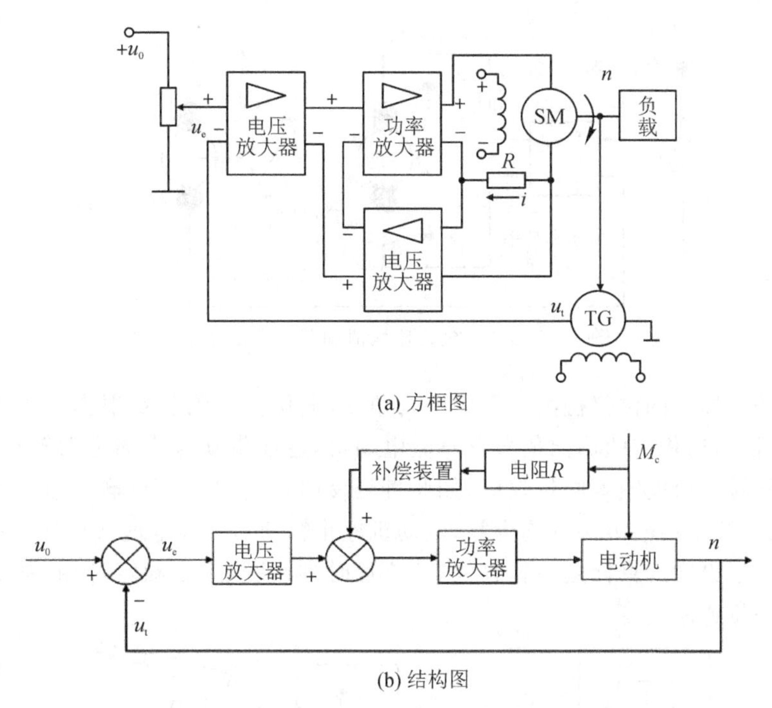

图 1.9 电动机速度复合控制系统示意图

1.3 自动控制系统的基本类型

自动控制系统的分类方法很多,一般按以下五种方式进行分类。

1.3.1 信号的传递路径(开环控制系统、闭环控制系统)

如 1.2 节所述,按照信号的传递路径,根据所在的路径即反馈通路是否具有检测装置,将自动控制系统分为开环控制系统和闭环控制系统。

1.3.2 输入信号的特征(恒值调节系统、随动控制系统)

根据输入信号的特征将自动控制系统分为恒值调节系统和随动控制系统两类。

1. 恒值调节系统

恒值调节系统的输入量是恒定不变的,其输入量是希望输出能够达到的期望值,所以又称其为参考输入。图 1.10 是一个电动机转速恒值调节系统,其中,测速发电机将检测到的实际转速转换成电压反馈到输入端,通过运算放大器的作用与参考输入(给定转速的恒值电压当量)进行比较,取其偏差进行控制。

2. 随动控制系统

与恒值调节系统相反,随动控制系统的输入量是时刻变化的,这种控制系统的任务首先是要保证系统输出量的变化能够紧紧跟随其输入量的变化,并要求具有一定的跟随精度。特别要指出的是,在这种系统中,输入量的变化往往是任意的,是不能预先知道的。

如图 1.11 所示的火炮跟踪系统就是一种随动控制系统。对火炮跟踪系统来说,其原理是

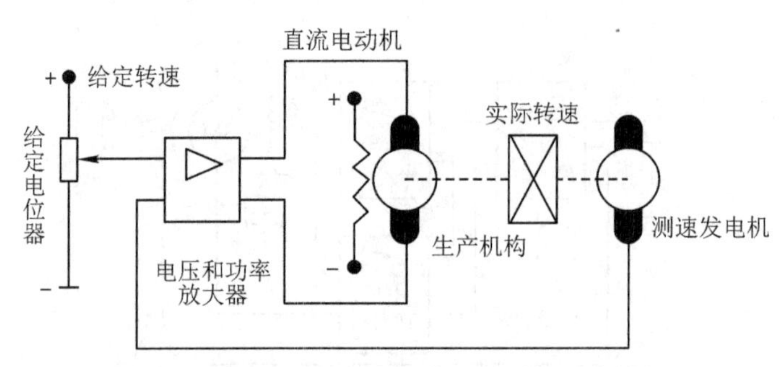

图 1.10　电动机转速恒值调节系统示意图

通过目前火炮的目标在同位仪检测装置中输入角度，同位仪检测装置根据输入角度发出误差信号，通过放大器给出相应的输出信号到直流电动机，进而带动火炮的炮架转动，同时反馈装置将目前的炮架转动角度输入同位仪中，如此直至反馈角度的信号与输入角度的信号相等时（误差信号及放大装置的输出功率均为零，电动机停止转动），则火炮炮架也就被控制转动到了给定的角度。由于火炮的目标是飞行物体，其位置时刻改变，无法确定，因此系统的输入角度必须随着物体的位置而改变。

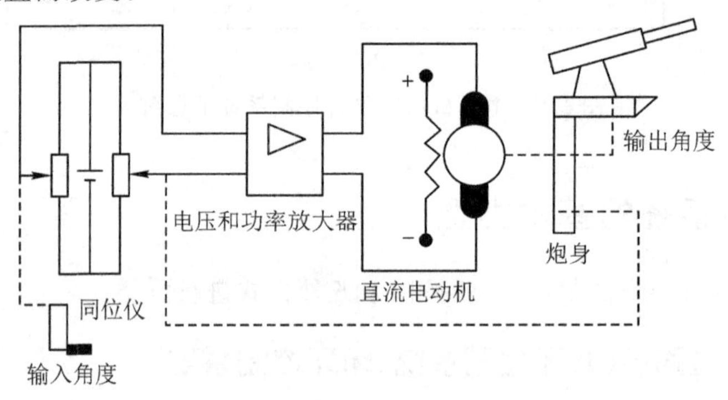

图 1.11　火炮跟踪系统示意图

1.3.3　数学模型的输入输出特性（线性系统、非线性系统）

根据系统数学模型的输入输出特性将系统分为线性系统和非线性系统。

1. 线性系统

线性系统中各环节的输入输出特性是线性的，其性能可以用线性常系数微分（或差分）方程来描述，因此线性系统是同时满足叠加性和齐次性原理的系统。所谓叠加性是指当几个输入信号共同作用于系统时，总的输出等于每个输入单独作用时产生的输出之和；齐次性是指当输入信号增大某一倍数时，输出也相应增大同样的倍数。以传递函数为基础的经典控制理论主要适用于线性定常控制系统的研究。

线性系统根据其方程中的系数是否随着时间变化又分为线性时不变（定常）系统和线性时变系统，数学模型分别如下：

$$y''(t)+ay'(t)+by(t)=cr(t) \tag{1.1}$$

$$y''(t)+a(t)y'(t)+b(t)y(t)=c(t)r(t) \tag{1.2}$$

线性时不变系统的特性不随时间而变化，无论何时，线性系统的稳定性和输出特性只取决于系统本身的结构和参数；而线性时变系统中的一个或一个以上的参数值会随时间而变化，从而导致整个特性也随时间而变化。线性时不变系统的自身性质（所研究物体的本质属性，如质量、转动惯量等）不随时间而变化；线性时变系统的自身性质随时间而变化，比如运载火箭因燃料消耗其质量和惯性均随时间变化，这类系统就是时变系统。

2. 非线性系统

类比于线性系统，在非线性系统中，一定有一个元器件的输入输出特性是非线性的。非线性系统不适用叠加性和齐次性原理，其数学模型如下：

$$y''(t)+y(t)y'(t)+y^2(t)=r(t) \tag{1.3}$$

实际上，现实生活中符合线性特性的系统少之又少，大部分物理系统都有不同程度的非线性，根据非线性程度的不同，可分为本质非线性系统和非本质非线性系统。非本质非线性系统在工作点的定义域内是处处连续可微的，而本质非线性系统则存在间断点。图1.12中只有图(a)具有非本质非线性特性，图(b)和图(c)具有本质非线性特性。对于非本质非线性系统，用小邻域线性化的办法进行处理后，视其为线性系统来分析和设计。但是对于本质非线性系统则需要专门的处理方法，例如描述函数法和相平面法等，目前较实用并有效的模糊控制就是专门针对系统非线性特性的分析与控制的方法。总的来说，非线性系统的控制还存在相当大的困难，控制方法也在不断发展中。

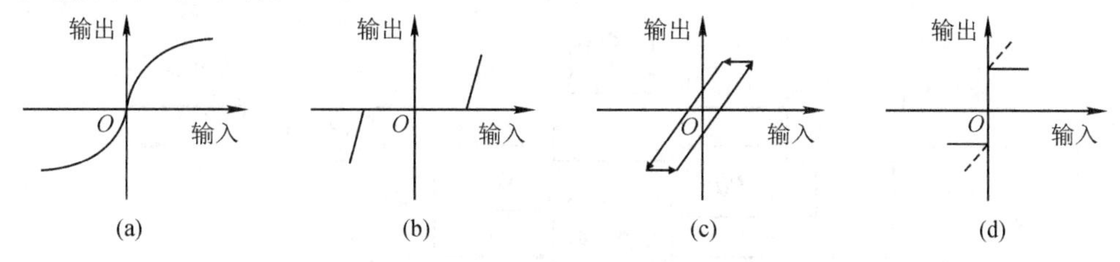

图1.12 常见的非线性系统特性示意图

1.3.4 信号与时间的关系（连续控制系统、离散控制系统）

根据信号与时间的关系将自动控制系统分为连续控制系统和离散控制系统。

所谓连续控制系统，是指组成系统的各个环节的输入信号和输出信号都是时间的连续信号。1.3.2节举例中的恒值调节系统和随动控制系统的例子都属于连续控制系统。一般采用微分方程作为分析连续控制系统的数学工具。如果控制系统中存在的某一环节的输入输出信号是离散信号，则该系统属于离散（采样）控制系统。离散信号主要有两种：脉冲信号和数字信号。离散控制系统的动态性能一般要用差分方程来描述和分析。图1.13就是一个离散控制系统，其中A/D、D/A转换器和单片机之间传递的是数字信号。

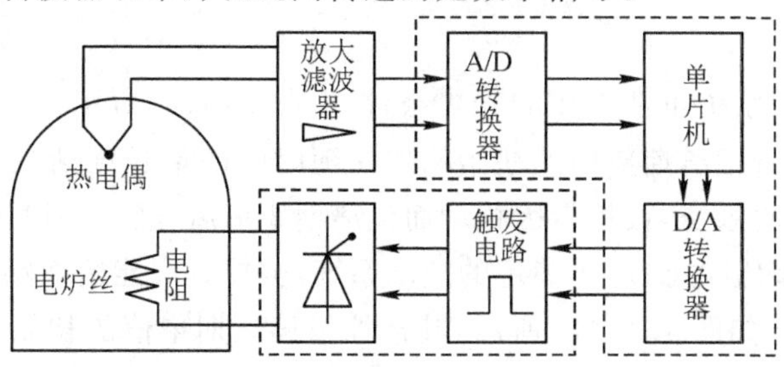

图1.13 电阻炉温度微机控制系统示意图

1.3.5 输入输出数量(SISO系统、MIMO系统)

根据输入输出数量将自动控制系统分为单输入单输出系统和多输入多输出系统。

1. 单输入单输出(SISO系统)

系统的输入量和输出量各为一个的系统叫作单输入单输出系统(single-input-single-output system, SISO系统),也被称为单变量系统。对比较简单的SISO系统,可用低阶微分方程(或差分方程)来描述;对较为复杂的SISO系统,必须用高阶微分(动态)方程来描述。20世纪40年代前后在控制理论中出现了以传递函数为基础的频域法和根轨迹法,这些方法是经典控制理论的内容,至今仍广泛用于SISO系统中。前面提到的控制系统示例都属于SISO系统。

随着社会的发展,需要用越来越复杂的控制系统来满足生产需求,出现了多信号、多回路、多变量且相互之间还有关联(耦合)的所谓多输入多输出系统(multiple-input-multiple-output system, MIMO系统),又称多变量系统。MIMO系统不再局限于只研究其输入输出特性,而是从整个系统出发,研究其内部状态的运动规律及相互之间的关系,这种系统对控制性能的要求也比较高,常常要求系统能在一定的控制约束和某种性能指标下实现最优控制。经典控制理论难以胜任对MIMO系统的研究,于是在控制理论中逐渐形成了以状态空间为基础的"现代控制理论"。MIMO系统示意图如图1.14所示。

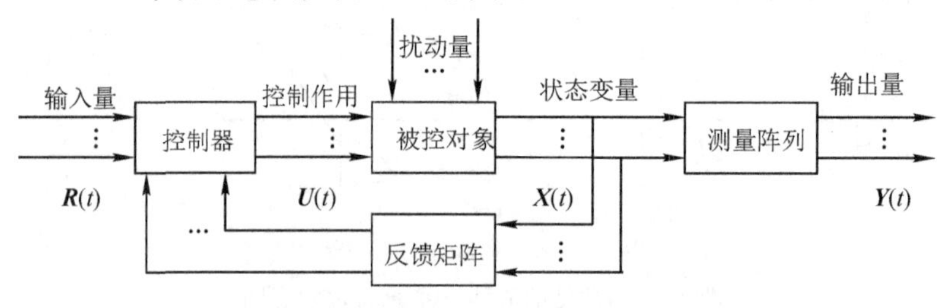

图1.14 MIMO系统示意图

1.4 自动控制系统的性能要求

自动控制理论是研究自动控制共同规律的一门学科。尽管自动控制系统有不同的类型,对每个系统也都有不同的特殊要求,但对于各类系统来说,在已知系统的结构和参数时,令人感兴趣的往往是系统在某种典型输入信号下,其被控量变化的全过程。例如,对恒值调节系统,是研究扰动作用引起被控量变化的全过程;对随动控制系统,是研究被控量如何克服扰动影响并跟随参考量变化的全过程。但是,对于每一类系统,被控量变化全过程提出的共同基本要求都是一样的,且可以归结为稳定性、快速性和准确性,即稳、快、准的要求。

1. 稳定性

稳定性是保证控制系统正常工作的先决条件。图1.15(a)所示是一个稳定的控制系统,当受到扰动时,其被控量偏离期望值的初始偏差应随时间的增长逐渐减小并趋于零。具体来说,对于稳定的恒值控制系统,被控量因扰动而偏离期望值后,经过一段过渡过程时间后,被控量应恢复到原来的期望值状态;对于稳定的随动系统,被控量应能始终跟踪参据量的变化。反之,不稳定的控制系统,如图1.15(b)所示,其被控量偏离期望值的初始偏差将随时间的增长而发散,因此,不稳定的控制系统无法实现预定的控制任务。

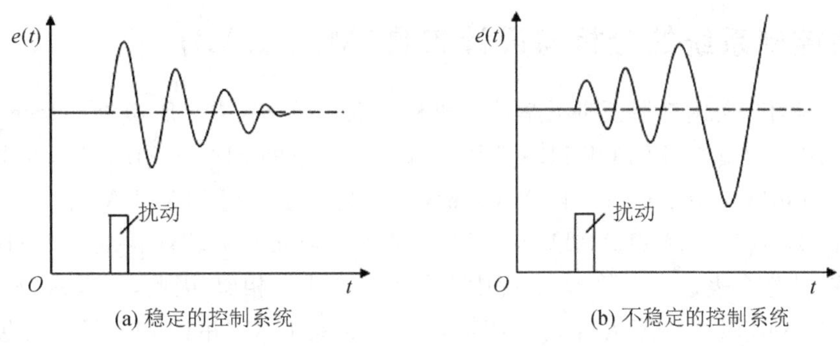

(a) 稳定的控制系统　　(b) 不稳定的控制系统

图 1.15　自动控制系统稳定性示意图

2. 快速性(动态性能)

为了很好地完成控制任务，控制系统仅仅满足稳定性要求是不够的，还必须对其过渡过程的形式和快慢提出要求，一般称为动态性能。控制系统响应的快速性是指在系统稳定的前提下，通过系统的自动调节，最终消除因外部作用改变而引起的输出量与给定量之间偏差的快慢程度，如图 1.16 所示。快速性一般用调节时间来衡量，调节时间越短，快速性越好，但控制系统的快速性常常与相对稳定性相矛盾，因此，对控制系统过渡过程的时间(即快速性)和最大振荡幅度(即超调量)一般都有具体要求。

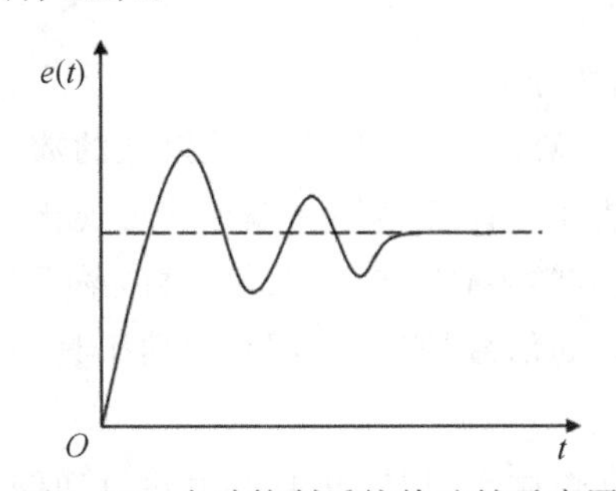

图 1.16　自动控制系统快速性示意图

3. 准确性(稳态性能)

理想情况下，当过渡过程结束后，被控量达到的稳态值(即平衡状态)应与期望值一致。但实际上，如图 1.17 所示，由于系统结构、外作用形式及摩擦、间隙等非线性因素的影响，被控量的稳态值与期望值之间会有误差存在，称为稳态误差。稳态误差是衡量控制系统控制精度的重要标志，在控制系统设计的技术指标中一般都有具体要求。

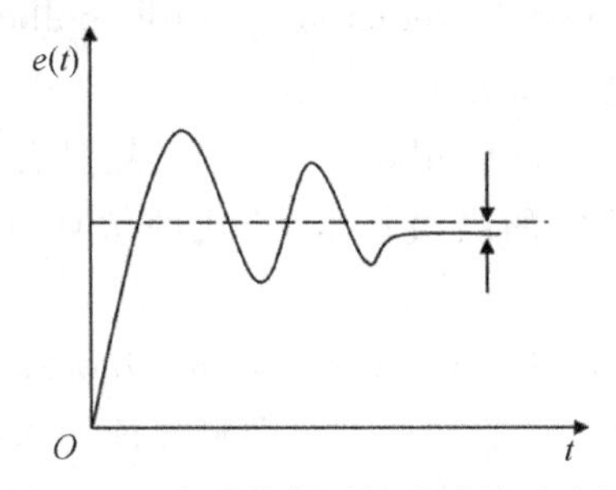

图 1.17　自动控制系统准确性示意图

1.5 自动控制系统的分析与设计工具(MATLAB)

20 世纪 70 年代,美国新墨西哥大学计算机科学系主任克利夫 · B. 莫勒(Cleve B. Moler)为了减轻学生编程的负担,用 FORTRAN 语言编写了最早的 MATLAB 程序,其全称是 Matrix Laboratory(矩阵实验室)。1984 年,MathWorks 公司正式把 MATLAB 仿真软件推向市场。到 20 世纪 90 年代,MATLAB 已成为国际控制界的标准计算软件。MATLAB 的基本数据单位是矩阵,其指令表达式与数学、工程中常用的形式十分相似,因此,用 MATLAB 来解算问题要比用 C、FORTRAN 等语言完成相同的事情简捷得多,并且 MATLAB 也吸收了像 MAPLE、Mathematica 等软件的优点,使其成为了一款强大的数学软件。与 Basic、Fortran、Pascal、C 等编程语言相比, MATLAB 具有编程简单、直观、用户界面友善、开放性能强等优点,因此自面世以来,很快就得到了广泛应用。

MATLAB 具有数值分析、数值和符号计算、工程与科学绘图、控制系统的设计与仿真、数字图像处理、数字信号处理等功能,其将数值分析、矩阵计算、科学数据可视化及非线性动态系统的建模和仿真等诸多强大功能集成在一个易于使用的视窗环境中,为科学研究、工程设计及必须进行有效数值计算的众多科学领域提供了一种全面的解决方案,并在很大程度上摆脱了传统非交互式程序设计语言(如 C、Fortran)的编辑模式,代表了当今国际科学计算软件的先进水平。

MATLAB 在应用上主要有如下优点。

(1)高效的数值计算及符号计算功能,能使用户从繁杂的数学运算步骤中解脱出来;

(2)完备的图形处理功能,能实现计算结果和编程的可视化;

(3)友好的用户界面及接近数学表达式的自然化语言,易于学习和掌握;

(4)功能丰富的应用工具箱(如信号处理工具箱、通信工具箱等),为用户提供了大量方便实用的处理工具。

这里简要介绍 MATLAB 在控制器设计、仿真和分析方面的功能,即 MATLAB 的控制工具箱。在 MATLAB 工具箱中,常用的有如下 6 个控制类工具箱。

(1)系统辨识工具箱(system identification toolbox)。该工具箱提供了系统模型辨识的工具,通过系统的输入输出数据,建立系统的数学模型。

(2)控制系统工具箱(control system toolbox)。该工具箱主要处理以传递函数为主要特征的经典控制和以状态空间为主要特征的现代控制中的主要问题。

(3)鲁棒控制工具箱(robust control toolbox)。该工具箱提供鲁棒分析和设计用的工具。

(4)模型预测控制工具箱(model predictive control toolbox)。该工具箱提供一系列函数,用于模型预测控制的分析、设计和仿真。

(5)模糊逻辑工具箱(fuzzy logic toolbox)。该工具箱具有如下 5 个方面的功能:易于使用的图形化设计、支持模糊逻辑中的高级技术、集成的仿真、代码生成、独立允许的模糊推理机。

(6)非线性控制设计模块(nonlinear control design blockset)。该工具箱以 Simulink 模块的形式,在交互式模型输入环境下,集成了基于图形界面的非线性系统建模、控制器优化设计和仿真功能。

1.6 关键术语概念

自动控制:指在没有人直接参与的情况下,利用外加的设备或装置(控制装置),使机器、设备或生产过程(控制对象)的某个工作状态或参数(被控量)按照预定的规律自动地运行。

智能控制:指驱动智能机器自主地实现其目标的过程。其从“仿人”的概念出发,依据人的思维方式和处理问题的技巧,解决那些目前需要人的智能才能解决的复杂的控制问题。

开环控制系统:指在一个控制系统中系统的控制信号不受输出信号影响的控制系统。

闭环控制系统:指由信号正向通路和反馈通路构成闭合回路的自动控制系统,又称反馈控制系统。

复合控制系统:指同时包含按偏差的闭环控制和按扰动或输入的开环控制的控制系统。

恒值调节系统:指输入量恒定不变的系统。其输入量并非被控对象的实际输入而是希望输出能够达到的期望值,所以又称其为参考输入。

随动控制系统:指输入量时刻变化的系统。这种控制系统的任务首先是要保证系统输出量的变化能够紧紧跟随其输入变化,并要求具有一定的跟随精度。

线性系统:指各环节的输入输出特性是线性的系统。其系统性能可以用线性常系数微分(或差分)方程来描述,同时满足叠加性和齐次性原理。

非线性系统:指一定有一个元器件的输入输出特性是非线性的系统。其不适用叠加性和齐次性原理。

单输入单输出系统:指系统的输入量和输出量均为一个的系统,也被称为单变量系统。

多输入多输出系统:指多信号、多回路、多变量且相互之间还有关联(耦合)的系统,也称多变量系统。

1.7 习题

1.1 解释下面的名词。

(1)自动控制;(2)自动控制系统。

1.2 简答题。

(1)反馈控制的原理;(2)自动控制系统的分类;(3)自动控制系统的性能要求。

1.3 试举几个工业生产中开环控制系统和闭环控制系统的例子,画出各自的系统方框图,并说明其工作原理,讨论其特点。

1.4 下图是液位自动控制系统原理示意图,在任意情况下,希望液面高度 c 维持不变,试说明系统工作原理并画出系统方框图。

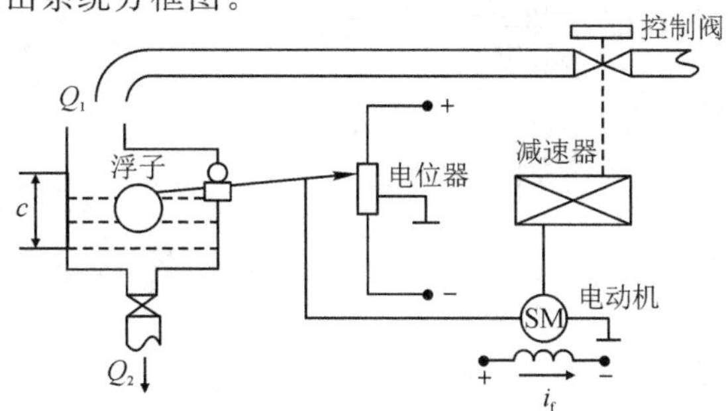

题1.4图

1.5　下图是电炉温度控制系统原理示意图,试分析系统保持电炉温度恒定的工作过程,指出系统的被控对象、被控量及各部件的作用,画出系统方框图。

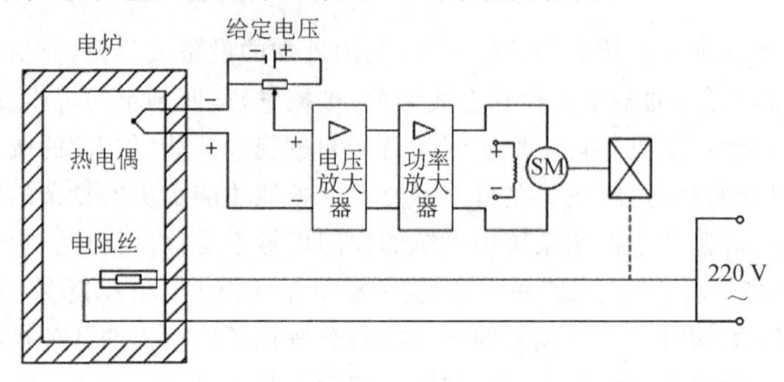

题 1.5 图

1.6　下图为水温控制系统示意图,冷水在热交换器中由通入的蒸汽加热,从而得到一定温度的热水,冷水流量变化用流量计测量,热水的温度由温度传感器测量。试绘制系统方框图,并说明为了保持热水温度为期望值,系统是如何工作的?系统的被控对象和控制装置是什么?

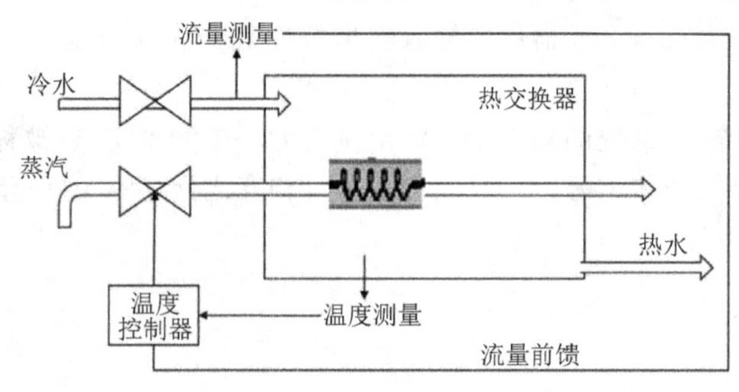

题 1.6 图

1.7　下列各式是描述系统的微分方程,其中 $y(t)$ 为输出量、$r(t)$ 为输入量,试判断哪些是线性定常或时变系统,哪些是非线性系统?

(1) $y(t)=5+r^2(t)+t\dfrac{d^2r(t)}{dt^2}$

(2) $\dfrac{d^3y(t)}{dt^3}+3\dfrac{d^2y(t)}{dt^2}+6\dfrac{dy(t)}{dt}+8y(t)=r(t)$

(3) $t\dfrac{dy(t)}{dt}+y(t)=r(t)+3\dfrac{dr(t)}{dt}$

(4) $y(t)=r(t)\cos\omega t+5$

(5) $y(t)=3r(t)+6\dfrac{dy(t)}{dt}+5\int_{-\infty}^{+r}r(t)dt$

(6) $y(t)=r^2(t)$

(7) $y(t)=\begin{cases}0, & t<6\\ r(t), & t\geqslant 6\end{cases}$

第2章　线性系统的数学模型

对现实事物进行简化、抽象，用方程、公式、图表、曲线等来描述客观事物的内在规律，揭示其运动的本质，我们称之为数学模型。系统的数学模型有静态和动态之分，描述变量之间关系的代数方程(即变量的各阶导数为零)叫作静态数学模型；而描述变量各阶导数之间关系的微分方程叫作动态数学模型，控制系统的数学模型是典型的动态数学模型。控制系统的数学模型包括主要反映系统输入、输出变量间关系的外部描述如微分方程、传递函数等；反映系统输入、输出变量的内部状态变量间关系的内部描述如状态空间描述、方框图等。

建立控制系统数学模型的方法包括解析建模法和系统辨识法。解析建模法是对控制系统的运动机理进行分析，根据其所依据的物理或化学规律进行的建模法，这种方法适应性广，例如，适应于动力学的牛顿定律，电学模型中的基尔霍夫定律，流体力学里的质量、动量、能量守恒定律等。系统辨识法是在系统运动机理复杂，很难掌握其中规律或者系统参数难以获得的情况下，按照系统辨识的方法得到数学模型的方法。

本章主要介绍用解析建模法建立线性系统数学模型的方法，以及研究典型系统的微分方程、传递函数等数学模型和方框图、信号流图等系统图形模型的建立及简化方法。

本章通过对基本的数学模型进行分析，为后续复杂的数学模型的分析和建模奠定基础。

小故事

拉普拉斯(Laplace)是法国数学家、天文学家，法国科学院院士，是天体力学的主要奠基人、天体演化学的创立者之一，他还是分析概率论的创始人，因此可以说他是应用数学的先驱，有时也被称为“法国的牛顿”和“天体力学之父”。

拉普拉斯16岁时进入开恩大学，并在学习期间就展现了极大的数学天赋。在完成学业之后，他带着大学老师写给达朗贝尔的介绍信从乡下到巴黎去求见大名鼎鼎的达朗贝尔，但推荐信投去后，杳无音讯，因为达朗贝尔对于只带着大人物的推荐信的年轻人不感兴趣。拉普拉斯并不气馁，随即写了一篇阐述力学一般原理的论文，求教于达朗贝尔。由于这篇论文异常出色，达朗贝尔为其才华所感，欣然回了一封热情洋溢的信，信中写道：“拉普拉斯先生，你看，我几乎没有注意你那些推荐信，你不需要什么推荐，你已经更好地介绍了自己，对我来说这就够了，你应该得到支持。”达朗贝尔还很高兴地当了他的教父，并介绍他去巴黎陆军学校任教授。

拉普拉斯才华横溢，对解释世界的任何事情都感兴趣，在天体力学、概率论、微分方程、复变函数、势函数理论、代数、测地学、毛细现象理论等方面都有卓越的成就，发表的天文学、数学和物理学论文有270多篇，其中最有代表性的专著有“*the Mechanics of the Heavens*”“*Universe System Theory*”“*Probability Theory Analysis*”(《天体力学》《宇宙体系论》和《概率分析理论》)。拉普拉斯曾任拿破仑的老师，所以和拿破仑结下了不解之缘。另外他也慷慨地帮助和鼓励年轻的一代，例如，化学家盖·吕萨克、旅行家和自然研究者洪堡尔晓、数学家泊松和柯西等都曾得到过他的帮助和鼓励。

2.1　微分方程模型

在控制系统分析、设计过程中,建立正确的数学模型是基础。微分方程可以作为描述各种客观事物内在规律的基本数学工具,建立微分方程的一般步骤为:

(1)将系统划分为若干个单向环节,确定每一个环节的输入量和输出量;

(2)根据运动定律或化学定律(质量守恒定律、能量守恒定律、牛顿运动定律、基尔霍夫定律和欧姆定律等)列出原始方程式;

(3)将原始方程式简化、线性化后,消去中间变量,得到一个只包含输入量和输出量的微分方程;

(4)把方程整理为标准形式,即将输入量放在方程的右边,将输出量放在方程的左边,各导数项按降幂排列。

以下通过几个例题阐述典型系统的微分方程的建立方法。

例 2.1　液位系统的数学模型。生活中抽水马桶的自动补水,电站中的蒸汽发生器、除氧器、加热器、冷凝器的水位调节等都需要用到液位控制,简单的液位系统如图 2.1 所示。

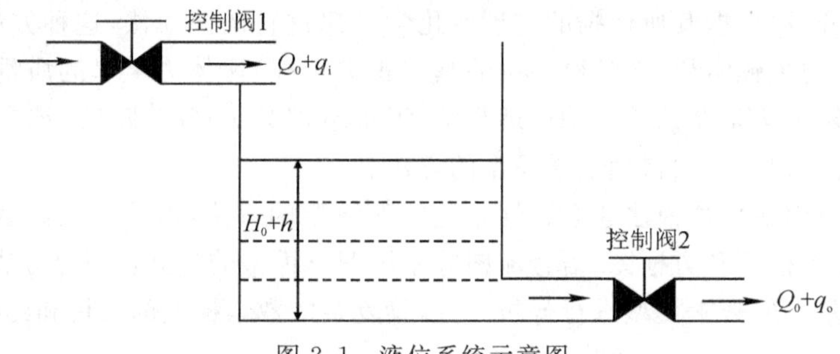

图 2.1　液位系统示意图

【解】　设水箱的横截面积为 $C(\mathrm{m}^2)$,在稳定状态下,流入水箱和流出水箱的水流量相同,均为 $Q_0(\mathrm{m}^3/\mathrm{s})$,此时水箱的水位为 $H_0(\mathrm{m})$。流出水箱的水流量与出口阀的阻力和水箱水位有关,当流出水箱的流出量有一增量 $q_o(\mathrm{m}^3/\mathrm{s})$且较小时,可以近似认为其满足线性关系 $q_o=h/R$,控制阀 2 的液阻常数为 $R\ (\mathrm{m}^2/\mathrm{s})$。而当流入水箱的流入量有增量 $q_i(\mathrm{m}^3/\mathrm{s})$时,水位增量 $h\ (\mathrm{m})$的变化为

$$C\frac{\mathrm{d}h}{\mathrm{d}t}=q_i-q_o$$

若输入为水箱的流入量增量 $q_i(\mathrm{m}^3/\mathrm{s})$,输出为水箱的流出量增量 $q_o(\mathrm{m}^3/\mathrm{s})$,消去中间变量 $h\ (\mathrm{m})$,可以得到描述流体流入量增量和流出量增量关系的微分方程

$$RC\frac{\mathrm{d}q_o}{\mathrm{d}t}+q_o=q_i$$

若输入为水箱的流入量增量 $q_i(\mathrm{m}^3/\mathrm{s})$,输出为水箱的水位增量 $h\ (\mathrm{m})$,消去中间变量 q_o,可以得到描述水箱水位和流入量增量关系的微分方程

$$RC\frac{\mathrm{d}h}{\mathrm{d}t}+h=Rq_i$$

例 2.2　热力系统的数学模型。早期的孵化器,电厂中的加热器、锅炉、蒸汽发生器等设备的出入口流体温度都受加热器热量的影响,其均可以简化为电加热器模型。电加热器系统

如图 2.2 所示。

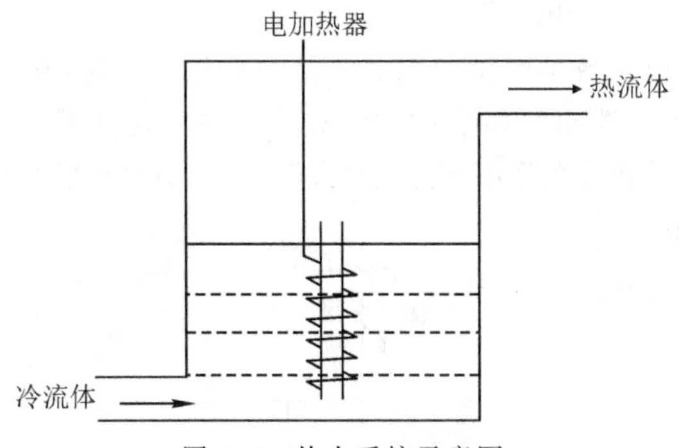

图 2.2　热力系统示意图

【解】　为了简化问题，认为电加热系统为绝热系统，电加热器中的流体温度均匀，且具有相同的出口温度。设电加热器热流体出口温度相对稳定状态下的增量为 θ_o(K)，M (kg)为电加热器中流体的质量，C_p[kJ/(kg · K)]为流体的比热，Q_i(kJ/s)为电加热器传输给流体的热流量的增量，G (kg/s)为流体的流量。此时，以热流体出口温度相对稳定状态下的增量 θ_o(K)为输出，以加热器的热量增量 Q_i(kJ/s)为输入，根据热量的平衡关系可得

$$MC_p \frac{\mathrm{d}\theta_o}{\mathrm{d}t} = Q_i - GC_p\theta_o$$

整理后可得

$$MC_p \frac{\mathrm{d}\theta_o}{\mathrm{d}t} + GC_p\theta_o = Q_i$$

若考虑入口冷流体的温度变化量 θ_i(K)，根据热量的平衡关系可得

$$MC_p \frac{\mathrm{d}\theta_o}{\mathrm{d}t} + GC_p\theta_o = Q_i + GC_p\theta_i$$

比较以上两个例题可以看出，两个不同的物理系统具有相同的数学模型，即一阶线性常微分方程。

例 2.3　电路网络的数学模型。图 2.3 为 RLC 无源网络，由电感 L、电阻 R 和电容 C 三个部件组成，其以 $u_i(t)$为输入，以 $u_o(t)$为输出。

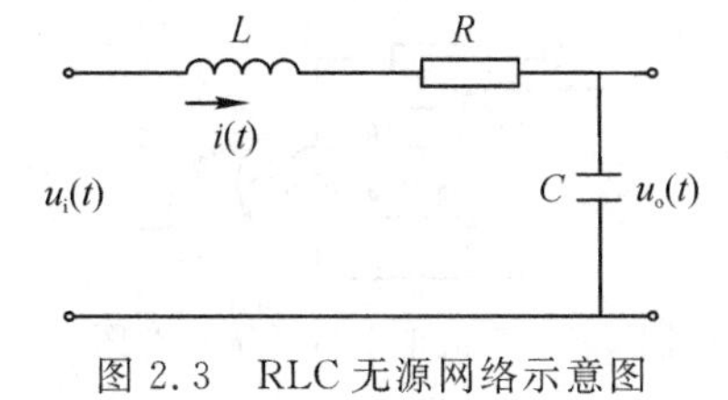

图 2.3　RLC 无源网络示意图

【解】　根据基尔霍夫定律可列方程：

$$L\frac{\mathrm{d}i(t)}{\mathrm{d}t} + \frac{1}{C}\int i(t)\mathrm{d}t + Ri(t) = u_i(t)$$

$$i(t) = C\frac{\mathrm{d}u_o(t)}{\mathrm{d}t}$$

消去中间变量 $i(t)$，可以得到描述网络输入和输出关系的二阶微分方程：

$$LC\frac{\mathrm{d}^2u_o(t)}{\mathrm{d}t^2}+RC\frac{\mathrm{d}u_o(t)}{\mathrm{d}t}+u_o(t)=u_i(t)$$

例 2.4　机械运动系统的数学模型。图 2.4 是一个弹性系统，在该系统中，k 是弹性系数、m 是运动部件质量、μ 是阻尼器阻尼系数；外力 $f(t)$ 是系统的输入量，位移 $y(t)$ 是系统的输出量。根据牛顿运动定律，运动部件在外力作用下为克服弹簧拉力 $ky(t)$ 和阻尼器阻力 $\mu\cdot\mathrm{d}y(t)/\mathrm{d}t$，将产生加速度力 $m\cdot\mathrm{d}^2y(t)/\mathrm{d}t^2$。

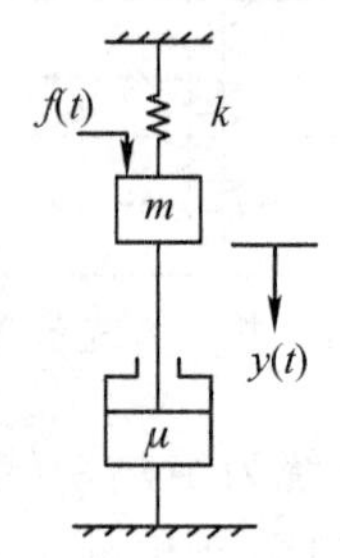

图 2.4　弹簧系统示意图

【解】　为了简化该系统，忽略质量块的重力影响，故而作用于质量块的合力 $P(t)$ 为

$$P(t)=f(t)-\mu\frac{\mathrm{d}y(t)}{\mathrm{d}t}-ky(t)$$

根据牛顿运动定律，有

$$P(t)=m\frac{\mathrm{d}^2y(t)}{\mathrm{d}t^2}$$

描述机械系统外力和位移关系的二阶微分方程为

$$m\frac{\mathrm{d}^2y(t)}{\mathrm{d}t^2}+\mu\frac{\mathrm{d}y(t)}{\mathrm{d}t}+ky(t)=f(t)$$

例 2.5　电动机模型。试列写图 2.5 所示电枢控制直流电动机系统的微分方程，图中电枢电压 $u_a(t)$ 为输入量，电动机转速 ω_m 为输出量，R_a、L_a 分别是电枢电路的电阻和电感，激磁磁通设为常值。

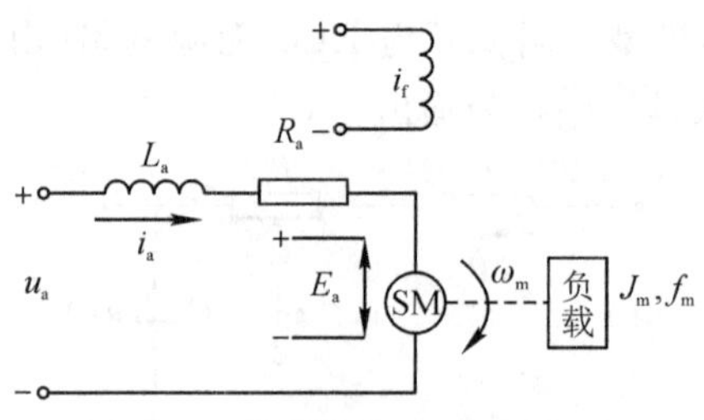

图 2.5　直流电动机系统示意图

【解】　直流电动机的运动方程可分解为三部分。

根据电枢电压 $u_a(t)$ 和电流 $i_a(t)$ 之间的关系，可列电枢回路电压平衡方程：

$$u_a(t)=L_a\frac{\mathrm{d}i_a(t)}{\mathrm{d}t}+R_ai_a(t)+E_a$$

式中，E_a 为电枢旋转时产生的反电势（此处计算中作标量处理），其大小与激磁磁通变化率及转速成正比，方向与电枢电压 $u_a(t)$ 相反，即 $E_a=C_e\omega_m(t)$，C_e 是反电势系数。

根据电磁转矩 $M_m(t)$ 和电流 $i_a(t)$ 之间的关系，可列电磁转矩方程：

$$M_m(t) = C_m i_a(t)$$

式中，C_m 为电动机转矩系数；$M_m(t)$ 为电枢电流产生的电磁转矩，是主动转矩。

根据电动机转速 ω_m 和电磁转矩及 $M_m(t)$ 之间的关系，可列电动机轴上的转矩平衡方程：

$$J_m \frac{d\omega_m(t)}{dt} + f_m \omega_m(t) = M_m(t) - M_c(t)$$

式中，f_m 为电动机和负载折合到电动机轴上的黏性摩擦系数；J_m 为电动机和负载折合到电动机轴上的转动惯量；M_c 为折合到电动机轴上的总负载转矩。

消去中间变量 $i_a(t)$、E_a、$M_m(t)$，可以得到描述该电动机系统的微分方程：

$$L_a J_m \frac{d^2\omega_m(t)}{dt^2} + (L_a f_m + R_a J_m) \frac{d\omega_m(t)}{dt} + (R_a f_m + C_m C_e)\omega_m(t)$$

$$= C_m u_a(t) - L_a \frac{dM_c(t)}{dt} - R_a M_c(t)$$

比较例 2.3～例 2.5 可以看出，不同的物理系统具有相类似的数学模型，即二阶线性常微分方程。

在工程应用中，由于电枢电路电感 L_a 较小，通常忽略不计，因而上式可简化为

$$R_a J_m \frac{d\omega_m(t)}{dt} + (R_a f_m + C_m C_e)\omega_m(t) = C_m u_a(t) - R_a M_c(t)$$

进一步简化为

$$T_m \frac{d\omega_m(t)}{dt} + \omega_m(t) = K_1 u_a(t) - K_2 M_c(t)$$

式中，$T_m = R_a J_m/(R_a f_m + C_m C_e)$ 为电动机机电时间常数；$K_1 = C_m/(R_a f_m + C_m C_e)$、$K_2 = R_a/(R_a f_m + C_m C_e)$ 为电动机传递系数。如果电枢电阻 R_a 和电动机的转动惯量 J_m 都很小可忽略不计时，还可进一步简化为

$$C_e \omega_m(t) = u_a(t)$$

这时，电动机的转速 $\omega_m(t)$ 与电枢电压 $u_a(t)$ 成正比，此时电动机可作为测速发电机使用。

综上所述，不同的物理系统具有相似的数学模型形式。例 2.1、例 2.2 和简化后的例 2.5 所得模型同为一阶线性常微分方程，例 2.3～例 2.5 所得模型均为二阶线性常微分方程。

2.2　拉普拉斯变换

拉普拉斯变换（Laplace transform）是经典控制理论中重要的数学工具，被广泛应用于工程分析中，其不仅可以把一个时域上的函数 $f(t)$ 转化成一个复数域上的函数 $F(s)$，还可将微分方程转化为代数方程，从而简化分析系统的难度。本小节将对拉普拉斯变换的定义及其性质和反变换进行介绍。

2.2.1　拉普拉斯变换的定义

拉普拉斯变换（简称为拉氏变换）是 $f(t)$ 从时域到复数域 $F(s)$ 的积分变换，函数 $f(t)$ 需要满足

(1) $t<0$ 时，$f(t)=0$；

(2) $t>0$ 时，$f(t)$ 分段连续；

(3)$t\to\infty$时，$f(t)$不比指数函数增大得更快，即$\int_0^\infty |f(t)|e^{-\sigma t}dt<\infty(\sigma>0)$。

在以上条件下函数$f(t)$的拉普拉斯变换存在，即为

$$F(s)=L[f(t)]=\int_0^\infty f(t)e^{-st}dt \tag{2.1}$$

拉普拉斯反变换定义为

$$f(t)=L^{-1}[F(s)]=\frac{1}{2\pi j}\int_{\sigma-j\infty}^{\sigma+j\infty}F(s)e^{st}ds \tag{2.2}$$

式中，$s=\sigma\pm j\omega$是一个复数；$f(t)$为原函数；$F(s)$称为象函数，也可写作$L[f(t)]$。

例 2.6　求单位阶跃信号$u_1(t)=1$和单位斜坡信号$u_2(t)=t$的拉氏变换。

【解】　根据拉氏变化的定义可得

$$U_1(s)=L[1(t)]=\int_0^\infty u_1(t)e^{-st}dt=\int_0^\infty e^{-st}dt=-\frac{1}{s}e^{-st}\Big|_0^\infty=\frac{1}{s}$$

$$U_2(s)=L[t]=\int_0^\infty te^{-st}dt=\left(-\frac{t}{s}e^{-st}-\frac{1}{s^2}e^{-st}\right)\Big|_0^\infty=\frac{1}{s^2}$$

表 2.1 列出了基本函数的拉普拉斯变换，表中的各项都可以如例 2.6 所示，直接采用拉普拉斯定义式计算获得。

表 2.1　基本函数的拉普拉斯变换

序号	$f(t)$	$F(s)$
1	$\delta(t)$	1
2	1	$1/s$
3	t^n	$n!/s^{n+1}$
4	e^{-at}	$1/(s+a)$
5	$t^n e^{-at}$	$n!/(s+a)^{n+1}$
6	$\sin\omega t$	$\omega/(s^2+\omega^2)$
7	$\cos\alpha$	$s/(s^2+\omega^2)$
8	$e^{-at}\sin\omega t$	$\omega/[(s+a)^2+\omega^2]$
9	$e^{-at}-e^{-bt}$	$(b-a)/[(s+a)(s+b)]$

2.2.2　拉普拉斯变换的性质

表 2.2 详细列出了拉普拉斯变换的基本性质。关于这些性质的证明和用法，可以参考下面的例子。

表 2.2　拉普拉斯变换的基本性质

定理	变换公式
线性定理	$L[af_1(t)+bf_2(t)]=aF_1(s)+bF_2(s)$
位移定理	$L[e^{-at}f_2(t)]=F(s+a)$
延迟定理	$L[f(t-\tau)]=e^{-\tau s}F(s)$

续表

定理	变换公式
实微分定理	$L\left[\frac{\mathrm{d}f(t)}{\mathrm{d}t}\right]=sF(s)-f(0)$ $L\left[\frac{\mathrm{d}^n f(t)}{\mathrm{d}t^n}\right]=s^nF(s)-\sum_{k=1}^{n}s^{n-k}f^{(k-1)}(0)$
复微分定理	$L[t^n f(t)]=(-1)^n F^{(n)}(s)\ (n=1,2,3\cdots)$
初值定理	$\lim\limits_{t\to 0}f(t)=\lim\limits_{x\to\infty}sF(s)$
终值定理	$\lim\limits_{x\to\infty}f(t)=\lim\limits_{t\to 0}sF(s)$
实积分定理	$L[\int f(t)\mathrm{d}t]=\frac{F(s)}{s}+\frac{1}{s}\int f(t)\mathrm{d}t\Big\|_{t=0}$ $L[\int\cdots\int f(t)(\mathrm{d}t)^n]=\frac{F(s)}{s^n}+\sum_{k=1}^{n}\frac{1}{s^{n-k+1}}\int\cdots\int f(t)\ (\mathrm{d}t)^k\Big\|_{t=0}$
复积分定理	$L\left[\frac{f(t)}{t}\right]=\int_0^\infty F(s)\mathrm{d}s$ ($\lim\limits_{t\to 0}\frac{f(t)}{t}$ 存在)
卷积定理	$L[f_1(t)\times f_2(t)]=L[\int_0^t f_1(t-\tau)f_2(\tau)\mathrm{d}\tau]=F_1(s)F_2(s)$
能量(面积)	$\int_0^\infty f(t)\mathrm{d}t=\lim\limits_{s\to 0}F(s)$ ($\int_0^\infty f(t)\mathrm{d}t$ 存在)
时间标尺	$L[f(t/a)]=aF(as)$

例 2.7　证明拉普拉斯变换性质表 2.2 中的实微分定理。

【证明】　实微分定理 $L[\frac{\mathrm{d}f(t)}{\mathrm{d}t}]=sF(s)-f(0)$ 的证明如下。

根据拉普拉斯变换定义可得

$$
\begin{aligned}
L[\frac{\mathrm{d}f(t)}{\mathrm{d}t}] &= \int_0^\infty f(t)\mathrm{e}^{-st}\mathrm{d}t \\
&= \mathrm{e}^{-st}f(t)\Big|_0^\infty-\int_0^\infty\frac{\mathrm{d}f(t)}{\mathrm{d}t}\mathrm{d}\mathrm{e}^{-st} \\
&= -f(0)+\int_0^\infty f(t)\mathrm{e}^{-st}s\,\mathrm{d}t \\
&= -f(0)+sF(s)
\end{aligned}
$$

即 $L[\frac{\mathrm{d}f(t)}{\mathrm{d}t}]=sF(s)-f(0)$ 成立，其中，$f(0)$为初始稳态值。

由此可以得到重要推论：

(1) $L[\frac{\mathrm{d}^n}{\mathrm{d}t^n}f(t)]=s^nF(s)-s^{(n-1)}f(0)-s^{(n-2)}f^2(0)-\cdots-sf^{(n-2)}(0)-f^{(n-1)}(0)$；

(2)若 $f(0)=f^1(0)=\cdots=f^{(n-2)}(0)=f^{(n-1)}(0)=0$，则 $L[\frac{\mathrm{d}^n}{\mathrm{d}t^n}f(t)]=s^nF(s)$ 。

例 2.8　证明拉普拉斯变换性质表 2.2 中的初值定理。

【证明】　初值定理 $\lim\limits_{t\to 0}f(t)=\lim\limits_{x\to\infty}sF(s)$ 的证明如下。

存在实微分定理 $L\left[\frac{\mathrm{d}f(t)}{\mathrm{d}t}\right]=sF(s)-f(0)$，则

$$\lim_{s\to\infty}\left[\int_0^{\infty}\frac{\mathrm{d}f(t)}{\mathrm{d}t}\mathrm{e}^{-st}\mathrm{d}t\right]=\lim_{s\to\infty}\left[\int_{0^+}^{\infty}\mathrm{e}^{-st}\frac{\mathrm{d}f(t)}{\mathrm{d}t}\mathrm{d}t+\int_{0^-}^{0^+}\mathrm{e}^{-st}\frac{\mathrm{d}f(t)}{\mathrm{d}t}\mathrm{d}t\right]$$

$$\lim_{s\to\infty}[sF(s)-f(0)]=\lim_{s\to\infty}\left[\int_{0^+}^{\infty}\mathrm{e}^{-st}\frac{\mathrm{d}f(t)}{\mathrm{d}t}\mathrm{d}t+\int_{0^-}^{0^+}\mathrm{e}^{0}\frac{\mathrm{d}f(t)}{\mathrm{d}t}\mathrm{d}t\right]$$

式中，$\lim\limits_{s\to\infty}\int_{0^+}^{\infty}\mathrm{e}^{-st}\frac{\mathrm{d}f(t)}{\mathrm{d}t}\mathrm{d}t=0$，即 $\lim\limits_{s\to\infty}sF(s)=\lim\limits_{s\to\infty}f(0)=\lim\limits_{t\to 0}f(t)$ 成立。

例 2.9 利用拉普拉斯变换的性质求下列函数的原函数或者象函数。

(1)$F(\mathrm{s})=1/(s^2+5s+6)$

(2)$f(\mathrm{t})=t\ \mathrm{e}^{-t}+\ \mathrm{e}^{-2t}$

【解】 (1)$F(s)=\dfrac{1}{s^2+5s+6}=\dfrac{1}{(s+2)(s+3)}=\dfrac{1}{s+2}-\dfrac{1}{s+3}$

根据线性定律，有

$$F_1(s)=\frac{1}{s+2},F_2(s)=-\frac{1}{s+3},F(s)=F_1(s)+F_2(s)=L[f_1(t)+f_2(t)]$$

$$f(t)=L^{-1}[F(t)]=L^{-1}[F_1(t)]+L^{-1}[F_2(t)]=f_1(t)+f_2(t)=\mathrm{e}^{-2t}-\mathrm{e}^{-3t}$$

(2)$f(t)=t\mathrm{e}^{-t}+\mathrm{e}^{-2t}$，$f_1(t)=t\mathrm{e}^{-t}$，$f_2(t)=\mathrm{e}^{-2t}$。

根据复微分定律，有

$$F_1(s)=L[t\mathrm{e}^{-t}]=(-1)'\left(\frac{1}{s+1}\right)'=\frac{1}{(s+1)^2}$$

由拉普拉斯变换可得

$$F_2(s)=L[\mathrm{e}^{-2t}]=\frac{1}{s+2}$$

根据线性定律，有

$$F(s)=F_1(s)+F_2(s)=L[f_1(t)+f_2(t)]=\frac{1}{(s+1)^2}+\frac{1}{s+2}$$

例 2.10 根据拉普拉斯变换的定义和性质求解微分方程 $y''+3y'+2y=0$ 的解，其满足初始条件 $y(0)=2$，$y'(0)=-1$。

【解】 将常微分方程转化为象函数：

$$[s^2Y(s)-sy(0)-y'(0)]+3[sY(s)-y(0)]+2Y(s)=0$$

$$[s^2Y(s)-2s+1]+3[sY(s)-2]+2Y(s)=0$$

$$s^2Y(s)+3sY(s)+2Y(s)=2s-1+6$$

$$(s^2+3s+2)Y(s)=2s+5$$

考虑初始条件化简为

$$(s^2+3s+2)Y(s)=2s+5$$

于是根据 $(s^2+3s+2)Y(s)=2s+5$，有

$$Y(s)=\frac{2s+5}{(s+1)(s+2)}=\frac{3}{s+1}-\frac{1}{s+2}$$

对等式两边进行拉普拉斯反变换，可得

$$y(t)=L^{-1}[Y(s)]=3\mathrm{e}^{-t}-\mathrm{e}^{-2t}$$

2.2.3 利用部分分式法进行拉普拉斯反变换

象函数通常可表示为两个实系数 s 的多项式之比，即 s 的一个有理分式

$$F(s)=\frac{N(s)}{D(s)}=\frac{a_0s^m+a_1s^{m-1}+\cdots+a_m}{b_0s^n+b_1s^{n-1}+\cdots+b_n} \tag{2.3}$$

式中，m 和 n 为正整数，且 $n\geqslant m$。

分解定律：把 $F(s)$分解成若干简单项之和，而这些简单项可以在拉氏变换表中找到，这种方法称为部分分式展开法，或称为分解定理。用部分分式展开法展开 $F(s)$时，需要将有理分式(2.3)化为真分式。

即 $n>m$，式(2.3)为真分式，用部分分式展开法展开，需要对分母多项式作因式分解，求出 $D(s)=0$ 的根。$D(s)=0$ 的根，可以有三种情况：互不相同的单根、有共轭复根、存在重根。

(1)$D(s)=0$ 具有互不相同的单根。如果 $D(s)=0$ 有 n 个单根，设 n 个单根分别为 p_1，p_2，…，p_n，则 $F(s)$可以展开为

$$F(s)=\frac{K_1}{s-p_1}+\frac{K_2}{s-p_2}+\cdots+\frac{K_n}{s-p_n} \tag{2.4}$$

用$(s-p_1)$乘式(2.4)得到

$$(s-p_1)F(s)=K_1+(s-p_1)\left(\frac{K_2}{s-p_2}+\cdots+\frac{K_n}{s-p_n}\right) \tag{2.5}$$

令 $s=p_1$，得到

$$K_1=[(s-p_1)F(s)]_{s=p_1} \tag{2.6}$$

同理可求 $K_1,K_2,\cdots,K_n$，得到

$$K_i=[(s-p_i)F(s)]_{s=p_i} \tag{2.7}$$

(2)$D(s)=0$ 具有共轭复根：

$$F(s)=\frac{K_1}{s-p_1}+\frac{K_2}{s-p_2} \tag{2.8}$$

令 $p_1=a+\mathrm{j}\omega$，得到

$$K_1=[(s-a-\mathrm{j}\omega)F(s)]_{s=a+\mathrm{j}\omega} \tag{2.9}$$

令 $p_2=a-\mathrm{j}\omega$，得到

$$K_2=[(s-a+\mathrm{j}\omega)F(s)]_{s=a-\mathrm{j}\omega} \tag{2.10}$$

(3)$D(s)=0$ 具有重根。如果 $D(s)$中含有$(s-p_1)^2$的因式，p_1 为 $D(s)=0$ 的二重根，其余为单根，于是 $F(s)$可以展开为

$$F(s)=\frac{K_{12}}{s-p_1}+\frac{K_{11}}{(s-p_1)^2}+\sum_{i=2}^{n-1}\frac{K_i}{(s-p_i)} \tag{2.11}$$

求解 K_{11}，用$(s-p_1)^2$乘式(2.11)得到

$$(s-p_1)^2F(s)=(s-p_1)K_{12}+K_{11}+(s-p_1)^2\sum_{i=2}^{n-1}\frac{K_i}{(s-p_i)} \tag{2.12}$$

令 $s=p_1$，得到

$$K_{11}=[(s-p_1)^2F(s)]_{s=p_1} \tag{2.13}$$

求解 K_{12}，式(2.12)两边对 s 求导得到

$$\left[\frac{\mathrm{d}}{\mathrm{d}s}(s-p_1)^2\right]F(s)=K_{12}+\frac{\mathrm{d}}{\mathrm{d}s}\left[(s-p_1)^2\sum_{i=2}^{n-1}\frac{K_i}{(s-p_i)}\right] \tag{2.14}$$

并令 $s=p_1$，可得到

$$K_{12}=\left.\frac{\mathrm{d}[(s-p_1)^2F(s)]}{\mathrm{d}s}\right|_{s=p_1} \tag{2.15}$$

类似方法可推出，当 $D(s)=0$ 具有 q 阶重根时，其余为单根的分解式

$$F(s)=\frac{K_{1q}}{s-p_1}+\frac{K_{1(q-1)}}{(s-p_1)^2}+\cdots+\frac{K_{11}}{(s-p_1)^q}+\sum_{i=2}^{n-q}\frac{K_i}{(s-p_i)} \tag{2.16}$$

式中，$K_{1(q-1)}$ 表示第 $q-1$ 单根的系数。式(2.16)中的 K_{1q} 表示如下：

$$K_{1q}=\frac{1}{(q-1)!}\cdot\frac{d^{q-1}}{ds^{q-1}}\left[(s-p_1)^qF(s)\right]\bigg|_{s=p_1} \tag{2.17}$$

例 2.11 将下列函数进行拉普拉斯反变换。

(1) $F(s)=\dfrac{2s+1}{s^3+7s^2+10s}$；

(2) $F(s)=\dfrac{s+3}{s^2+2s+5}$；

(3) $F(s)=\dfrac{1}{s^2(s+1)}$。

【解】 (1)$F(s)=\dfrac{2s+1}{s^3+7s^2+10s}=\dfrac{2s+1}{s(s+2)(s+5)}$，$D(s)=0$ 的根为 $p_1=0$、$p_2=-2$、$p_3=-5$。

系数为

$$K_1=\frac{2s+1}{(s+2)(s+5)}\bigg|_{s=0}=0.1$$

$$K_2=\frac{2s+1}{s(s+5)}\bigg|_{s=-2}=0.5$$

$$K_3=\frac{2s+1}{s(s+2)}\bigg|_{s=-5}=-0.6$$

象函数为

$$F(s)=\frac{0.1}{s}+\frac{0.5}{s+2}-\frac{0.6}{s+5}$$

原函数为

$$f(t)=0.1+0.5e^{-2t}-0.6e^{-5t}$$

(2)$F(s)=\dfrac{s+3}{s^2+2s+5}=\dfrac{s+3}{(s+1)^2+4}$。

方法一：$D(s)=0$ 的共轭复根 $p_1=-1+2j$、$p_2=-1-2j$。

系数为

$$K_1=\frac{s+3}{s+1+j2}\bigg|_{s=-1+2j}=0.5-j0.5=0.5\sqrt{2}e^{-j\pi/4}$$

$$K_2=\frac{s+3}{s+1-j2}\bigg|_{s=-1-2j}=0.5+j0.5=0.5\sqrt{2}e^{j\pi/4}$$

象函数为

$$F(s)=\frac{0.5\sqrt{2}e^{-j\pi/4}}{s+1-2j}+\frac{0.5\sqrt{2}e^{j\pi/4}}{s+1+2j}$$

原函数为

$$\begin{aligned}f(t)&=0.5\sqrt{2}e^{-j\pi/4}e^{(-1+2j)t}+0.5\sqrt{2}e^{j\pi/4}e^{(-1-2j)t}\\&=0.5\sqrt{2}e^{-t}\left[e^{(2t-\pi/4)j}+e^{(-2t+\pi/4)j}\right]\end{aligned}$$

根据欧拉方程 $\cos x=(e^{ix}+e^{-ix})/2$ 可得

$$f(t)=\sqrt{2}\mathrm{e}^{-t}\cos(2t-\pi/4)=\mathrm{e}^{-t}[\cos 2t+\sin 2t]$$

方法二：

$$F(s)=\frac{s+1}{(s+1)^2+2^2}+\frac{2}{(s+1)^2+2^2}$$

根据基本函数的拉普拉斯变换公式

$$F(s+a)=L[\mathrm{e}^{-at}f(t)]$$

可得原函数为

$$f(t)=\mathrm{e}^{-t}[\cos 2t+\sin 2t]$$

(3)$F(s)=\dfrac{1}{s^2(s+1)^3}$，$D(s)=0$ 有 $p_1=-1$ 的三重根，$p_2=0$ 的二重根，故有

$$F(s)=\frac{K_{13}}{s+1}+\frac{K_{12}}{(s+1)^2}+\frac{K_{11}}{(s+1)^3}+\frac{K_{22}}{s}+\frac{K_{21}}{s^2}$$

上式同乘$(s+1)^3$后得到

$$K_{11}=(s-p_1)^3F(s)\mid_{s=p_1}=\frac{1}{s^2}\bigg|_{s=-1}=1$$

$$K_{12}=\frac{\mathrm{d}}{\mathrm{d}s}[(s-p_1)^3F(s)]\bigg|_{s=p_1}=\frac{\mathrm{d}}{\mathrm{d}s}\cdot\frac{1}{s^2}\bigg|_{s=-1}=\frac{-2}{s^3}\bigg|_{s=-1}=2$$

$$K_{13}=\frac{1}{2}\cdot\frac{\mathrm{d}^2}{\mathrm{d}s^2}\cdot\frac{1}{s^2}\bigg|_{s=-1}=\frac{1}{2}\cdot\frac{6}{s^4}\bigg|_{s=-1}=3$$

同乘 s 后得到

$$K_{21}=s^2F(\mathrm{s})\mid_{s=p_2}=\frac{1}{(s+1)^3}\bigg|_{s=0}=1$$

$$K_{22}=\frac{\mathrm{d}}{\mathrm{d}s}[s^2F(\mathrm{s})]\bigg|_{s=p_2}=\frac{\mathrm{d}}{\mathrm{d}s}\left[\frac{1}{(s+1)^3}\right]\bigg|_{s=0}=\frac{-3}{(s+1)^4}\bigg|_{s=0}=-3$$

象函数为

$$F(s)=\frac{3}{s+1}+\frac{2}{(s+1)^2}+\frac{1}{(s+1)^3}-\frac{3}{s}+\frac{1}{s^2}$$

原函数为

$$f(t)=3\mathrm{e}^{-t}+2t\mathrm{e}^{-t}+0.5t^2\mathrm{e}^{-t}-3+t$$

2.3　典型环节的传递函数

2.3.1　传递函数

设线性定常系统微分方程的一般形式为

$$\begin{aligned}&y^{(n)}(t)+a_{n-1}y^{(n-1)}(t)+a_{n-2}y^{(n-2)}(t)+\cdots+a_1y'(t)+a_0y(t)\\&=b_mu^{(m)}(t)+b_{m-1}u^{(m-1)}(t)+\cdots+b_1u'(t)+b_0u(t),\quad n\geqslant m\end{aligned}\tag{2.18}$$

系统传递函数的定义：在零初始条件下，输出的拉普拉斯变换与输入的拉普拉斯变换的比值(见图 2.6)，即

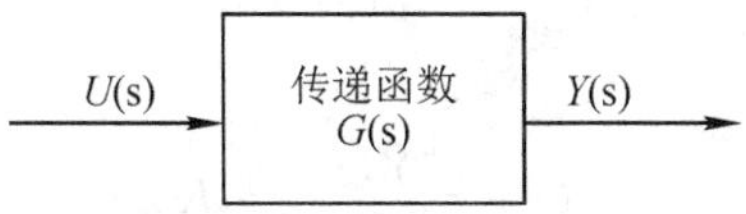

图 2.6　传递函数示意图

$$G(s)=\frac{Y(s)}{U(s)}=\frac{b_m s^m+b_{m-1}s^{m-1}+b_{m-2}s^{m-2}+\cdots+b_1 s+b_0}{s^n+a_{n-1}s^{n-1}+a_{n-2}s^{n-2}+\cdots+a_1 s+a_0},\quad n\geqslant m \tag{2.19}$$

或者可将式(2.19)写成

$$G(s)=\frac{K(\tau_1 s+1)\cdots(\tau_m s+1)}{(T_1 s+1)(T_2 s+1)\cdots(T_n s+1)},\quad n\geqslant m \tag{2.20}$$

式中,K 称为放大系数或者增益;T 和 τ 称为时间常数。

或者可将式(2.20)写成

$$G(s)=\frac{Y(s)}{U(s)}=\frac{K\prod_{j=1}^{m}(s+z_j)}{\prod_{i=1}^{n}(s+p_i)},\qquad n\geqslant m \tag{2.21}$$

式中,$-z_j$是分子的多项式的零点,称为传递函数的零点;$-p_i$是分母多项式的零点,称为传递函数的极点。

关于传递函数的说明:

(1)根据拉普拉斯变换的定义,要得到 $G(s)=Y(s)/U(s)$,必须满足零初始条件,即

$$\begin{cases}y(t)=\dot{y}(0)=\ddot{y}(0)=\cdots=y^{(n-1)}(0)=0\\u(t)=\dot{u}(0)=\ddot{u}(0)=\cdots=u^{(m-1)}(0)=0\end{cases} \tag{2.22}$$

若不满足零初始条件,只能得到输出的拉普拉斯变换表达式,即

$$\begin{cases}N(s)Y(s)+C_y=M(s)U(s)+C_u\\Y(s)=\dfrac{M(s)U(s)+C_u-C_y}{N(s)}\neq G(s)\end{cases} \tag{2.23}$$

式中,C_u和 C_y是与 $u(t)$和 $y(t)$初始值相关的值。

(2)当 $U(s)=L(\delta(t))=1$ 时,$Y(s)=G(s)$为系统的脉冲响应。可见 $G(s)$反映的是系统的动态特性,即系统在时域下的冲激响应,$g(t)=L^{-1}(G(s))$,$g(t)$与 $G(s)$的关系是时域与频域的变换关系。冲激响应一般以图形表示,而微分方程和传递函数是数学模型。

(3)传递函数作为复频域的数学模型,反映的是系统对输入信号的传递能力和系统本身的固有特性,与输入信号和初始条件无关。

(4)传递函数是不反映任何物理结构的抽象模型,相似系统的传递函数形式相同。

(5)实际系统均存在阻尼、摩擦、损耗等,使得系统响应存在能量的衰减,这种现象称为“惯性”。惯性系统的传递函数,其分母阶次必定高于分子阶次,即在 $n>m$ 情况下,$Y(s)=G(s)U(s)$才会出现惯性现象,否则系统将存在能量自激。

2.3.2　一些典型环节的传递函数

1. 比例环节

比例环节(即放大环节)是最常见、最基本的环节,其基本的输出变量 $y(t)$和输入变量$u(t)$之间的关系为

$$g(t)=\frac{y(t)}{u(t)}=K \tag{2.24}$$

比例环节的传递函数为

$$G(s)=\frac{Y(s)}{U(s)}=K \tag{2.25}$$

式中，K 为放大系数或者增益。

杠杆、齿轮、放大器等物理元件在一定条件下可以看作是比例环节，例如，图 2.7 中所示的比例放大器中，输入和输出之间满足关系 $U_o(t)/U_i(t)=R_f/R_i=K$。

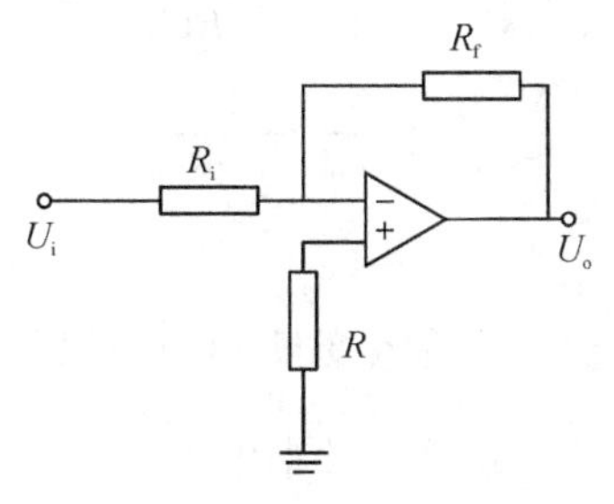

图 2.7　比例放大器示意图

2. 惯性环节

惯性环节基本的输出变量 $y(t)$ 和输入变量 $u(t)$ 之间的一阶微分关系为

$$T\frac{\mathrm{d}y(t)}{\mathrm{d}t}+y(t)=Ku(t) \tag{2.26}$$

通过拉普拉斯变换后，其传递函数为

$$G(s)=\frac{Y(s)}{U(s)}=\frac{K}{Ts+1} \tag{2.27}$$

式中，T 为惯性环节的时间常数；K 为惯性环节的放大系数。

常见的惯性环节常存在于热力系统、温度系统、电路系统中，例 2.1 和例 2.2 均为惯性环节示例，进行拉普拉斯变换后，可以获得对应的传递函数：

$$\frac{Q_0(s)}{Q_i(s)}=\frac{1}{RCs+1} \tag{2.28}$$

$$\frac{Q_i(s)}{H(s)}=\frac{R}{RCs+1} \tag{2.29}$$

$$\frac{Q_i(s)}{\Theta(s)}=\frac{1/GC_p}{(M/G)s+1} \tag{2.30}$$

3. 振荡环节

二阶微分方程所描述的环节为振荡环节，其基本的输出变量 $y(t)$ 和输入变量 $u(t)$ 之间的二阶微分关系为

$$\frac{\mathrm{d}^2y(t)}{\mathrm{d}t^2}+2\zeta\omega_n\frac{\mathrm{d}y(t)}{\mathrm{d}t}+\omega_n^2y(t)=\omega_n^2u(t),\ 0<\zeta<1 \tag{2.31}$$

经过拉普拉斯变换后，可以获得传递函数为

$$G(s)=\frac{Y(s)}{U(s)}=\frac{\omega_n^2}{s^2+2\zeta\omega_n+\omega_n^2},\ 0<\zeta<1 \tag{2.32}$$

式中，ω_n 为振荡环节的无阻尼振荡角频率；ζ 为阻尼系数或者阻尼比。严格来说，二阶振荡环节也是“惯性”环节，由于二阶环节对于突变信号的响应会出现振荡现象，所以为了区分，称为振荡环节。

振荡环节常存在机械运动系统、直流电动机、RLC 电路系统中,例 2.3 和例 2.4 所得的二阶微分方程,经过拉普拉斯变换后可以获得相应的传递函数:

$$\frac{U_0(s)}{U_i(s)} = \frac{1}{LCs^2 + RCs + 1} \tag{2.33}$$

$$\frac{Y(s)}{F(s)} = \frac{1}{ms^2 + \mu s + k} \tag{2.34}$$

4. 积分环节

积分环节表示的是输出变量 $y(t)$是输入变量 $u(t)$的积分,即

$$y(t) = K\int u(t)\mathrm{d}t \tag{2.35}$$

经过拉普拉斯变换后,可以获得传递函数

$$G(s) = \frac{Y(s)}{U(s)} = \frac{1}{Ts} \tag{2.36}$$

式中,T 为积分时间常数。

常见的积分环节常存在于源积分电路、罐体等物理系统中。图 2.8 所示为一气体储罐,设流入的气体流量为 Q,储罐内的气体压力为 p,储罐的容积为 V,R 为气体常数,T 为气体的绝对温度,M 为气体摩尔质量,则可获得压力和流入的气体流量之间的关系为

$$p = \frac{RT}{VM}\int_0^t Q\mathrm{d}t \tag{2.37}$$

经过拉普拉斯变换后可以获得传递函数

$$G(s) = \frac{P(s)}{Q(s)} = \frac{1}{s(VM/RT)} \tag{2.38}$$

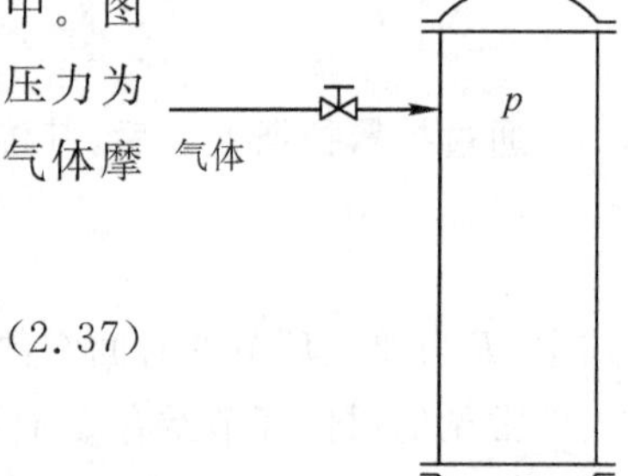

图 2.8 气体储罐示意图

5. 微分环节

理想的微分环节,其输出变量 $y(t)$和输入变量 $u(t)$满足如下微分关系:

$$y(t) = T\frac{\mathrm{d}u(t)}{\mathrm{d}t} \tag{2.39}$$

经过拉普拉斯变换后可以获得传递函数

$$G(s) = \frac{Y(s)}{U(s)} = Ts \tag{2.40}$$

式中,T 称为微分时间常数。微分环节反映的是输入信号的变化趋势,因此具有“超前”感知输入信号的变化的能力。理想的微分形式在实际中不易实现,因此常用的微分环节包括如下形式:

$$G(s) = \frac{Ts}{Ts+1} \text{ 或 } G(s) = Ts + 1 \tag{2.41}$$

前者常用在图 2.9(a)所示的无源网络中,其中 $T=RC$;后者常用在图 2.9(b)所示的有源微分电路中,其中 $R_f=R_i$、$T=R_iC$。

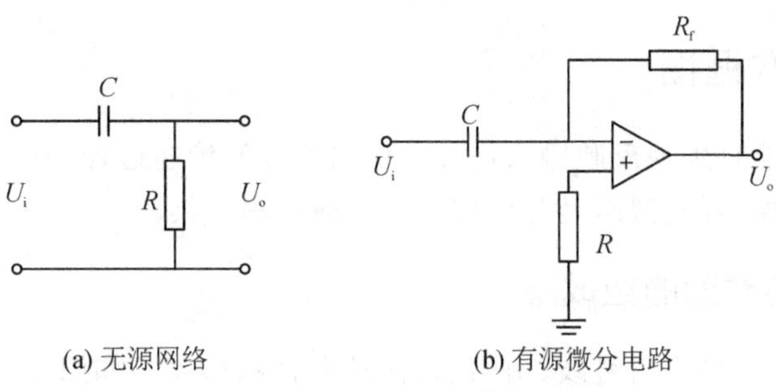

(a) 无源网络　　(b) 有源微分电路

图 2.9　实际中微分环节的电路图

6. 延时环节

延时环节的输出变量 $y(t)$ 和输入变量 $u(t)$ 的关系为

$$y(t) = K(t-\tau)u(t) \tag{2.42}$$

经过拉普拉斯变换后，可以获得传递函数

$$G(s) = \frac{Y(s)}{U(s)} = K\mathrm{e}^{-\tau s} \tag{2.43}$$

式中，τ 为延迟时间。延时环节不改变输入信号的性质，仅在时间上延迟了 τ 时间。

表 2.3 中给出了典型环节传递函数的特点和实例总结。

表 2.3　典型环节的传递函数

环节名称	传递函数	特点	实例
比例环节（放大环节）	K	输出量无延迟、无失真地反映输入量的变化	齿轮变速器（主动轴转速-传动轴转速） 电子放大器（输入电压-输出电压） 测速机（转速-电压）
惯性环节	$K/(Ts+1)$	输出量的变化落后于输入量的变化	液位系统（流入流量-流出流量、流入流量-液位高度） 热力系统（流体出口温度增量-加热器功率增量）
振荡环节	$\frac{\omega_n^2}{s^2+2\zeta\omega_n+\omega_n^2}$，$0<\zeta<1$	有两种储能元件，所储存的能量相互转换	RLC 无源网络（输入电压-输出电压） 弹簧阻尼系统（外部作用力-位移）
积分环节	K/s	输出量的变化正比于输入量的变化	积分器（输入电压-输出电压） 气体贮罐（流量-压力）
理想微分环节	Ks	输出量的变化正比于输入量的变化	直流测速机（转角-电势） RC 串联微分电路（电源电压-电阻电压）
实际微分环节	$Ts/(Ts+1)$ 或 $Ts+1$		
延时环节	$K\mathrm{e}^{-\tau s}$	输出量延迟 τ 时间后，复现输入量	热量传递过程中时间上的延迟

2.4 线性系统方框图

线性系统方框图能直观地反映输入信号和输出信号的传递过程，具有直观、易于简化且便于获得整个系统数学模型的特征，是分析控制系统的常用工具。

2.4.1 线性系统方框图的组成

方框图的基本组成包括：信号线、引出点、比较点、函数方块，如图 2.10 所示。图 2.10(c) 的比较点图中满足 $U_3(s)=U_1(s)\pm U_2(s)$，图 2.10(d)的函数方块图中满足 $Y(s)=G(s)U(s)$。

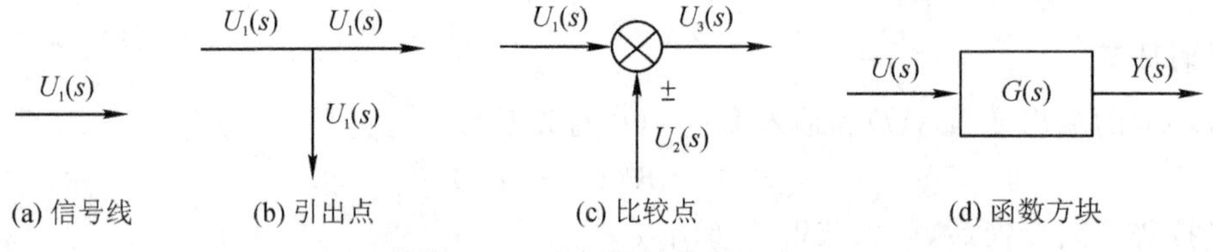

图 2.10 方框图的基本组成

需要注意的是，虽然系统方框图均由系统的数学模型获得的，但方框图中的方框与实际的系统元件并非一一对应，因为实际元件可能由一个或者多个方框表示，且同一个方框图也可表示几个不同的复杂系统。

2.4.2 方框图的变换和简化

控制系统通过等效变换可以有效地简化方框图，使得复杂系统的连接被简化。任何复杂框图连接的基本方式只有串联、并联和反馈环节，因此以下内容将对这三种方式的等效变换进行介绍。

1. 串联方框的等效变换

串联系统的方框图如图 2.11(a)所示，可以将其简化为图 2.11(b)所示的等效框图，图 2.11(a)的传递函数可以表示为

$$\frac{X(s)}{U(s)}=G_1(s),\frac{Y(s)}{X(s)}=G_2(s)$$

$$G(s)=\frac{Y(s)}{U(s)}=\frac{X(s)}{U(s)}\cdot\frac{Y(s)}{X(s)}=G_1(s)G_2(s) \tag{2.44}$$

则图 2.11(b)简化后的传递函数为

$$G(s)=\frac{Y(s)}{U(s)}=G_1(s)G_2(s) \tag{2.45}$$

因此，当两个环节串联，等效的传递函数是串联环节的传递函数的乘积，可将其推广到有限环节的串联。下面以一个串联的液位系统为例进行说明。

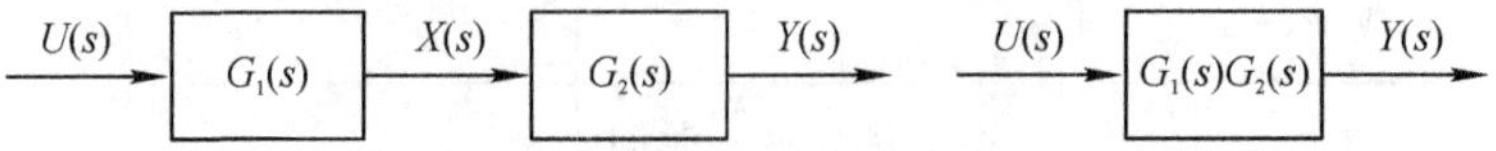

U(s) → $G_1(s)$ → X(s) → $G_2(s)$ → Y(s)　　U(s) → $G_1(s)G_2(s)$ → Y(s)

(a) 串联系统　　(b) 简化系统(等效框图)

图 2.11 串联系统的简化

例 2.12　串联液位系统。如图 2.12 所示，水箱 2 对水箱 1 无负载效应，可认为两个水箱是两个串联环节，单个水箱的流入流量和流出流量的基本数学模型和传递函数在例 2.1 中获得，因此本例中串联的水箱 1 和水箱 2 的传递函数分别为

$$G_1(s)=\frac{1}{R_1C_1s+1},\ G_2(s)=\frac{1}{R_2C_2s+1}$$

式中，水箱 1 的横截面积为 $C_1(\mathrm{m}^2)$；水箱 2 的横截面积为 $C_2(\mathrm{m}^2)$；控制阀 2 的液阻常数为 $R_1(\mathrm{m}^2/\mathrm{s})$；控制阀 3 的液阻常数为 $R_2(\mathrm{m}^2/\mathrm{s})$。

因此，根据串联系统的等效可知，此串联水箱的传递函数为

$$G(s)=\frac{1}{(R_1C_1s+1)(R_2C_2s+1)}$$

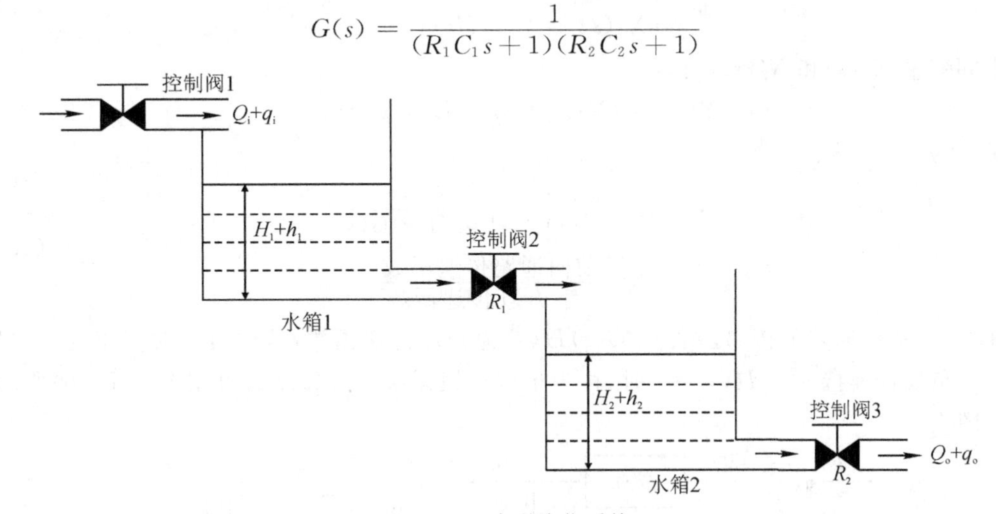

图 2.12　串联液位系统

2. 并联方框的等效变换

并联系统的基本方框图如图 2.13(a)所示，可以将其简化为图 2.13(b)所示的等效框图，图 2.13(a)并联系统满足关系

$$\begin{cases}X_1(s)=U(s)G_1(s)\\X_2(s)=U(s)G_2(s)\\Y(s)=X_1(s)-X_2(s)\end{cases}\tag{2.46}$$

因此其传递函数可以表示为

$$G(s)=\frac{Y(s)}{U(s)}=\frac{G_1(s)U(s)-G_2(s)U(s)}{U(s)}=G_1(s)-G_2(s)\tag{2.47}$$

图 2.13(b)为并联系统简化后的方框图，其传递函数为

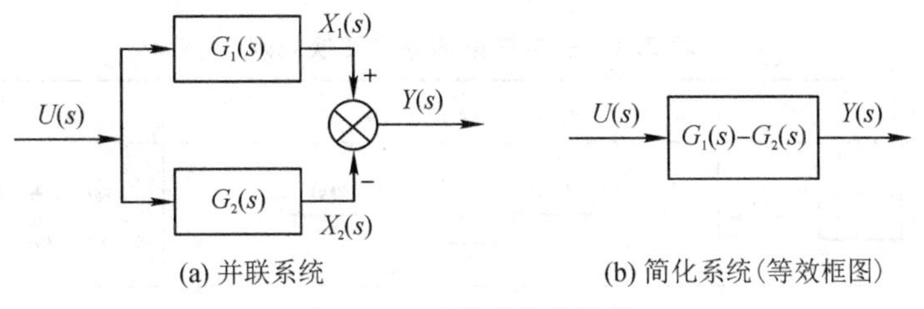

图 2.13　并联系统的简化

$$G(s)=\frac{Y(s)}{U(s)}=G_1(s)-G_2(s) \tag{2.48}$$

因此,当两个环节并联时,等效的传递函数是并联环节的传递函数的代数和,可将其推广到有限环节的并联。

3. 反馈方框的等效变换

图 2.14(a)表示的是反馈系统的基本框图,“+”号为正反馈、“−”号为负反馈,图 2.14(a)满足

$$\begin{cases}X_1(s)=U(s)\pm X_2(s)\\X_2(s)=Y(s)H(s)\end{cases} \tag{2.49}$$

消去中间变量 $X_1(s)$和 $X_2(s)$,可得

$$Y(s)=G(s)[U(s)\pm H(s)Y(s)] \tag{2.50}$$

传递函数为

$$\begin{aligned}W(s)&=\frac{Y(s)}{U(s)}=\frac{G(s)}{1\mp H(s)G(s)}\\&=\frac{\text{前向通路传递函数}}{1\mp\text{开环传递函数}}\end{aligned} \tag{2.51}$$

式中,$G(s)$为前向通路的传递函数;$\mp G(s)H(s)$为开环传递函数,其中负号对应正反馈连接,正号对应负反馈连接。当 $H(s)=1$ 时,称为单位反馈系统。式(2.51)可用图 2.14(b)所示的反馈框图表示。

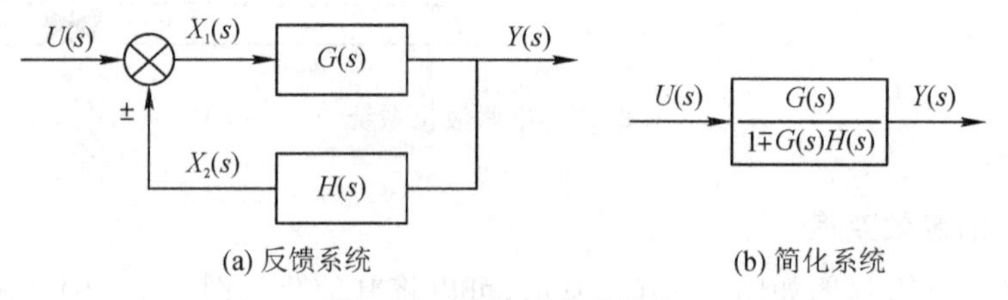

图 2.14 反馈系统的简化

2.4.3 等效变换

在基本的方框图简化过程中,为了更好地进行串联、并联、反馈的简化,需要移动比较点和引出点的位置,但是在移动过程中需要保证信号等效的原则,即变换前后前向通道传递函数乘积保持不变,环路传递函数保持不变,且比较点和引出点之间不宜交换位置,同时“−”号可以在信号线上越过方框移动,但不能越过比较点和引出点。表 2.4 给出了基本框图的等效变换规则。

表 2.4 基本框图的等效变换规则

原方框图	等效方框图	等效关系
$U(s)$ → $G_1(s)$ → $X(s)$ → $G_2(s)$ → $Y(s)$	$U(s)$ → $G_1(s)G_2(s)$ → $Y(s)$	1. 串联等效 $Y(s)=G_1(s)G_2(s)U(s)$

续表

原方框图	等效方框图	等效关系
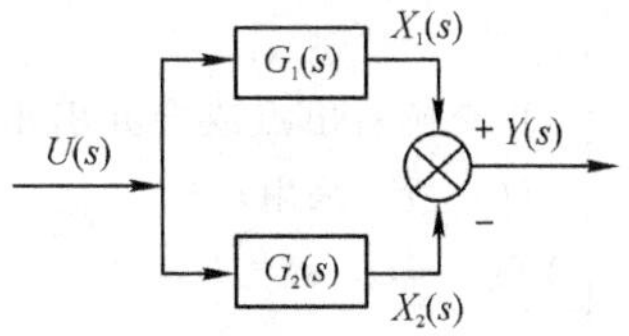 $U(s)$ $G_1(s)$ $X_1(s)$ $+$ $Y(s)$ $G_2(s)$ $-$ $X_2(s)$	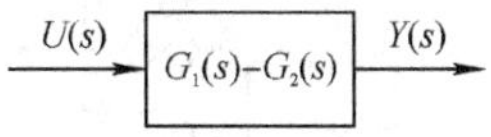 $U(s)$ $G_1(s)-G_2(s)$ $Y(s)$	2. 并联等效 $Y(s)=[G_1(s)-G_2(s)]U(s)$
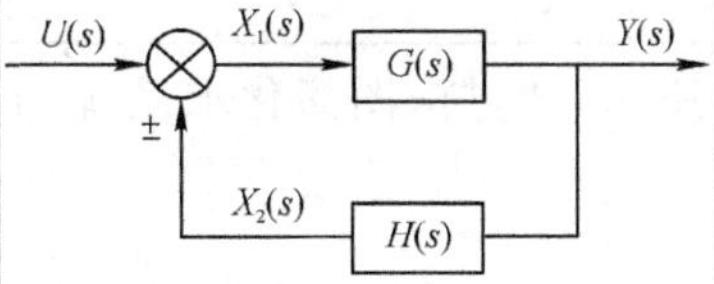 $U(s)$ $X_1(s)$ $G(s)$ $Y(s)$ $\pm$ $X_2(s)$ $H(s)$	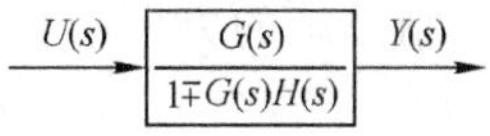 $U(s)$ $\frac{G(s)}{1\mp G(s)H(s)}$ $Y(s)$	3. 反馈等效 $Y(s)=\frac{G(s)}{1\mp G(s)H(s)}$
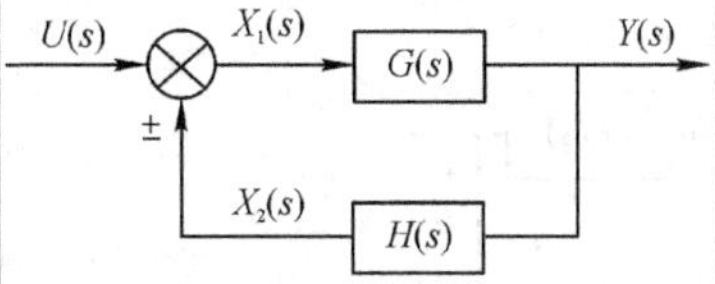 $U(s)$ $X_1(s)$ $G(s)$ $Y(s)$ $\pm$ $X_2(s)$ $H(s)$	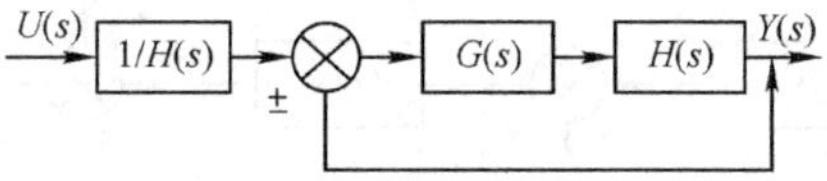 $U(s)$ $1/H(s)$ $\pm$ $G(s)$ $H(s)$ $Y(s)$	4. 等效单位反馈 $Y(s)=\frac{1}{H(s)}\cdot\frac{G(s)H(s)}{1\mp G(s)H(s)}$
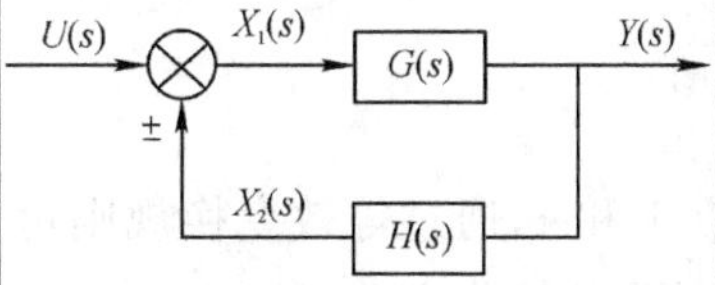 $U(s)$ $X_1(s)$ $G(s)$ $Y(s)$ $\pm$ $X_2(s)$ $H(s)$	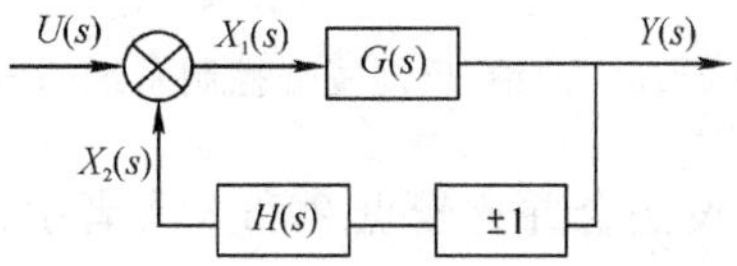 $U(s)$ $X_1(s)$ $G(s)$ $Y(s)$ $X_2(s)$ $H(s)$ ±1	5. 正负号在支路上移动 $X_1(s)=U(s)\pm H(s)Y(s)$ $=U(s)+H(s)\cdot(\pm1)Y(s)$
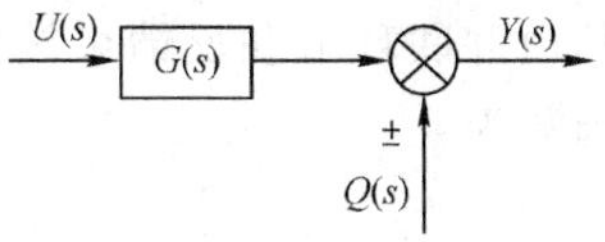 $U(s)$ $G(s)$ $Y(s)$ $\pm$ $Q(s)$	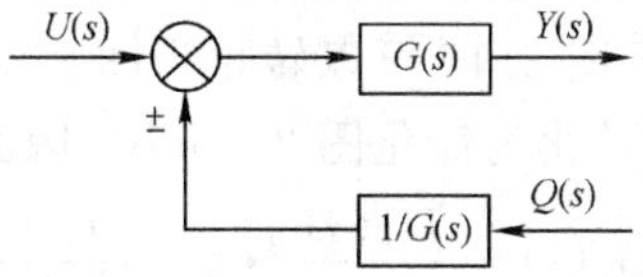 $U(s)$ $G(s)$ $Y(s)$ $\pm$ $1/G(s)$ $Q(s)$	6. 比较点前移 $Y(s)=U(s)G(s)\pm Q(s)$ $=[U(s)+\frac{Q(s)}{G(s)}]G(s)$
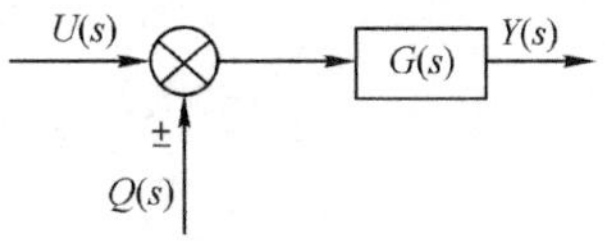 $U(s)$ $G(s)$ $Y(s)$ $\pm$ $Q(s)$	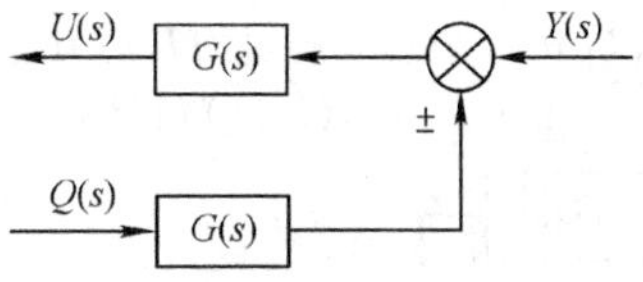 $U(s)$ $G(s)$ $Y(s)$ $\pm$ $Q(s)$ $G(s)$	7. 比较点后移 $Y(s)=[U(s)\pm Q(s)]G(s)$ $=U(s)G(s)\pm Q(s)G(s)$
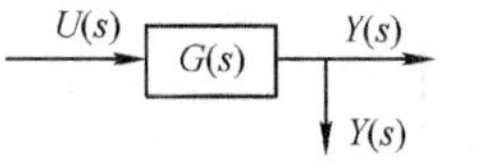 $U(s)$ $G(s)$ $Y(s)$ $Y(s)$	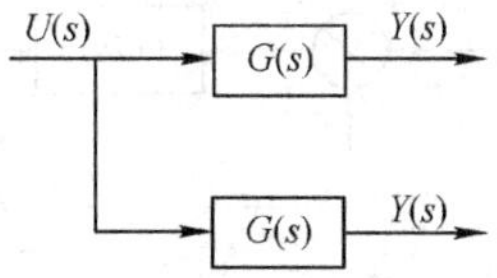 $U(s)$ $G(s)$ $Y(s)$ $G(s)$ $Y(s)$	8. 引出点前移 $Y(s)=U(s)G(s)$
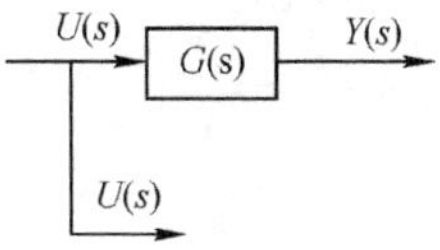 $U(s)$ $G(s)$ $Y(s)$ $U(s)$	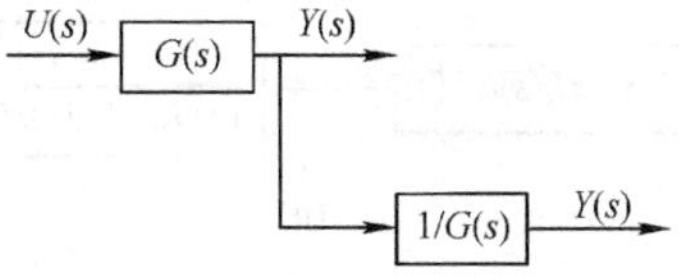 $U(s)$ $G(s)$ $Y(s)$ $1/G(s)$ $Y(s)$	9. 引出点后移 $U(s)=U(s)G(s)\frac{1}{G(s)}$ $Y(s)=U(s)G(s)$
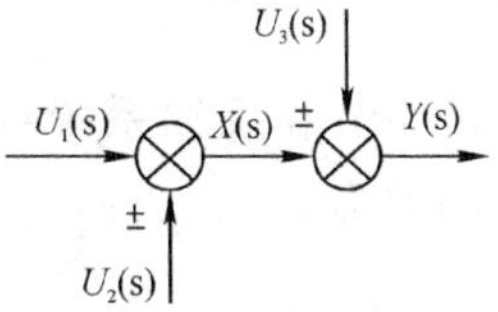 $U_3(s)$ $U_1(s)$ $X(s)$ $\pm$ $Y(s)$ $\pm$ $U_2(s)$	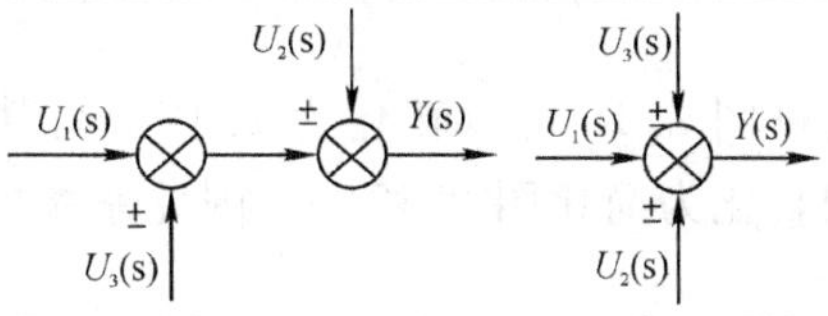 $U_2(s)$ $U_1(s)$ $\pm$ $Y(s)$ $\pm$ $U_3(s)$ $U_3(s)$ $U_1(s)$ $\pm$ $Y(s)$ $\pm$ $U_2(s)$	10. 交换或合并引出点 $Y(s)=X(s)\pm U_3(s)$ $=U_1(s)\pm U_2(s)\pm U_3(s)$ $=U_1(s)\pm U_3(s)\pm U_2(s)$

续表

原方框图	等效方框图	等效关系
$U_1(s)$ $Y(s)$ $Y(s)$ $\pm$ $U_2(s)$	$U_2(s)$ $\pm$ $U_1(s)$ $Y(s)$ $Y(s)$ $\pm$ $U_2(s)$	11. 交换引出点或合并引出点(一般不采用) $Y(s)=U_1(s)\pm U_2(s)$

例 2.13　设前馈-反馈复合型控制系统的方框图如图 2.15 所示,通过框图简化求系统的传递函数 $G(s)=Y(s)/U(s)$。

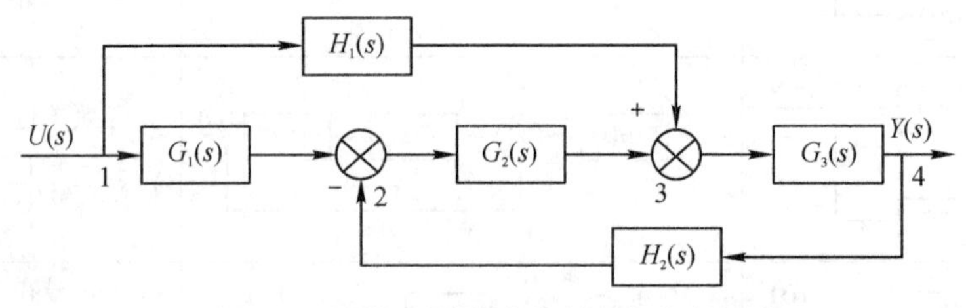

图 2.15　前馈-反馈复合控制系统的方框图

【解】　观察图 2.15,应该设法合并比较点 2 和 3 或者引出点 1 和 4,通过等效变换规则可知,应该尽量避免比较点和引出点互换位置,因此本例中存在以下两种简化方法。

(1)将比较点 3 前移,则方框图 2.15 可以转化为图 2.16(a),其由并联环节和反馈系统组成,因此可以通过等效变换规则转化为简化图 2.16(b),因此传递函数为

$$G(s)=\left[G_1(s)+\frac{H_1(s)}{G_2(s)}\right]\cdot\frac{G_2(s)G_3(s)}{1+G_2(s)G_3(s)H_2(s)}$$

$$=\frac{G_1(s)G_2(s)G_3(s)+H_1(s)G_3(s)}{1+G_2(s)G_3(s)H_2(s)}$$

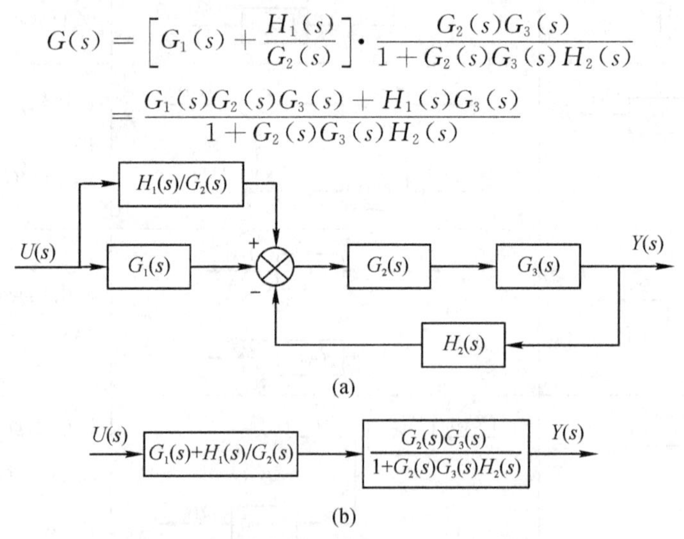

图 2.16　例 2.13 方法(1)的简化方框图

(2)比较点 2 后移,则方框图 2.15 可以转化为 2.17(a),其由并联环节和反馈系统组成,因此可以通过等效变换规则转化为简化图 2.17(b),因此系统的传递函数为

$$G(s)=[G_1(s)G_2(s)+H_1(s)]\cdot\frac{G_3(s)}{1+G_2(s)G_3(s)H_2(s)}$$
$$=\frac{G_1(s)G_2(s)G_3(s)+H_1(s)G_3(s)}{1+H_2(s)G_2(s)G_3(s)}$$

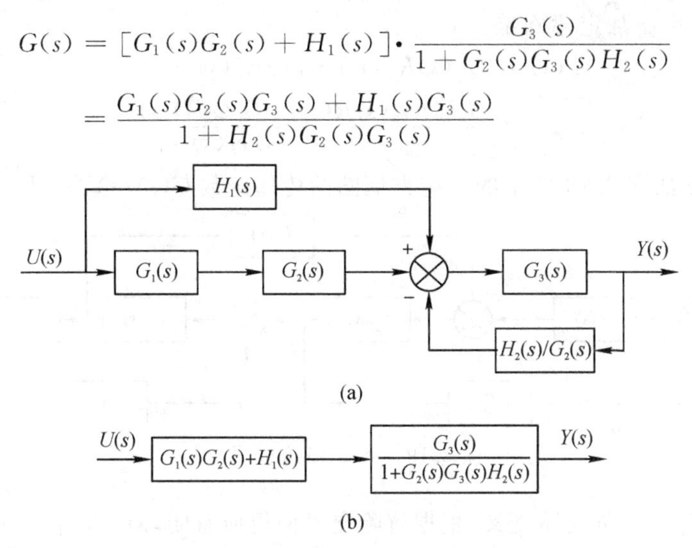

图 2.17　例 2.13 方法(2)的简化方框图

由此可见，对于同一个系统的方框图，可通过不同的等效和简化方式获得该系统的传递函数。

例 2.14　图 2.18 表示的是两输入单输出系统(闭环控制系统)的方框图，其中，扰动输入 $D(s)$可正可负，控制器传递函数是 $G_c(s)$，被控对象的传递函数是 $G_p(s)$，反馈通道的传递函数为 $H(s)$。若从任一比较点将闭环断开，以 $R(s)$为输入信号，以反馈信号作为输出信号，以 $D(s)$为输入，以 $U_c(s)$为输出，则所得到的各个串联环节的总传递函数都称为开环传递函数。通过图 2.17 观察可得，无论在哪个比较点断开闭环，开环传递函数都是一致的，都是 $G_c(s)G_p(s)H(s)$。同时多输入多输出系统的传递函数指的是各输出单独对应各输入的传递函数。求本例的传递函数。

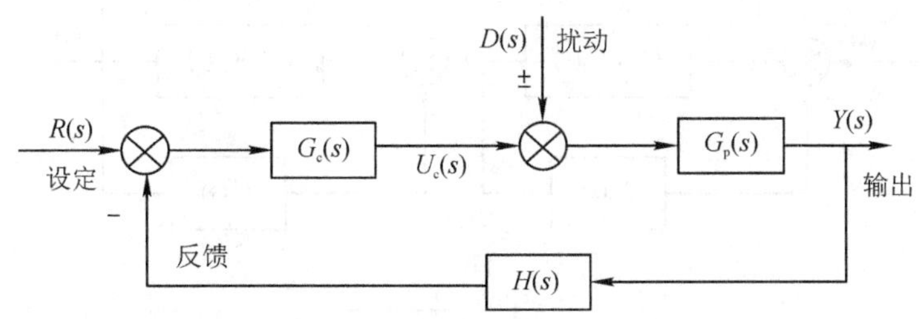

图 2.18　例 2.14 闭环控制系统方框图

【解】
$$G_R(s)=\left.\frac{Y(s)}{R(s)}\right|_{D(s)=0},\quad G_D(s)=\left.\frac{Y(s)}{D(s)}\right|_{R(s)=0}$$

当 $D(s)=0$ 时，图 2.18 为单闭环结构，根据反馈方框图的简化规则，有

$$G_R(s)=\frac{\text{前向通路传递函数}}{1+\text{开环传递函数}}=\frac{G_c(s)G_p(s)}{1+G_c(s)G_p(s)H(s)}$$

当 $R(s)=0$ 时，前向通路传递函数为 $G_p(s)$，而开环传递函数不变，$H(s)$的负反馈顺延至 $U_c(s)$处，注意 $D(s)$可正可负，因此

$$G_D(s)=\pm\frac{\text{前向通路传递函数}}{1+\text{开环传递函数}}=\pm\frac{G_p(s)}{1+G_c(s)G_p(s)H(s)}$$

系统总输出可由叠加定律确定：

$$Y(s) = G_R(s)R(s) + G_D(s)D(s)$$
$$= \frac{G_c(s)G_p(s)R(s) \pm G_p(s)D(s)}{1 + G_c(s)G_p(s)H(s)}$$

例 2.15 简化如图 2.19 所示的系统方框图的传递函数 $G(s)=Y(s)/U(s)$。

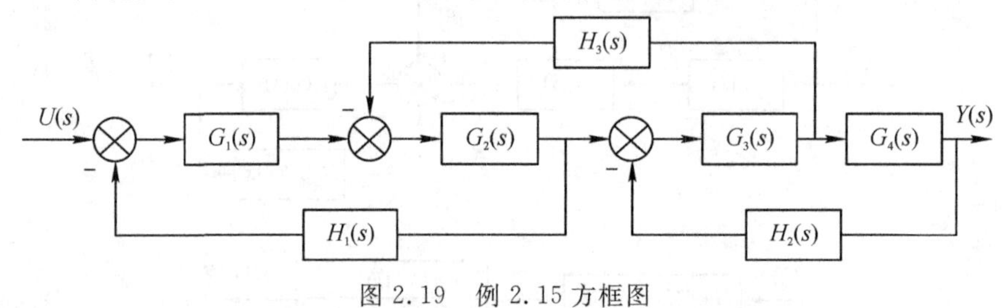

图 2.19 例 2.15 方框图

【解】 图 2.19 存在负反馈交叉，根据解除交叉使得所有闭环形成自里向外的逐层嵌套的原则，可以得到图 2.20(a)。然后由内层到外层，逐层采用反馈方框的等效变换规则，获得简化方框图 2.20(b)。因此，可以获得此传递函数为

$$G(s) = \frac{\dfrac{G_1(s)G_2(s)}{1+G_1(s)G_2(s)H_1(s)} \cdot \dfrac{G_3(s)G_4(s)}{1+G_3(s)G_4(s)H_2(s)}}{1+\dfrac{G_1(s)G_2(s)}{1+G_1(s)G_2(s)H_1(s)} \cdot \dfrac{G_3(s)G_4(s)}{1+G_3(s)G_4(s)H_2(s)} \cdot \dfrac{H_3(s)}{G_1(s)G_4(s)}}$$
$$= \frac{G_1(s)G_2(s)G_3(s)G_4(s)}{(1+G_1(s)G_2(s)H_1(s))(1+G_3(s)G_4(s)H_2(s)) + G_2(s)G_3(s)H_3(s)}$$
$$= \frac{G_1(s)G_2(s)G_3(s)G_4(s)}{1+G_1(s)G_2(s)H_1(s)+G_3(s)G_4(s)H_2(s)+G_2(s)G_3(s)H_3(s)+G_1(s)G_2(s)G_3(s)G_4(s)H_1(s)H_2(s)}$$

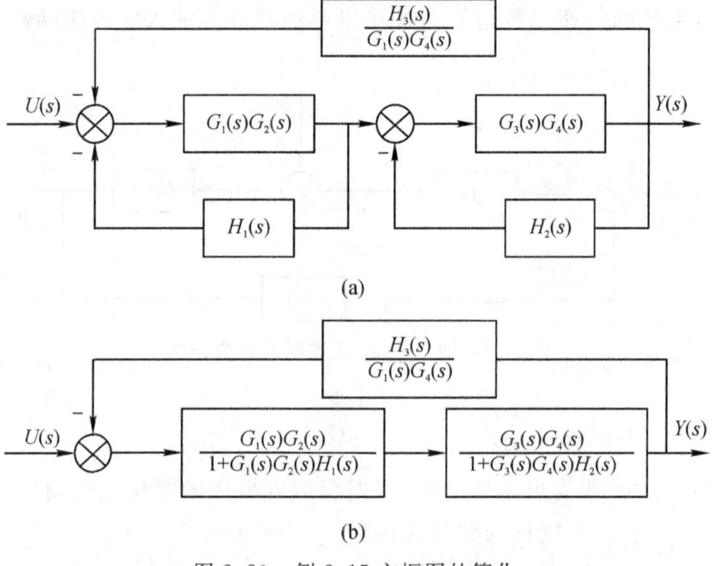

图 2.20 例 2.15 方框图的简化

2.5　线性系统的信号流图

信号流图是梅森(S. J. Mason)首先提出的一个分析复杂控制系统中变量之间关系的方法,相对于方框图而言,信号流图可以根据梅森增益公式直接写出传递函数,该过程不需要简化,因此更加简便。

2.5.1　信号流图的定义和性质

信号流图是以拓扑网络图表示一组联立线性代数方程的图。当控制系统的数学模型是线性微分方程时,首先必须通过拉普拉斯变换将其转换为以 s 为变量的代数方程。

简单信号流图如图 2.21 所示,变量或者信号的点称为节点,网络中各节点连接的定向线段称为支路,节点间的支路相当于信号乘法器。

信号流图中常用的术语包括以下几种。

输入节点(源点):只有信号输出的支路的节点,即自变量,图中 x_1 和 x_4 就是输入节点。

输出节点(汇点):只有信号输入的支路的节点,即因变量,图中 x_5 就是输出节点。

混合节点:既有信号输出又有信号输入的节点,图中 x_2 和 x_3 就是混合节点。

通路:沿支路箭头方向而穿过各相连支路的途径叫作通路。

前向通路:信号从输入节点到输出节点传递过程中,每个节点只通过一次的通路称为前向通路,图中 $x_4 \to x_3 \to x_5$ 就是一个前向通路。

前向通路增益:前向通路中各支路增益的乘积,叫作前向通路增益,通常用 p_k 表示第 k 条前向通路的增益,图中包括 2 条前向通道,分别为 $x_1 \to x_2 \to x_3 \to x_5$ 和 $x_4 \to x_3 \to x_5$,其前向增益分别为 ab 和 d。

回环:通路的终点就是通路的起点,并且与任何其他节点相交不多于一次,又称闭通路,图中 $x_2 \to x_3 \to x_2$ 就是回环。

回环增益:回环中各支路增益的乘积叫作回环增益,图中的回环增益为 bc。

不接触回环:如果一些回环中没有任何公共节点,就把它们称为不接触回环。图中只有一个回环,没有不接触回环。

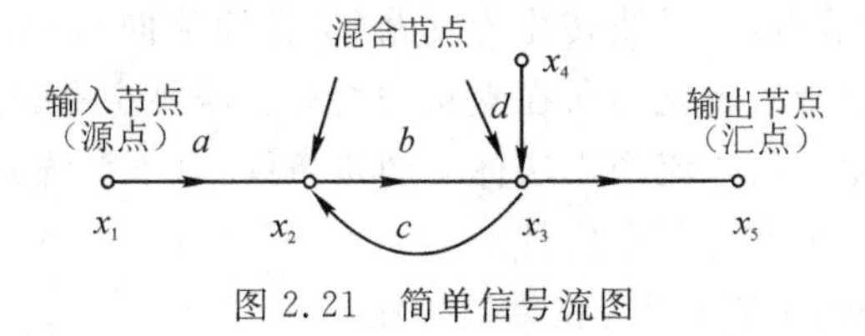

图 2.21　简单信号流图

信号流图的性质:

(1)支路表示了一个信号对另一个信号的函数关系。信号只能沿着支路上的箭头方向通过。

(2)节点表示一个系统变量,可以把所有输入支路的信号叠加,并把总和信号传送到所有输出支路。两节点间的联结支路相当于信号乘法器,乘法因子则标在支路线上。箭头表示信号流向。

(3)具有输入和输出支路的混合节点,通过增加一个具有单位增益的支路,可以将其变为输出节点来处理。但是用这种方法不能将混合节点改变为源点。

(4)同一系统的信号流图不是唯一的。由于同一系统的方程可以写成不同的形式，所以对于给定的系统，可以画出许多种不同的信号流图。

2.5.2 信号流图的绘制

信号流图不仅可以通过系统的数学模型绘制，也可通过方框图转化而来。

1. 根据系统的数学模型绘制信号流图

任何系统的线性微分方程均可以用信号流图表示。在绘制信号流图时，首先需要给系统的每一个变量指定一个节点，并按照系统中变量的关系，从左向右的顺序排列节点，然后绘制支路，同时标明支路的增益，便可以得到系统的信号流图。

例 2.16　某系统的方程式如下所示，画出对应的信号流图。

$$x_2 = a_{12}x_1 + a_{32}x_3 + a_{42}x_4 + x_2(0)$$

$$x_3 = a_{13}x_1 + a_{23}x_2$$

$$x_4 = a_{34}x_3$$

【解】　根据上式可以看出，存在四个变量 x_1、x_2、x_3 和 x_4，对应信号流图中应该有 4 个节点。其中源点为 x_1 和 $x_2(0)$，汇点为 x_4，混合节点为 x_2 和 x_3，支路增益包括所有的 a_{ij} (i=1、2、3，j=1、2、3)。绘制出上式的信号流图如图 2.22 所示。

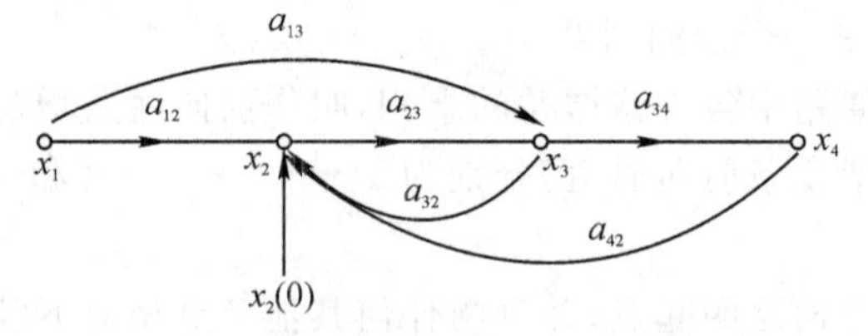

图 2.22　微分方程转化为信号流图

2. 根据系统方框图绘制信号流图

将复杂的系统方框图转化为信号流图，可简化闭环传递函数的求解。转化的原则可总结为：比较点、引出点转化为节点，信号线转化为支路(保持原流向)，给定信号转化为源点，输出信号转化为汇点，环节传递函数转化为所在支路的增益。需要注意的是，由于传递函数初始条件为零，所以由方框图转化的信号流图无法标明初始条件；对于系统方框图中相邻的比较点与引出点，信号流图不能以一个混合节点代替。

例 2.17　将例 2.13 中的方框图转化为信号流图。

【解】　根据转化原则，对应方框图中有 4 个比较点和引出点，因此信号流图中存在 4 个节点 x_1、x_2、x_3 和 x_4。源点为 x_1，汇点为 x_4，环节的传递函数为支路的增益，可以获得信号流图如图 2.23 所示。

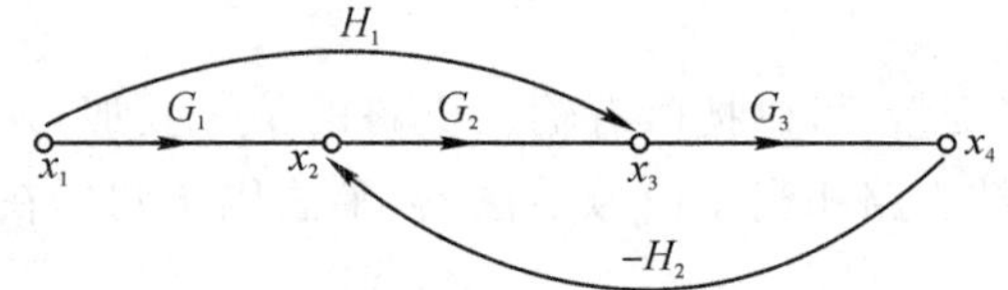

图 2.23　方框图转化为信号流图

2.5.3　梅森增益公式

利用梅森增益公式可以很方便地求出信号流图的总增益或系统的总传递函数。输入节点与输出节点之间的总增益 P 为

$$P=\frac{\sum_{k} p_{k}\Delta_{k}}{\Delta} \tag{2.52}$$

式中，$\Delta=1-\sum L_{1}+\sum L_{2}-\sum L_{3}+\cdots$，$\sum L_{1}$ 为所有单独回环的增益之和，$\sum L_{2}$ 为所有两两互不接触回环的增益乘积之和，$\sum L_{3}$ 为所有三个互不接触回环的增益乘积之和，……。

p_{k} 为从输入节点到输出节点之间第 k 条前向通路的增益，只要信号流图中含有一条新的支路，就可以将其当作一条新的前向通路（选择回环也是这样）；

Δ_{k} 为把第 k 条前向通路（包括所有的节点和支路）去掉之后，在余下的信号流图上求得的 Δ。

需要注意的是，不论回环还是前向通路，在通路中，每个节点只允许经过一次。

例 2.18　用梅森增益公式求例 2.17 中信号流图所示的传递函数。

【解】　系统存在两个前向通路，所以，可得 $p_{1}=G_{1}G_{2}G_{3}$、$p_{2}=H_{1}G_{3}$；$\sum L_{1}=-G_{2}G_{3}H_{2}$；$\Delta_{1}=1$、$\Delta_{2}=1$、$\Delta=1-\sum L_{1}=1+G_{2}G_{3}H_{2}$。因此，根据式(2.52)可得，传递函数为

$$P=\frac{G_{1}G_{2}G_{3}+G_{3}H_{1}}{1+G_{2}G_{3}H_{2}}$$

本例基于信号流图并根据梅森增益公式获得传递函数，与例 2.13 的基于方框图等效简化后获得的传递函数一致。

2.6　线性控制系统数学模型的建立

例 2.19　电路模型。图 2.24 是两级 RC 滤波电路，若从控制系统的角度看，则图 2.25 是其方框图，因此可以获得其相应的传递函数为

$$G(s)=\frac{U_{o}(s)}{U_{i}(s)}=\frac{1}{R_{1}C_{1}R_{2}C_{2}s^{2}+(R_{1}C_{1}+R_{2}C_{2}+R_{1}C_{2})s+1}$$

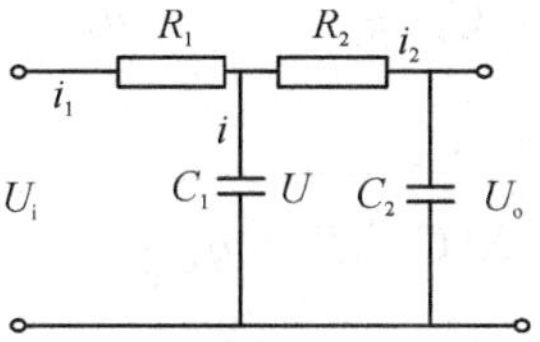

图 2.24　两级 RC 滤波电路示意图

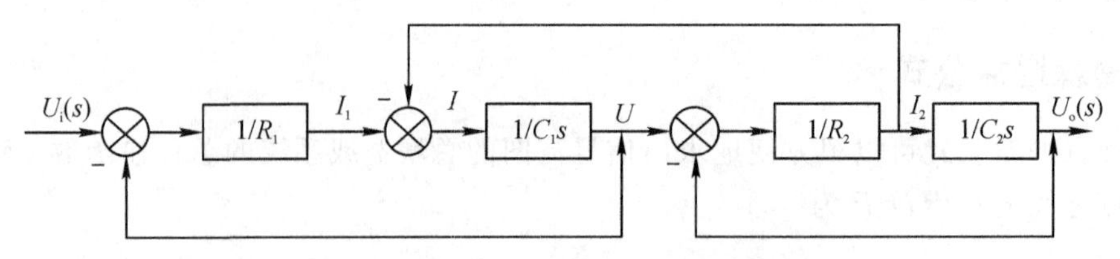

图 2.25 例 2.19 电路图模型的方框图

例 2.20 水箱液位模型。水箱液位控制系统如图 2.26 所示，其为两个相互关联的水箱，因此应该看作整体进行考虑，同时考虑两个容器间的相互影响，故可以结合例 2.1 的分析，针对各个物理量之间的关系建立微分方程。水箱 1 的横截面积为 $C_1(\mathrm{m}^2)$，水箱 2 的横截面积为 $C_2(\mathrm{m}^2)$，$R_1(\mathrm{m}^2/\mathrm{s})$为控制阀 2 的液阻常数，$R_2(\mathrm{m}^2/\mathrm{s})$为控制阀 3 的液阻常数。流出水箱的水增量 $q_o(\mathrm{m}^3/\mathrm{s})$与出口阀的阻力和水箱水位有关，当水增量 $q_1(\mathrm{m}^3/\mathrm{s})$和 $q_o(\mathrm{m}^3/\mathrm{s})$较小时，可以近似认为其满足线性关系 $q_1=h_1/R_2$、$q_o=h_2/R_2$，其中，水箱 1 的水位增量为 $h_1(m)$，水箱 2 的水位增量为 $h_2(m)$，输入为水箱的流入量增量为 $q_i(\mathrm{m}^3/\mathrm{s})$，输出为水箱的流出量增量为 $q_o(\mathrm{m}^3/\mathrm{s})$。

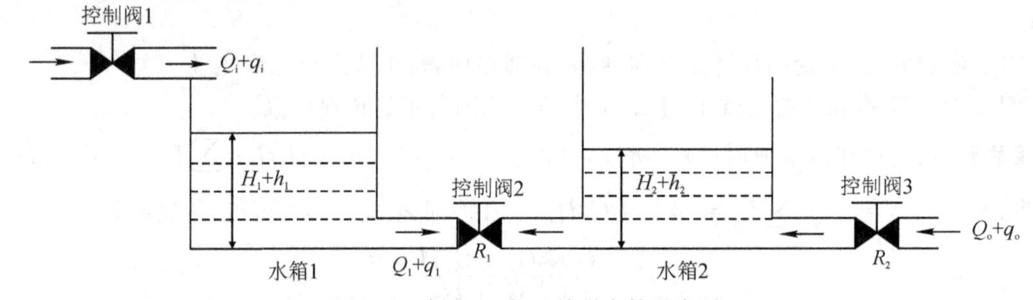

图 2.26 例 2.20 相互关联水箱示意图

【解】 水箱 1 的液位方程：

$$C_1\frac{\mathrm{d}h_1}{\mathrm{d}t}=q_i-q_1$$

消去中间变量 h_1，写作

$$R_1C_1\frac{\mathrm{d}q_1}{\mathrm{d}t}+q_1=q_i$$

水箱 2 的液位方程：

$$C_2\frac{\mathrm{d}h_2}{\mathrm{d}t}=q_1-q_o$$

消去中间变量 h_2，写作

$$R_2C_2\frac{\mathrm{d}q_o}{\mathrm{d}t}+q_o=q_1$$

消去中间变量 q_1，系统的微分方程为

$$R_1C_1R_2C_2\frac{\mathrm{d}^2q_o}{\mathrm{d}t^2}+(R_1C_1+R_2C_2)\frac{\mathrm{d}q_o}{\mathrm{d}t}+q_o=q_i$$

于是流入系统的流量和流出系统的流量的传递函数为

$$G(s)=\frac{Q_o(s)}{Q_i(s)}=\frac{1}{R_1C_1R_2C_2s^2+(R_1C_1+R_2C_2)s+1}$$

例 2.21 转速控制系统模型。如图 2.27 所示转速控制系统，该系统的输出量为转速 ω，

输入量为电压 u_i。控制系统的主要结构包括电位器、运算放大器 1(比较作用)、运算放大器 2(含 RC 校正网络)、功率放大器、测速发电机、减速器等组成,针对各个模块建立微分方程。

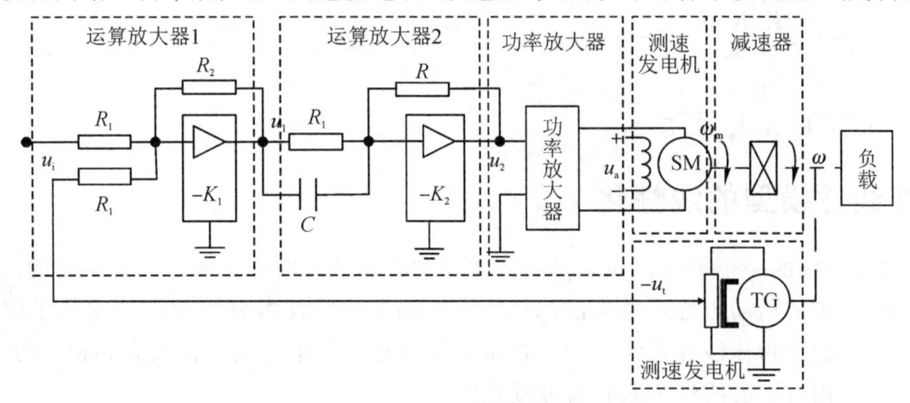

图 2.27　例 2.21 转速控制系统模型

【解】 (1)运算放大器 1。输入电压 u_i 与速度反馈电压 u_t 在此合成,产生偏差电压 u_e 并被放大,即

$$u_1 = -K_1(u_i - u_t) = -K_1 u_e$$

式中,$K_1 = R_1/R_2$ 是运算放大器 1 的比例系数。

(2)运算放大器 2 与网络 R_1C 形成微分电路,u_2 与 u_1 之间的微分方程为

$$u_2 = -K_2\left(\tau\frac{\mathrm{d}u_1}{\mathrm{d}t} + u_1\right)$$

式中,$K_2 = R/R_1$ 是运算放大器 2 的比例系数;$\tau = R_1C$ 是微分时间常数。

(3)功率放大器。设系统采用晶闸管整流装置,其包括触发电路和晶闸管主回路。忽略晶闸管控制电路的时间滞后,其输入输出方程为

$$u_a = K_3 u_2$$

式中,K_3 为比例系数。

(4)直流电动机。直接引用前面求得的微分方程式:

$$T_m\frac{\mathrm{d}\omega_m}{\mathrm{d}t} + \omega_m = K_m u_a + K_c M_c'$$

式中,T_m、K_m、K_c 及 M_c' 均是考虑齿轮系和负载后,折算到电动机轴上的等效值。

(5)齿轮系。设齿轮系的速比为 α,则电动机转速 ω_m 经齿轮系减速后变为 ω,故有

$$\omega = \frac{1}{\alpha}\omega_m$$

(6)测速发电机。测速发电机的输出电压 u_t 与其转速 ω 成正比,即有

$$u_t = K_t\omega$$

式中,K_t 是测速发电机比例系数。

消去上面式子中的中间变量 u_t、u_1、u_2、u_a 和 ω_m,整理后便可以得到控制系统的微分方程:

$$T_m'\frac{\mathrm{d}\omega}{\mathrm{d}t} + \omega = K_g'\frac{\mathrm{d}y}{\mathrm{d}x} + K_g u_i - K_c' M_c'$$

式中,$T_m' = \dfrac{\alpha T_m + K_1K_2K_3K_mK_t\tau}{(\alpha + K_1K_2K_3K_mK_t)}$

$$K_g'=\frac{K_1K_2K_3K_m\tau}{(\alpha+K_1K_2K_3K_mK_t)}$$

$$K_g=\frac{K_1K_2K_3K_m}{(\alpha+K_1K_2K_3K_mK_t)}$$

$$K_c'=\frac{K_c}{(\alpha+K_1K_2K_3K_mK_t)}$$

2.7 非线性模型的线性化

线性定常系统的一个重要性质是具有齐次性和叠加性。实际工业过程中绝对的线性系统是不存在的,系统的运动方程严格来讲都是非线性的。非线性微分方程的建立和求解较为困难,非线性系统的分析比线性系统复杂。控制系统都有一个平衡的工作状态和相应的工作点。在平衡状态,可用近似的线性方程代替非线性方程。

若非线性函数连续,且各阶导数均存在,则可在给定工作点的小邻域内将其展开为泰勒级数,并略去二阶以上各项,就可以将其转化为非线性函数的线性化模型,这种方法叫作微偏法(或小邻域法)。但是,当系统在原平衡工作点处的特性为本质非线性系统(不连续),则不能应用微偏法。

设一个非线性元件的输入量为 x、输出量为 y,其关系如图 2.28 所示,则非线性数学表达式为

$$y=f(x) \tag{2.53}$$

将式(2.53)在给定的点(x_0,y_0)附近进行泰勒展开:

$$\begin{aligned}y&=f(x)\\&=f(x_0)+\left.\frac{\mathrm{d}f}{\mathrm{d}x}\right|_{x=x_0}(x-x_0)+\frac{1}{2!}\left.\frac{\mathrm{d}^2f}{\mathrm{d}x^2}\right|_{x=x_0}(x-x_0)^2+\cdots\end{aligned} \tag{2.54}$$

若工作点(x_0,y_0)附近增量 $x-x_0$ 的变化非常小,则可以忽略式中的$(x-x_0)^2$项及其后所有的高阶项,因此上式可以近似为

$$y=y_0+K(x-x_0) \tag{2.55}$$

或者写作

$$\Delta y=K\Delta x$$

式中,$y_0=f(x_0)$、$K=\mathrm{d}f/\mathrm{d}x|_{x=x_0}$、$\Delta y=y-y_0$、$\Delta x=x-x_0$。式(2.55)就是式(2.53)的线性化方程。

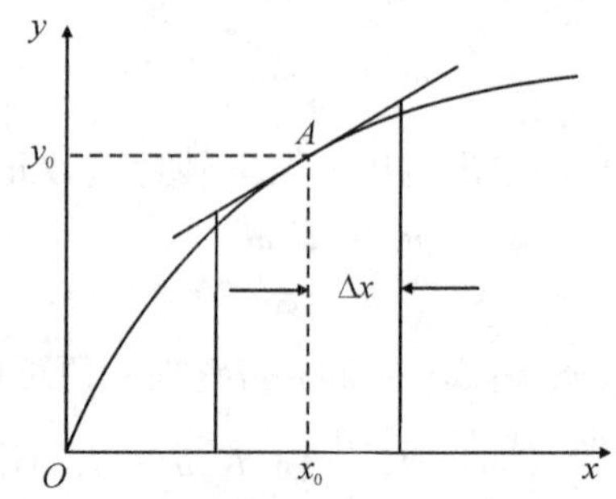

图 2.28　非线性特性的线性化示意图

多变量非线性方程的线性化方法与上述单变量非线性方程的线性化方法基本相同，只是所有泰勒级数应为多变量的级数形式。

例 2.22　设晶闸管三相桥式全控整流电路的输入变量为控制角 α，输出量为空载整流电压 u_d，二者之间的关系为 $u_d = U_d\cos\alpha$，U_d为理想电压的理想空载值，试推导其线性化方程式。

【解】　将式 $u_d = U_d\cos\alpha$ 在点 (α_0,α_0) 附近进行泰勒展开后的线性化结果为 $u_d = u_0 - U_d(\sin\alpha_0)(\alpha-\alpha_0)$，其中 $u_0 = U_d\cos\alpha_0$ 。

2.8　MATLAB 的应用

2.8.1　系统传递函数的输入

设线性定常系统传递函数的一般表达式为

$$G(s)=\frac{b_m s^m+b_{m-1}s^{m-1}+b_{m-2}s^{m-2}+\cdots+b_1 s+b_0}{s^n+a_{n-1}s^{n-1}+a_{n-2}s^{n-2}+\cdots+a_1 s+a_0}\quad (n\geqslant m) \tag{2.56}$$

将式(2.56)输入 MATLAB 系统中的命令如下

```
num=[bm,bm-1,…,b1,b0];
den=[1,an-1,an-2,…,a1,a0];
G=tf(num, den)
```

分子和分母多项式按降幂的形式分别输入给两个变量 num 和 den，返回的变量 G 为传递函数，在实际情况下，用户可以任意定义变量名，该命令也可用于一个多项式的输入。

例 2.23　设传递函数

$$G_1(s)=\frac{s^2+5s+6}{s^4+2s^3+3s^2+4s+5}$$

其在 MATLAB Command Window 中的输入和显示为

```
>> num=[1,5,6];          %num 代表传递函数的分子变量名，系数按照 s 的级数降级排列
>> den=[1,2,3,4,5];      %den 代表传递函数的分母变量名，系数按照 s 的级数降级排列
>> G1=tf(num,den)        %tf 代表对象数据类型的输入，G1 为自定义的传递函数名


G1 =
       s^2 + 5s + 6
---------------------
s^4 + 2s^3 + 3s^2 + 4s + 5
Continuous-time transfer function.
```

2.8.2　系统零极点传递函数的输入

传递函数也可写成零极点的形式：

$$G(s)=\frac{Y(s)}{U(s)}=\frac{K\prod_{j=1}^{m}(s+z_j)}{\prod_{i=1}^{n}(s+p_i)}(n\geqslant m) \tag{2.57}$$

式中，$-z_j$是分子多项式的零点，称为传递函数的零点；$-p_i$是分母多项式的零点，称为传递函数的极点；系数 K 称为增益。该模型的输入方式为

```
KGain = k;
Z = [z1;z2;;…;zm];
P = [p1;p2;…;pn];
```

显示零极点传递函数模型的命令为 zpk(Z,P,KGain)。

例 2.24 传递函数

$$G_2(s)=\frac{10(s+1)(s+2+3i)(s+2-3i)}{(s+3)(s+7)(s+4+5i)(s+4-5i)}$$

其在 MATLAB Command Window 中的输入和显示为

```
>>Z=[-1;-2-3i;-2+3i];          %传递函数的零点
>>P=[-3;-4;-4-5i;-4+5i];       %传递函数的极点
>>KGain=10;                     %传递函数的增益
>>G2=zpk(Z,P,KGain)            %传递函数


G2 =
10 (s+1) (s^2 + 4s + 13)
-------------------
(s+3) (s+4) (s^2 + 8s + 41)
Continuous-time zero/pole/gain model.
```

2.8.3 传递函数的互换

式(2.56)的传递函数的形式与式(2.57)传递函数的形式可以互换。

例 2.25 将原系统一般形式的传递函数转化为零极点传递函数模型，以例 2.23 的传递函数为例。

其在 MATLAB Command Window 中的输入和显示为

```
>>num=[1,5,6];
>>den=[1,2,3,4,5];
>>G=tf(num,den);          %传递函数
>>G1=zpk(G)               %传递函数写为零极点形式


G1 =
           (s+3) (s+2)
---------------------------
(s^2 + 2.576s + 2.394) (s^2 - 0.5756s + 2.088)
Continuous-time zero/pole/gain model.
```

例 2.26 原系统的传递函数为例 2.24 的算式，将其转化为零极点形式。

该算式在 MATLAB Command Window 中的输入和显示为

```
>>GG1=tf(10*[1,1],[1,3]);       %拆分的函数 GG1
>>GG2=tf([1,2+3i],[1,7]);       %拆分的函数 GG2
>>GG3=tf([1,2-3i],[1,4+5i]);    %拆分的函数 GG3
>>GG4=tf([1],[1,4-5i]);         %拆分的函数 GG4
>>G=GG1*GG2*GG3*GG4;            %传递函数
>>G2=zpk(G)                     %传递函数写为零极点形式

G2 =

                   6 (s+9)
---------------------------------------------------------
(s+6)^3 (s+5.141) (s+2.618)^2 (s+0.382)^2 (s^2 + 0.8591s + 0.5836)
Continuous-time zero/pole/gain model.
```

2.8.4　系统方框图模型的表示与传递函数的求取

利用 MATLAB 求取系统的总传递函数。对于方框图的串并联连接，MATLAB 用下列命令求取总传递函数：

$$G = G1 \pm G2$$

$$G = G1 * G2$$

例 2.27　传递函数 $G_1(s)=\dfrac{s^2+5s+6}{s^4+2s^3+3s^2+4s+5}$，传递函数 $G_2(s)=\dfrac{10(s+1)(s+2+3i)(s+2-3i)}{(s+3)(s+7)(s+4+5i)(s+4-5i)}$ 已在前面表示，在 MATLAB 中表示其并联传递函数 $G_3(s)$、$G_4(s)$ 和串联传输函数 $G_5(s)$。

两传递函数在 MATLAB Command Window 中的输入和显示为

```
>>num1=[1,5,6];
>>den1=[1,2,3,4,5];
>>G1=tf(num1,den1);                  %传递函数 G1
>> Z=[-1;-2-3i;-2+3i];               %传递函数的零点
>> P=[-3;-4;-4-5i;-4+5i];            %传递函数的极点
>> KGain=10;                         %传递函数的增益
>> G2=zpk(Z,P,KGain)                 %传递函数 G2
>>G3=G1+G2        %串联+,类似零极点输出 G3=zpk(G1+G2),也可写作 G3=tf(G1+G2)
>>G4=G1-G2        %串联-,类似零极点输出 G4=zpk(G1-G2),也可写作 G4=tf(G1-G2)
>>G5=G1*G2        %并联+,类似零极点输出 G5=zpk(G1*G2),也可写作 G5=tf(G1*G2)

G3 =
10 (s+1.39) (s^2 + 3.082s + 3.305) (s^2 - 1.563s + 5.887) (s^2 + 4.191s + 13.32)
-------------------------------------------------------------------------------

(s+3) (s+4) (s^2 + 2.576s + 2.394) (s^2 - 0.5756s + 2.088) (s^2 + 8s + 41)
Continuous-time zero/pole/gain model.
```

```
G4 =
-10 (s-1.831) (s^2 + 2.896s + 2.361) (s^2 + 2.073s + 4.176) (s^2 + 3.762s + 12.75)
----------------------------------------------------------------
(s+3) (s+4) (s^2 + 2.576s + 2.394) (s^2 - 0.5756s + 2.088) (s^2 + 8s + 41)
Continuous-time zero/pole/gain model.
G5 =
          10 (s+3) (s+2) (s+1) (s^2 + 4s + 13)
----------------------------------------------------------------
(s+3) (s+4) (s^2 + 2.576s + 2.394) (s^2 - 0.5756s + 2.088) (s^2 + 8s + 41)
Continuous-time zero/pole/gain model.
```

2.8.5 传递函数零极点的求取

MATLAB 专门求零极点的命令为[z,p,k]=tf2zpk(),可用其求传递函数的零极点。

例 2.28 求传递函数 $G(s) = \dfrac{s^2+5s+6}{s^4+2s^3+3s^2+4s+5}$ 的零极点。

其在 MATLAB Command Window 中的输入和显示为

```
>>num=[1,5,6];
>>den=[1,2,3,4,5];
>>G=tf(num,den);                    %传递函数
>> [z,p,k]=tf2zpk(num,den)          %求零极点

z =
  -3.0000
  -2.0000
p =
  -1.2878 + 0.8579i
  -1.2878 - 0.8579i
   0.2878 + 1.4161i
   0.2878 - 1.4161i
k =
     1
```

2.8.6 MATLAB 实现函数的拉普拉斯变换与反变换

拉普拉斯变换是工程数学中常用的一种积分变换,又名拉氏变换。变换是一个线性变换,可将一个有参数实数 $t(t\geqslant 0)$的函数转换为一个参数为复数 s 的函数。拉普拉斯变换在许多工程技术和科学研究领域中有着广泛的应用,特别是在力学系统、电学系统、自动控制系统、可靠性系统及随机服务系统等科学系统中都起着重要作用。

MATLAB 中的命令:拉氏变换为 laplace(),拉氏反变换为 ilaplace()。

例 2.29 对方程 $f(t) = e^{-at}\sin(\omega t)$ 进行拉氏变换。

方程在 MATLAB Command Window 中的输入和显示为

```
>> syms t a w                       %定义字母量
>> f=exp(-a*t)*sin(w*t);            %输入原函数
>> laplace(f)                       %拉氏变换

ans =
w/((a + s)^2 + w^2)
```

例 2.30　对方程 $F(s)=\dfrac{b-a}{(s+a)(s+b)}$ 进行拉氏反变换。

方程在 MATLAB Command Window 中的输入和显示为

```
>> syms s a b                       %定义字母量
>>F=(b-a)/((s+a)*(s+b));            %输入传递函数
>>ilaplace(F)                       %拉氏反变换

ans =
exp(-a*t) - exp(-b*t)
```

2.8.7　Simulink 建模方法

当系统结构比较复杂时，可以利用 MATLAB 提供的可视化仿真工具 Simulink 建立系统的方框图模型。Simulink 的功能非常强大，不仅可以用于建模还可进行仿真分析。案例 2.31 对核电厂简化的蒸汽发生器液位控制系统仿真平台的搭建进行了演示。

例 2.31　研究对象为压水堆核电厂蒸汽发生器(UTSG)。UTSG 是压水堆核电厂一、二回路传热的关键设备。在运行过程中，UTSG 水位须始终处于程序设定值附近的安全位置。若水位过低，会导致蒸汽进入给水环，产生汽锤；若水位过高，会使蒸汽湿度过大而危害汽轮机叶片。据统计，约 25%的压水堆紧急停堆均由不良的 UTSG 水位控制引起，因此对 UTSG 的水位进行有效控制，对于核电厂的安全稳定运行是十分必要的。下图为典型的简化后的蒸汽发生器液位控制通路，下面介绍如何在 Simulink 中完成这一系统的建模。

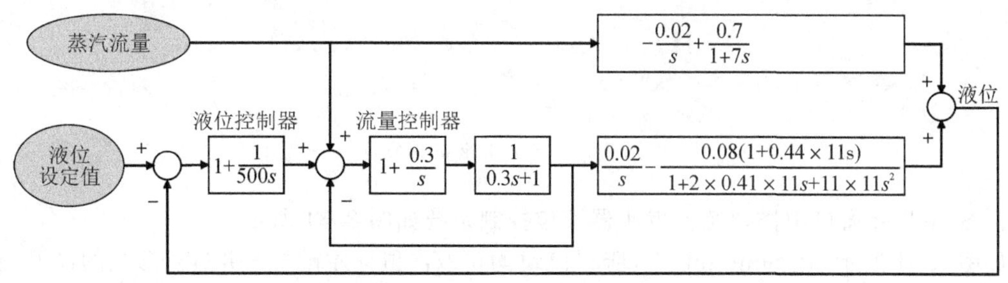

图 2.29　蒸汽发生器液位控制逻辑图

UTSG 给水流量(%)到 UTSG 液位(%)的传递函数：

$$\frac{0.02}{s}-\frac{0.08(1+0.44\times 11s)}{1+2\times 0.41\times 11s+11\times 11s^2}$$

UTSG 出口蒸汽流量(%)到 UTSG 液位(%)的传递函数：

$$-\frac{0.02}{s}+\frac{0.7}{1+7s}$$

考虑图 2.29 所示结构图，在 MATLAB 的“主页/Simulink”点击“Simulink”，则弹出 Simulink 功能模块图，点击“空白模型”建立一个空白的 Simulink 文件。在图 2.30 Simulink 窗口“仿真/库浏览器”中打开相应的子模块库（如点击“Continuous”），依次将所需的环节模块拖入 block 窗口并按照顺序摆放，拖动鼠标顺序连接各环节模块即可。各个模块的名称均在图内进行了说明，如阶跃模块在子模块库中的名字为 step，可以从子模块库中进行查找，也可以采用快捷方式，鼠标左键双击空白处然后输入 step 便可快速获取 step 模块。

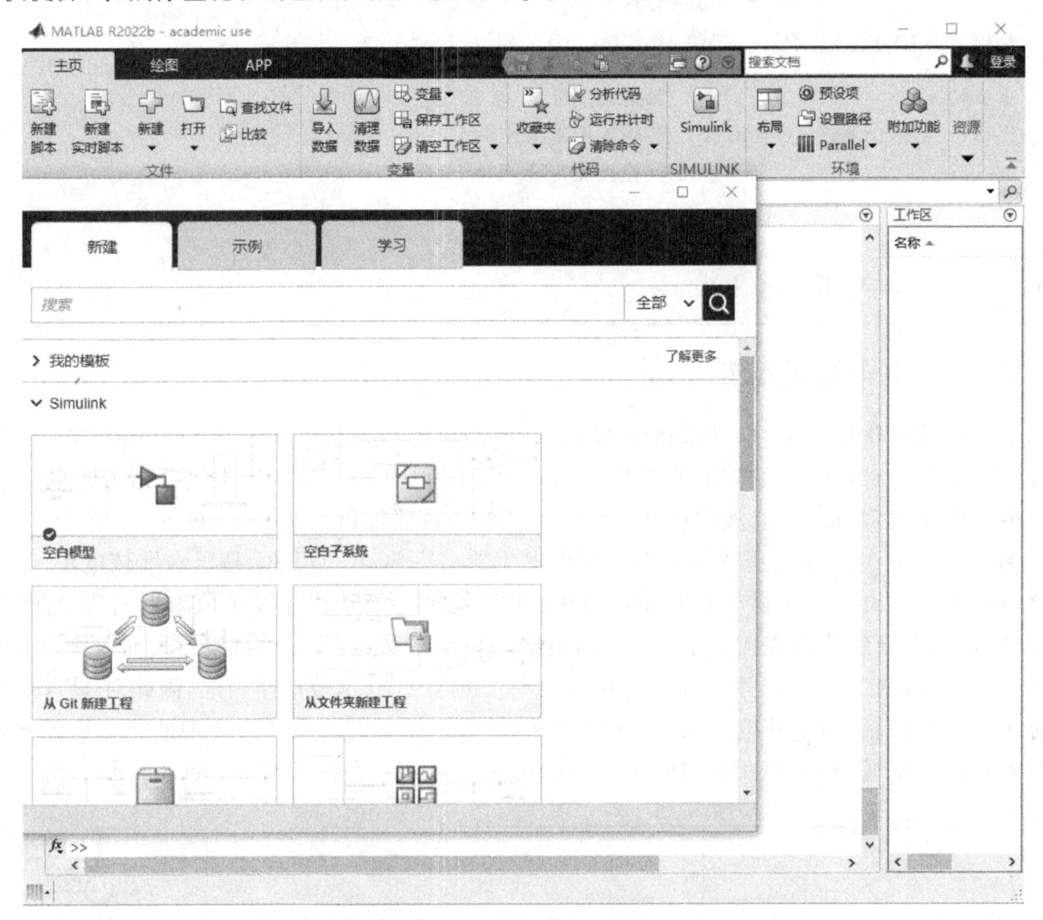

图 2.30　Simulink 的建立

在 Simulink 窗口中搭建蒸汽发生器液位控制系统如图 2.31 所示。

如图 2.31 所示，在 Simulink 中，所有模块均可双击鼠标左键打开并进行参数的设置，参数设置如图 2.32～2.44 所示。在第 10 s 引入液位设定值阶跃 −5%，仿真结果如图 2.45 所示（鼠标左键双击打开 Scope）。

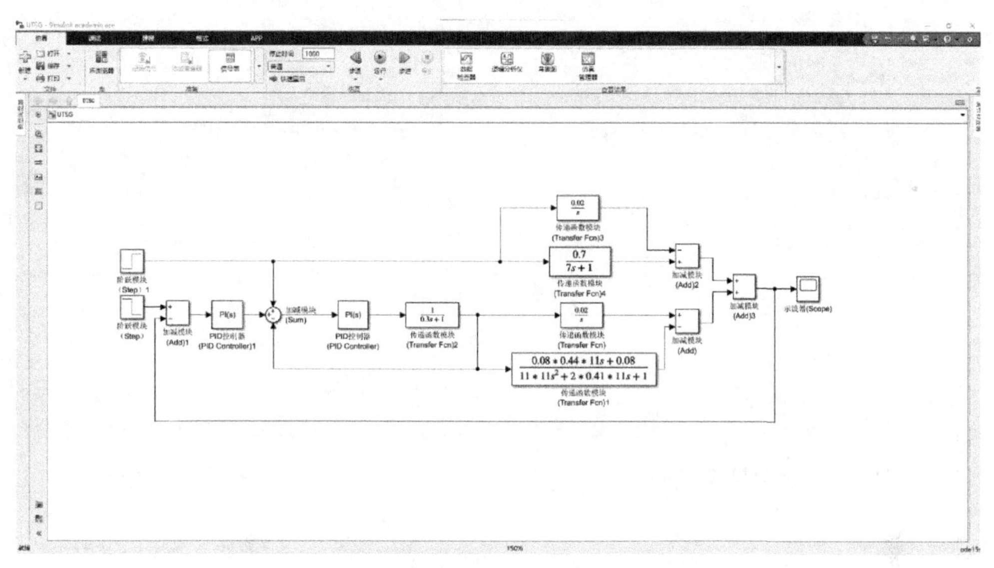

图 2.31　蒸汽发生器液位控制通路 Simulink 实现

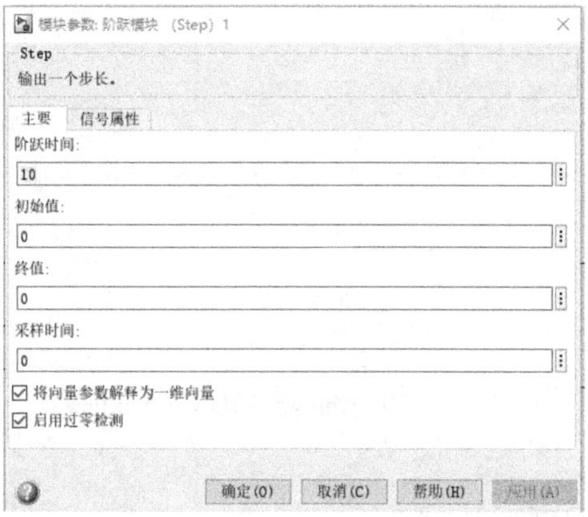

模块参数: 阶跃模块 (Step) 1

Step

输出一个步长。

主要　信号属性

阶跃时间:

10

初始值:

0

终值:

0

采样时间:

0

☑ 将向量参数解释为一维向量

☑ 启用过零检测

确定(O)　取消(C)　帮助(H)　应用(A)

图 2.32　阶跃模块(step)1

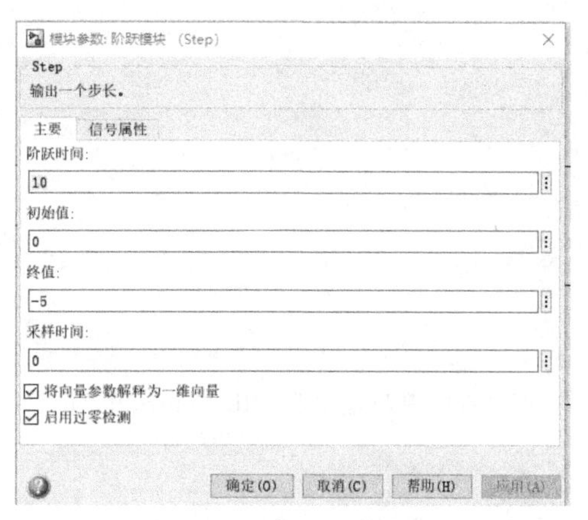

图 2.33　阶跃模块(step)

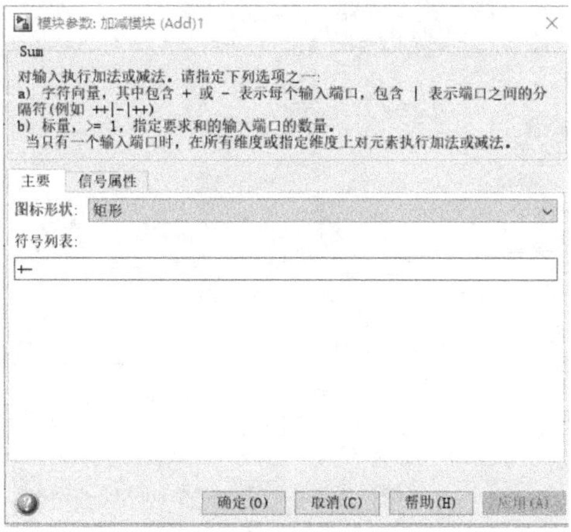

模块参数: 加减模块 (Add)1

Sum

对输入执行加法或减法。请指定下列选项之一:
a) 字符向量，其中包含 + 或 - 表示每个输入端口，包含 | 表示端口之间的分隔符(例如 ++|-|++)
b) 标量，>= 1，指定要求和的输入端口的数量。
当只有一个输入端口时，在所有维度或指定维度上对元素执行加法或减法。

主要　信号属性

图标形状: 矩形

符号列表:

+-

确定(O)　取消(C)　帮助(H)　应用(A)

图 2.34　加减模块(Add)1

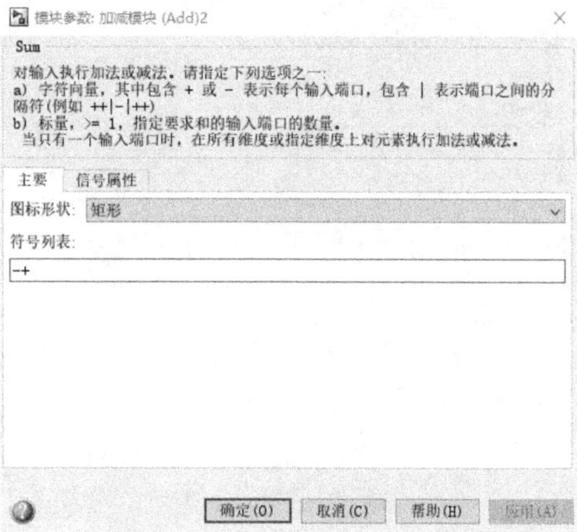

模块参数: 加减模块 (Add)2

Sum

对输入执行加法或减法。请指定下列选项之一:
a) 字符向量，其中包含 + 或 - 表示每个输入端口，包含 | 表示端口之间的分隔符(例如 ++|-|++)
b) 标量，>= 1，指定要求和的输入端口的数量。
当只有一个输入端口时，在所有维度或指定维度上对元素执行加法或减法。

主要　信号属性

图标形状: 矩形

符号列表:

-+

确定(O)　取消(C)　帮助(H)　应用(A)

图 2.35　加减模块(Add)2

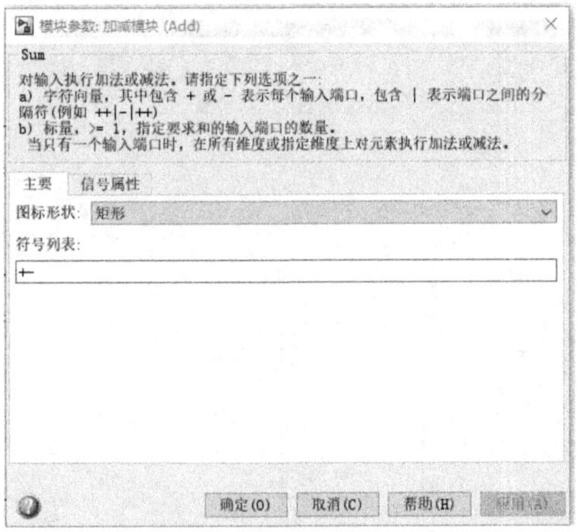

模块参数: 加减模块 (Add)

Sum

对输入执行加法或减法。请指定下列选项之一:
a) 字符向量，其中包含 + 或 - 表示每个输入端口，包含 | 表示端口之间的分隔符(例如 ++|-|++)
b) 标量，>= 1，指定要求和的输入端口的数量。
当只有一个输入端口时，在所有维度或指定维度上对元素执行加法或减法。

主要　信号属性

图标形状: 矩形

符号列表:

+-

确定(O)　取消(C)　帮助(H)　应用(A)

图 2.36　加减模块(Add)

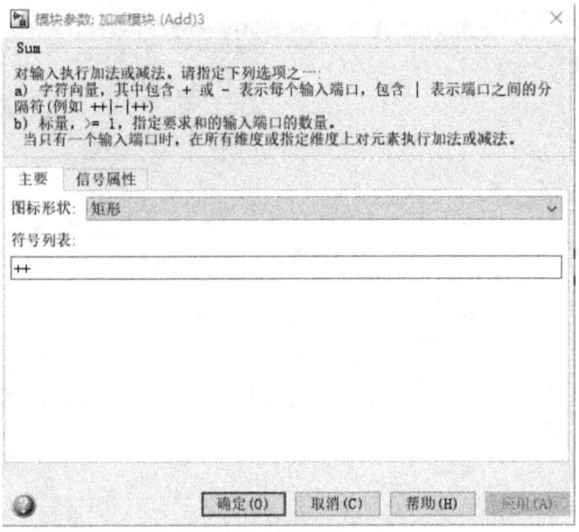

模块参数: 加减模块 (Add)3

Sum

对输入执行加法或减法。请指定下列选项之一:
a) 字符向量，其中包含 + 或 - 表示每个输入端口，包含 | 表示端口之间的分隔符(例如 ++|-|++)
b) 标量，>= 1，指定要求和的输入端口的数量。
当只有一个输入端口时，在所有维度或指定维度上对元素执行加法或减法。

主要　信号属性

图标形状: 矩形

符号列表:

++

确定(O)　取消(C)　帮助(H)　应用(A)

图 2.37　加减模块(Add)3

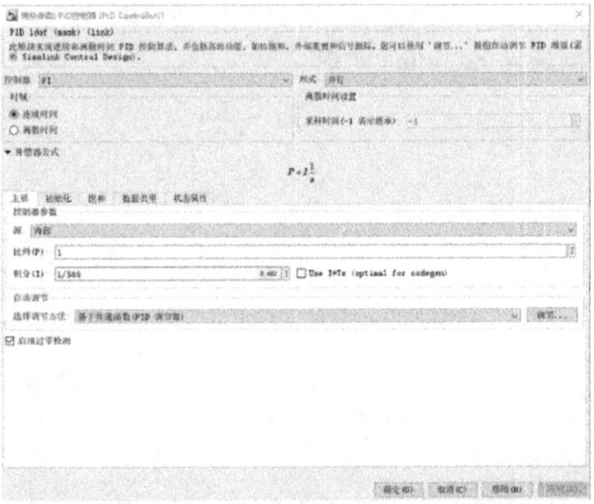

模块参数: PID控制器 (PID Controller)1

PID 1dof (mask) (link)

此模块实现连续和离散时间 PID 控制算法，并包括高级功能，如抗饱和、外部重置和信号跟踪。您可以使用 '调节...' 按钮自动调节 PID 增益(需要 Simulink Control Design)。

控制器: PI　形式: 并行

时域　离散时间设置

◉ 连续时间　采样时间(-1 表示继承): -1

○ 离散时间

▾ 补偿器公式

$P+I\frac{1}{s}$

主要　初始化　饱和　数据类型　状态属性

控制器参数

源: 内部

比例(P): 1

积分(I): 1/500　☐ Use I*Ts (optimal for codegen)

自动调节

选择调节方法: 基于传递函数(PID 调节器)　调节...

☑ 启用过零检测

确定(O)　取消(C)　帮助(H)　应用(A)

图 2.38　PID 控制器(PID Controller)1

模块参数: PID控制器 (PID Controller)

PID 1dof (mask) (link)

此模块实现连续和离散时间 PID 控制算法，并包括高级功能，如抗饱和、外部重置和信号跟踪。您可以使用 '调节...' 按钮自动调节 PID 增益(需要 Simulink Control Design)。

控制器: PI　形式: 并行

时域　离散时间设置

◉ 连续时间　采样时间(-1 表示继承): -1

○ 离散时间

▾ 补偿器公式

$P+I\frac{1}{s}$

主要　初始化　饱和　数据类型　状态属性

控制器参数

源: 内部

比例(P): 1

积分(I): 0.5　☐ Use I*Ts (optimal for codegen)

自动调节

选择调节方法: 基于传递函数(PID 调节器)　调节...

☑ 启用过零检测

确定(O)　取消(C)　帮助(H)　应用(A)

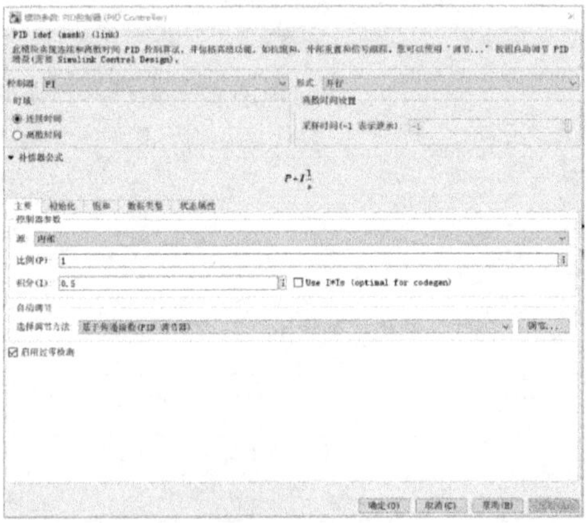

图 2.39　PID 控制器(PID Controller)

模块参数: 传递函数模块 (Transfer Fcn)2

Transfer Fcn

分子系数可以是向量或矩阵表达式。分母系数必须为向量。输出宽度等于分子系数中的行数。您应按照 s 的幂的降序来指定系数。

'参数可调性' 控制分子和分母系数的运行时可调性级别。
'自动': 允许 Simulink 选择最合适的可调性级别。
'优化': 可调性已针对性能进行优化。
'无约束': 跨仿真目标的可调性无约束。

参数

分子系数:

[1]

分母系数:

[0.3 1]

参数可调性: 自动

绝对容差:

auto

状态名称: (例如, 'position')

''

确定(O)　取消(C)　帮助(H)　应用(A)

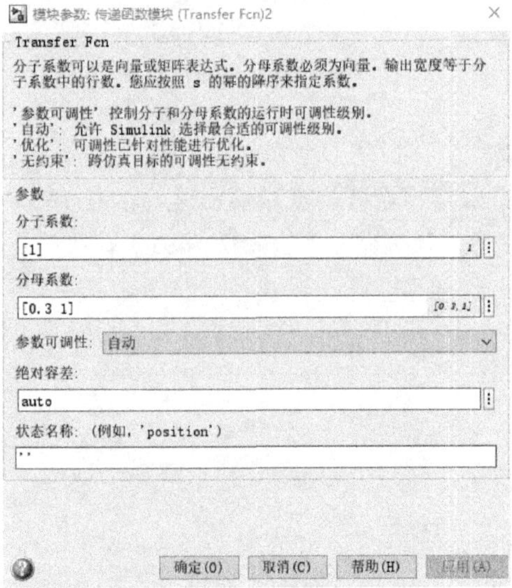

图 2.40　传递函数模块(Transfer Fcn)2

模块参数: 传递函数模块 (Transfer Fcn)3

Transfer Fcn

分子系数可以是向量或矩阵表达式。分母系数必须为向量。输出宽度等于分子系数中的行数。您应按照 s 的幂的降序来指定系数。

'参数可调性' 控制分子和分母系数的运行时可调性级别。
'自动': 允许 Simulink 选择最合适的可调性级别。
'优化': 可调性已针对性能进行优化。
'无约束': 跨仿真目标的可调性无约束。

参数

分子系数:

[0.02]

分母系数:

[1 0]

参数可调性: 自动

绝对容差:

auto

状态名称: (例如, 'position')

''

确定(O)　取消(C)　帮助(H)　应用(A)

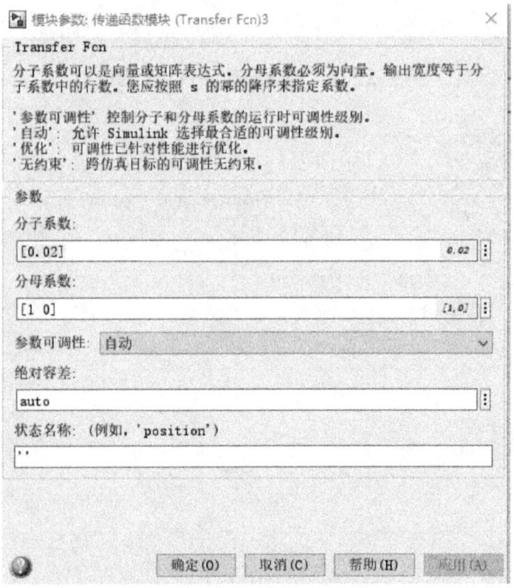

图 2.41　传递函数模块(Transfer Fcn)3

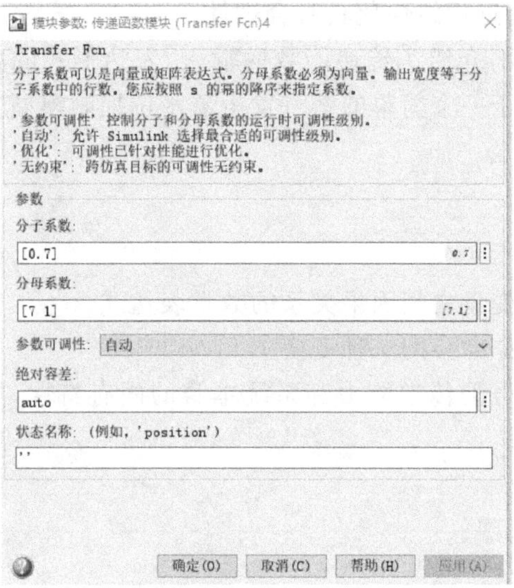

模块参数: 传递函数模块 (Transfer Fcn)4
Transfer Fcn
分子系数可以是向量或矩阵表达式。分母系数必须为向量。输出宽度等于分子系数中的行数。您应按照 s 的幂的降序来指定系数。
'参数可调性' 控制分子和分母系数的运行时可调性级别。
'自动': 允许 Simulink 选择最合适的可调性级别。
'优化': 可调性已针对性能进行优化。
'无约束': 跨仿真目标的可调性无约束。
参数
分子系数:
[0.7]
分母系数:
[7 1]
参数可调性: 自动
绝对容差:
auto
状态名称: (例如, 'position')
''
确定(O)
取消(C)
帮助(H)
应用(A)

图 2.42　传递函数模块(Transfer Fcn)4

模块参数: 传递函数模块 (Transfer Fcn)
Transfer Fcn
分子系数可以是向量或矩阵表达式。分母系数必须为向量。输出宽度等于分子系数中的行数。您应按照 s 的幂的降序来指定系数。
'参数可调性' 控制分子和分母系数的运行时可调性级别。
'自动': 允许 Simulink 选择最合适的可调性级别。
'优化': 可调性已针对性能进行优化。
'无约束': 跨仿真目标的可调性无约束。
参数
分子系数:
[0.02]
分母系数:
[1 0]
参数可调性: 自动
绝对容差:
auto
状态名称: (例如, 'position')
''
确定(O)
取消(C)
帮助(H)
应用(A)

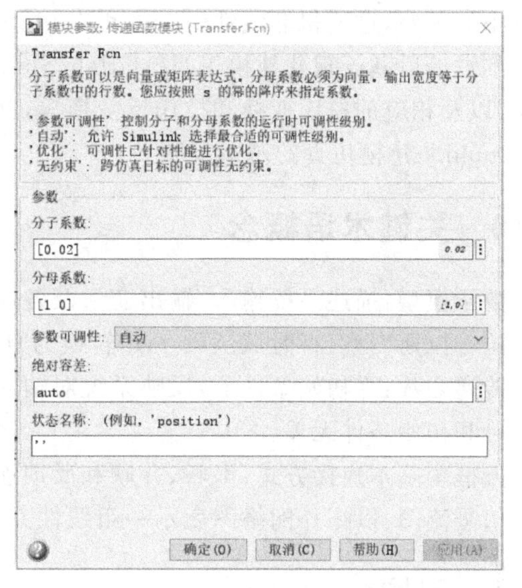

图 2.43　传递函数模块(Transfer Fcn)

模块参数: 传递函数模块 (Transfer Fcn)1
Transfer Fcn
分子系数可以是向量或矩阵表达式。分母系数必须为向量。输出宽度等于分子系数中的行数。您应按照 s 的幂的降序来指定系数。
'参数可调性' 控制分子和分母系数的运行时可调性级别。
'自动': 允许 Simulink 选择最合适的可调性级别。
'优化': 可调性已针对性能进行优化。
'无约束': 跨仿真目标的可调性无约束。
参数
分子系数:
[0.08*0.44*11 0.08]
分母系数:
[11*11 2*0.41*11 1]
参数可调性: 自动
绝对容差:
auto
状态名称: (例如, 'position')
''
确定(O)
取消(C)
帮助(H)
应用(A)

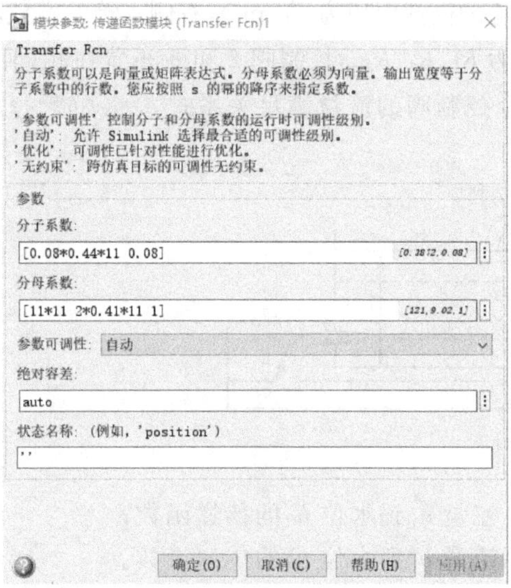

图 2.44　传递函数模块(Transfer Fcn)1

示波器(Scope)
文件(F)
工具(T)
视图(V)
仿真(I)
帮助(H)
0
100
200
300
400
500
600
700
800
900
1000
就绪
基于采样
T=1000.000

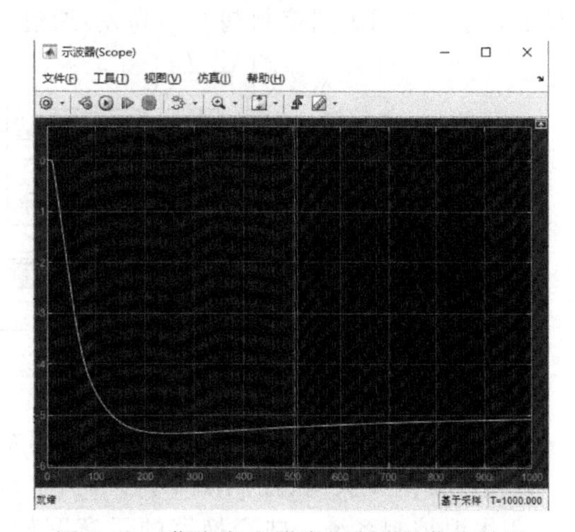

图 2.45　蒸汽发生器液位变化的仿真结果

2.9　小结

本章介绍了控制系统的数学建模,即根据描述的物理系统的特性,研究如何建立其微分方程,常见的模型包括电路网络、机械系统、液位系统、热力学系统、电动机系统等;介绍了拉普拉斯变换的定义,以及相关的拉氏变换的性质等;介绍了传递函数的定义和性质,并分析了典型环节的传递函数,在传递函数基础上给出方框图的分析,以及求解闭环传递函数的方法;同时还讨论了利用信号流图模型和梅森增益公式解决复杂系统的变量关系的方法。

本章还介绍了微分方程的线性化。严格地说,实际的系统都是非线性的,因而所建立的微分方程常是非线性微分方程,但实际过程中关心的是系统在工作点附近的动态特性,即存在一个较小的偏差,这使得非线性微分方程在平衡点附近的线性化具有合理性。

本章最后基于现代建模工具 Matlab/Simulink,介绍了传递函数的输入、表达形式的相互转化,以及相应的拉氏变换和拉氏反变换等,并基于一个简单的蒸汽发生器水位控制模型介绍了 Simulink 建模仿真的基本步骤。

2.10 关键术语概念

数学模型:描述系统输入、输出变量及各内部变量之间因果关系的数学表达式。

拉普拉斯变换:将时域函数 $f(t)$转换为复频域 $F(s)$的一种变换。

传递函数:零初始条件下,反映系统对输入信号的传递能力和系统本身的固有特性,与输入信号和初始条件无关。

方框图基本连接方式:串联、并联和反馈连接。

信号流图:以拓扑网络图表示一组线性方程的图。

2.11 习题

2.1 液位系统。如图所示为两个水箱,左侧水箱的横截面积为 C_1(m^2),右侧水箱的横截面积为 C_2(m^2),控制阀 1、2、3 的流通面积相同,阻力分别为 R_1、R_2、R_3、,控制阀 2 和 3 布置在相同的高度,设 Δh 为控制阀 1 到控制阀 2 的高差,通过各个控制阀的流量满足关系式 $q=(\Delta h^{0.5})/R$。

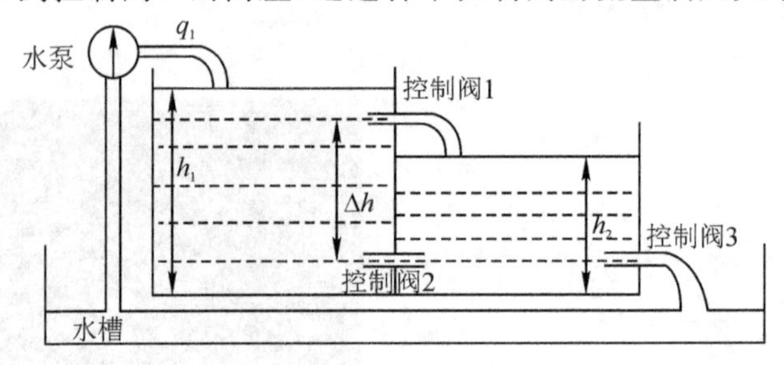

题 2.1 图

(1)当控制阀 2 关闭、控制阀 1 打开时,求水泵流量 q_1 到水位 h_2 的传递函数;

(2)当控制阀 1 关闭、控制阀 2 打开时,求水泵流量 q_1 到水位 h_2 的传递函数。

2.2 水温控制系统。热交换器的示意图如图所示,其中外层的液体是用来加热罐体中的液体的,设流入外层的液体的温度为 t_{is}(K),流量为 q_{is}(kg/s),流出外层的液体的温度为 t_{os}(K),流量为 q_{os}(kg/s),且满足质量守恒:$q_{is}=q_{os}=q_s$。罐体中流入液体的温度为 t_{iw}(K),流量为 q_{iw}(kg/s),流出液体的温度为 t_{ow}(K),流量为 q_{ow}(kg/s),满足质量守恒:$q_{iw}=q_{ow}=q_w$。罐体中的液体由于搅拌作用,因此认为温度均匀为 t_{os}(K)。根据热传导原理,夹层的流体温度变化正比于进入夹层的净热量,即

$$C_s\frac{dt_{os}}{dt}=q_s c_{vs}(t_{is}-t_{os})-h(t_{os}-t_w)$$

式中,C_s(W/K)为夹层流体的热容;c_{vs}[J/(kg·K)]为夹层流体的比热;h(W/K)为整个交换器的平均换热系数。同理罐体中液体温度正比于进入罐体的热量,即满足

$$C_w\frac{dt_w}{dt}=q_w c_{vw}(t_{iw}-t_w)+h(t_{os}-t_w)$$

式中，C_w(W/K)为罐体液体的热容；c_{vw}[J/(kg·K)]为罐体流体的比热。假设在 t_{iw} 温度下，系统工作在某个静态工作点附近，静态工作点满足

$$q_s c_{vs}(t_{is} - t_{os}) - h(t_{os} - t_w) = 0$$

$$q_w c_{vw}(t_{iw} - t_w) + h(t_{os} - t_w) = 0$$

(1)当给系统流量 q_s 一个扰动，求传递函数 $T_w(s)/Q_s(s)$；

(2)当给系统的温度 t_{is} 一个变化，求增量的传递函数 $T_w(s)/T_{is}(s)$。

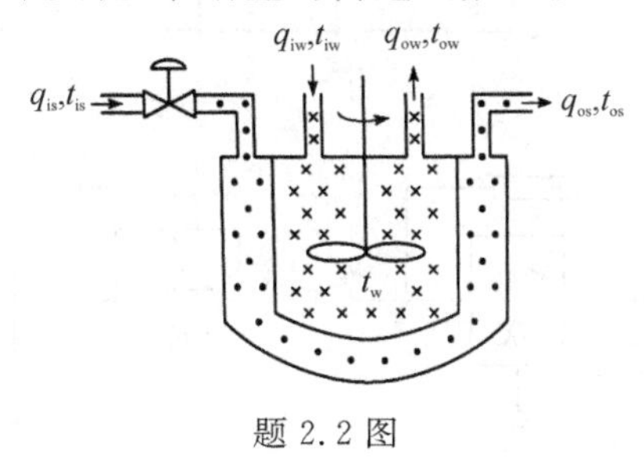

题 2.2 图

2.3　机械系统。设弹簧阻尼结构如图所示，其中 x_i 是输入位移，x_o 是输出位移，求各系统的微分方程和传递函数。

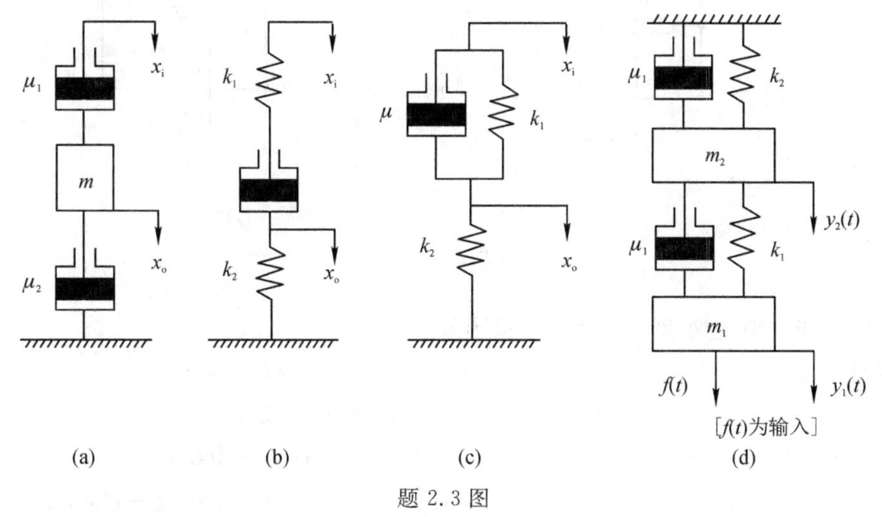

题 2.3 图

2.4　证明电路网络和机械系统有相同的数学模型。

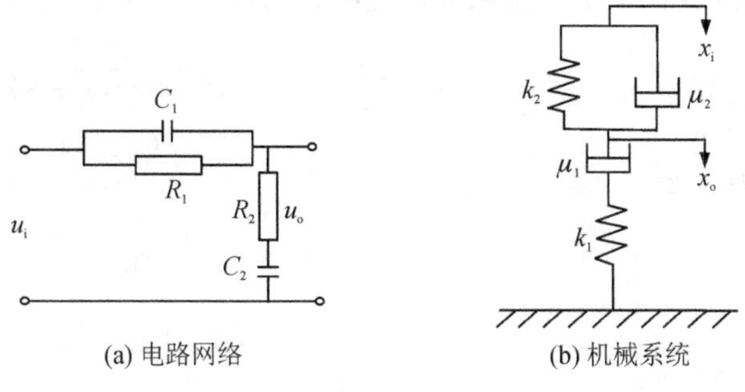

题 2.4 图

2.5　电路模型。设 RC 网络如图所示，其中 u_i 是输入电压，u_o 是输出电压，求各系统的微分方程和传递函数。

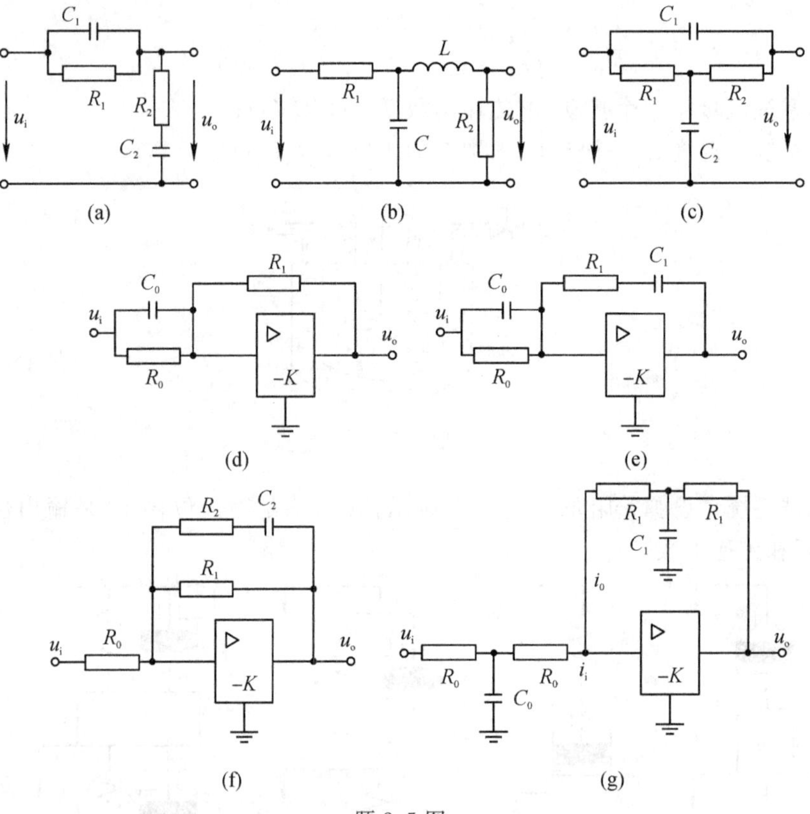

题 2.5 图

2.6　用拉普拉斯变换求下列函数的象函数。

(1) $f(t)=1+3t$；　　(2) $f(t)=4+8t+2t^2$；

(3) $f(t)=2\mathrm{e}^{-t}+\mathrm{e}^{-2t}+2t\mathrm{e}^{-3t}$；　　(4) $f(t)=(1+2t)^2$；

(5) $f(t)=2t\cos t+t\mathrm{e}^{-2t}$；　　(6) $f(t)=2t\cos t+3t\sin t$；

(7) $f(t)=1+3t\cos 2t$；　　(8) $f(t)=2\sin 2t+4\cos 2t+\mathrm{e}^{t}\sin 2t$；

(9) $f(t)=2\mathrm{e}^{-t}\sin 4t+2^{-2t}+2t\mathrm{e}^{-3t}$。

2.7　用拉普拉斯反变换求下列象函数对应的原函数。

(1) $F(s)=\dfrac{2}{s(s+3)}$；　　(2) $F(s)=\dfrac{10}{s(s+2)(s+3)}$；

(3) $F(s)=\dfrac{3s+2}{s^2+4s+20}$；　　(4) $F(s)=\dfrac{2(s+2)}{(s^2+4)(s+1)}$；

(5) $F(s)=\dfrac{s+3}{s^2}$；　　(6) $F(s)=\dfrac{4}{s^4+4}$；

(7) $F(s)=\dfrac{2}{s\,(s+3)^2}$；　　(8) $F(s)=\dfrac{2s^2+s+1}{s^3-1}$；

(9) $F(s)=\dfrac{s^3+2s+4}{s^4-16}$。

2.8　根据拉普拉斯变换求解下面的微分方程。

(1)$\ddot{y}(t)+\dot{y}(t)+3y(t)=0, y(0)=1, \dot{y}(0)=2$;

(2)$\ddot{y}(t)+\dot{y}(t)=\sin t, y(0)=1, \dot{y}(0)=2$;

(3)$\ddot{y}(t)+4\dot{y}(t)+5y(t)=t^2, y(0)=1, \dot{y}(0)=2$;

(4)$\ddot{y}(t)+y(t)=t, y(0)=1, \dot{y}(0)=2$;

(5)$\ddot{y}(t)+4\dot{y}(t)+3y(t)=te^{-2t}, y(0)=1, \dot{y}(0)=-4$。

(6)$\ddot{y}(t)+2\dot{y}(t)=e^{t}, y(0)=1, \dot{y}(0)=2$.

2.9　证明拉普拉斯变换性质中的终值定理。

2.10　运算放大器组成的控制系统模型如图所示，其中 u_i 是输入电压、u_o 是输出电压，求系统的传递函数。

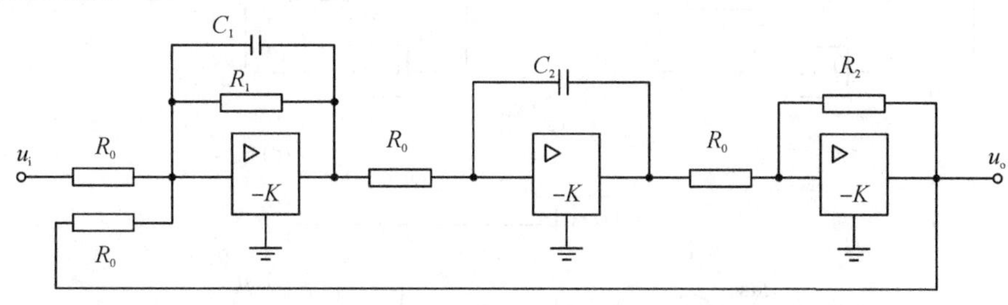

题 2.10 图

2.11　位置随动系统的模型如图所示。已知电位器最大工作角度 $\theta_{max}=330°$，功率放大系数为 K_3，设直流电动机传递函数为

$$G_{SM}(s)=\frac{K_m}{s(T_m s+1)}$$

(1)分别求各电位器传递系数 K_0、第一级和第二级放大器的比例系数 K_1 和 K_2；

(2)画出相应的方框图；

(3)简化方框图，求传递函数 $\Theta_o(s)/\Theta_i(s)$。

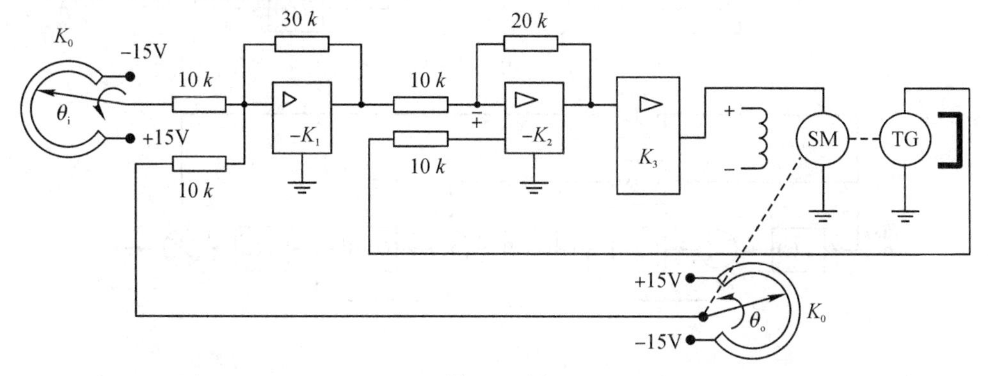

题 2.11 图

2.12　根据系统方框图的简化规则，求以下各图中所示方框图的传递函数。

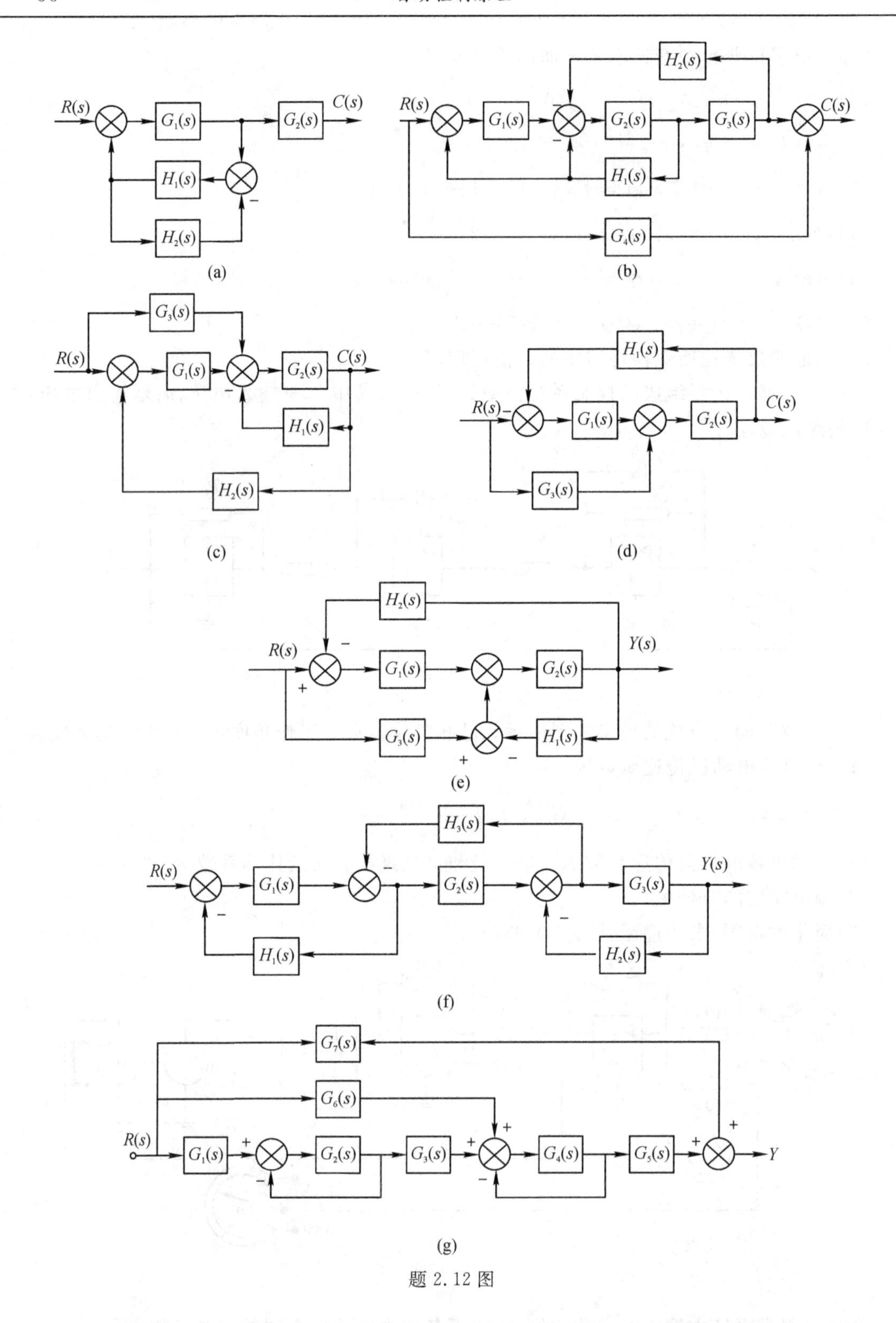

题 2.12 图

2.13　绘制题 2.12 图各系统对应的信号流图，并采用梅森增益公式求各系统的传递函数。

2.14　根据系统方框图的简化规则，求以下各图中所示方框图的传递函数。

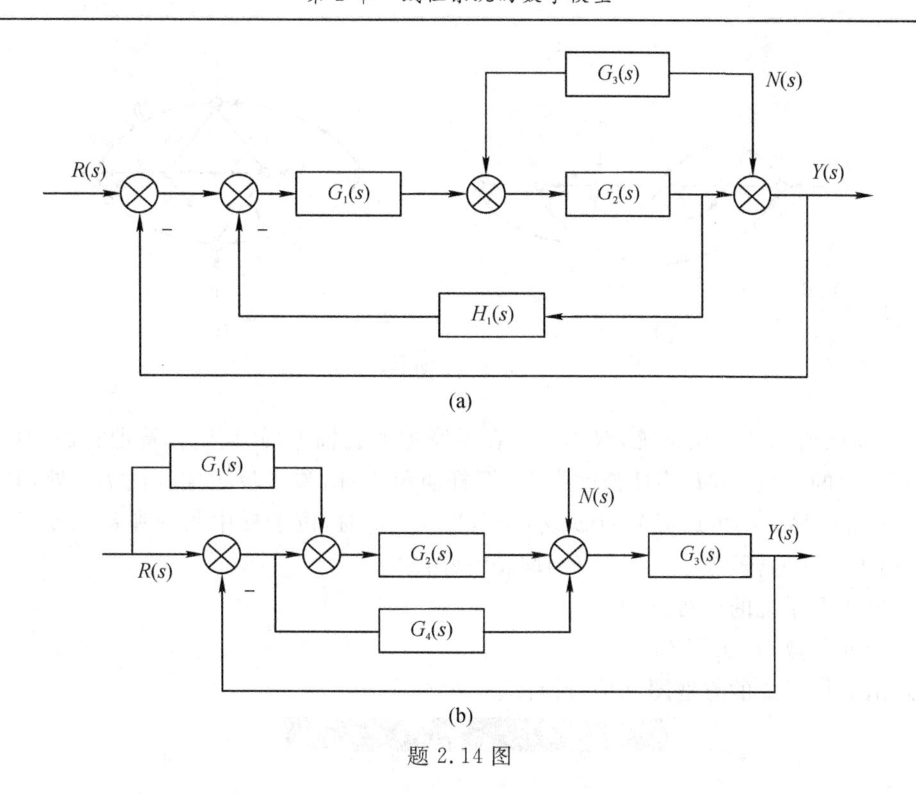

题 2.14 图

2.15　绘制题 2.14 图各系统对应的信号流图，并采用梅森增益公式求各系统的传递函数。

2.16　给定微分方程式如下所示，画出对应的信号流图。

$$x_2 = 2x_1 + 4x_3 + x_2(0)$$

$$x_3 = 3x_1 + x_2 + 3x_3$$

$$x_4 = 5x_2 + x_3$$

$$x_5 = 5x_1 + x_2 + 3x_3$$

2.17　已知以下各信号流图，根据梅森增益公式求解传递函数 $Y(s)/R(s)$。

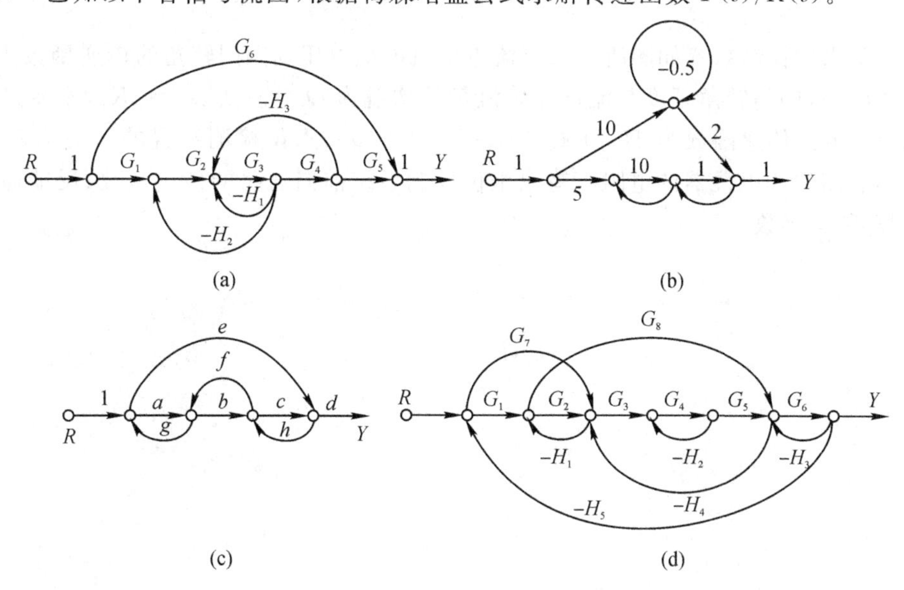

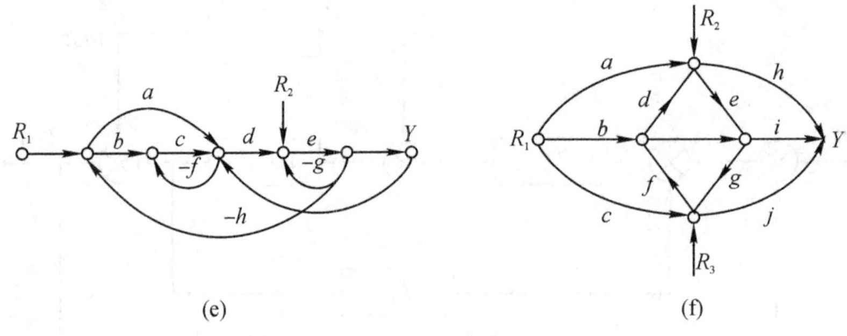

题 2.17 图

2.18　如图所示的双摆系统，双摆悬挂在无摩擦的旋轴上，并且用弹簧把它们的中点连在一起。假定：摆的质量为 M、摆杆长度为 l。摆杆质量不计，弹簧位于摆杆的 $l/2$ 处，其弹簧系数为 k，摆的角位移很小可近似为 $\sin\theta$ 或 $\cos\theta$，当 $\theta_1=\theta_2$ 时，位于杆中间的弹簧无变形，且外力输入只作用于左侧的杆，令 $a=g/l+k/4M$、$b=k/4M$。

(1)写出双摆系统的运行方程；

(2)求传递函数 $\Theta_1(s)/F(s)$；

(3)画出双摆系统的方框图和信号流图。

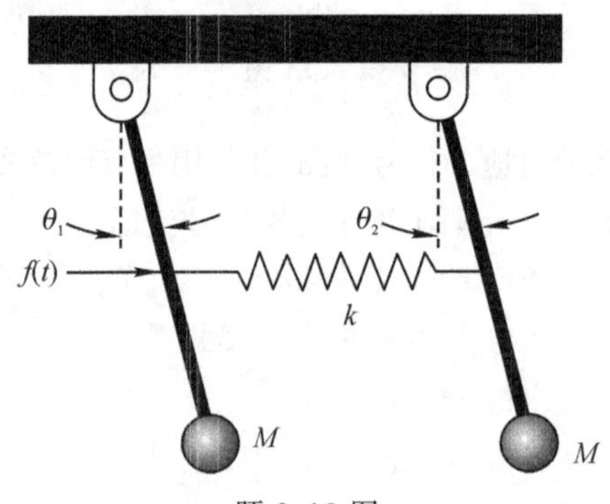

题 2.18 图

2.19　某水位控制系统如图所示。直流电动机电枢电压到阀门转角的传递函数为 $\Theta_v(s)/U_a(s)=100K_1/s$，阀门转角开度与流通流体流量的增益为 $Q_1(s)/\Theta_v(s)=2K_1$，水箱进水流量和水箱水位高度的传递函数为 $H(s)/Q_1(s)=K_1/(s+a)$，水位检测装置的增益为 $U_h(s)/H(s)=-K_1$，忽略滑线电位器的电阻。写出水位控制系统前向通路的传递函数、反馈通道的传递函数、闭环传递函数。

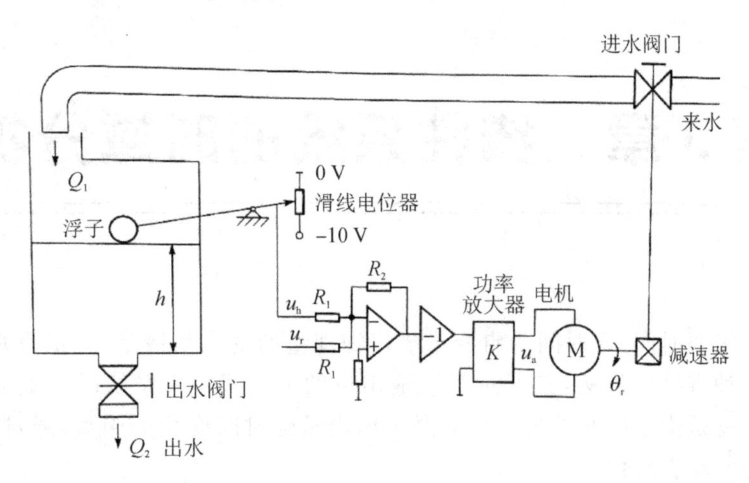

题 2.19 图

2.20　设弹簧特性为 $f=12.65y^{1.1}$，其中 f 是弹力、y 是变形位移。若弹簧在变形位移 0.3 附近作微小变化，推导其线性方程式。

2.21　采用 MATLAB 写出习题 2.7 中的传递函数的不同格式的输入，并求出零极点，再选取两个传递函数模拟串联和并联过程。

2.22　采用 MATLAB 工具对习题 2.6 和 2.7 中的原函数和象函数分别进行拉氏变换和拉氏反变换。

2.23　采用 Simulink 模拟下图所示的简单示例。

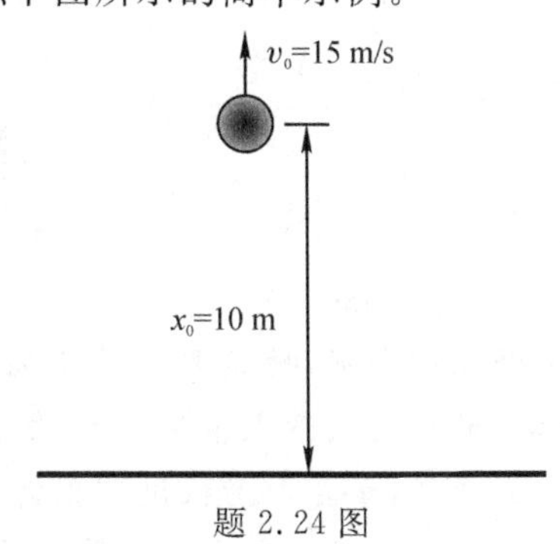

题 2.24 图

问题分析：

小球初始高度为 10 m，初速度为 15 m/s，初速度向上，地面为刚性的，小球为弹性的。当小球高度为 0 时，会与地面发生一次碰撞，动量会发生改变，每次与地面碰撞时，小球会失去一部分动量，导致小球最终停下来，可以通过如下公式描述出小球的运动特性：

$$\frac{\mathrm{d}v}{\mathrm{d}t}=-g,\ \frac{\mathrm{d}x}{\mathrm{d}t}=v$$

式中，g 为重力加速度；x 为小球的位置；v 为小球的速度。系统有两个连续状态量：位置 x 和速度 v。

第3章　线性系统的时域分析

事物的发展需要时间，以时间为自变量描述物理量的变化是最基本、最直观的表达形式。时域分析就是一种直接分析法，其通过系统输出量的表达式提供系统时间响应的全部信息。系统的时间响应就是指系统在外加作用刺激下输出量随时间变化的函数，通过对时间响应的分析可揭示系统的动态特性。

本章首先介绍典型试验信号及系统性能指标，通过对一阶、二阶系统的时域分析介绍系统的响应与输入信号之间的关系，以及评价控制系统性能的时域指标，同时讨论高阶系统的时域响应及主导极点的概念；然后介绍系统稳定性的概念、判断系统稳定性的方法及系统稳态误差的定义和计算方法；最后介绍利用 MATLAB 进行时域分析的方法。

小故事

一家商店分别出售 A、B、C 三种椅子，通过图片我们大致可以获取每种椅子所具有的特性。

(a)

(b)

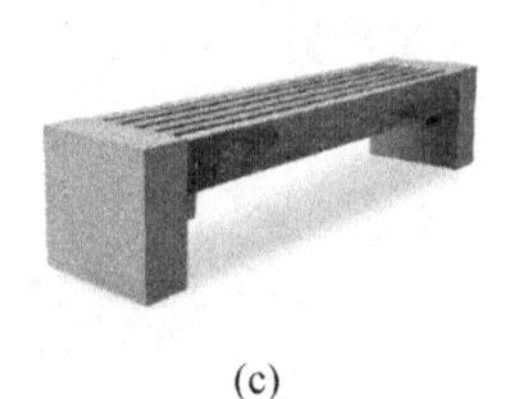

(c)

来了三位顾客，第一位顾客是幼儿园老师，她想要为幼儿园添置一些儿童座椅，于是向老板说："我需要一些轻便、小巧、结实，最好还能带点卡通元素的座椅"；第二位顾客是企业采购人员，他想要为办公室添加几把办公座椅，于是向老板说："我需要一些灵活、结实、轻便且适合久坐的椅子"；第三位顾客是园艺设计师，他想在新公园布置一些座椅，于是对老板说："我需要一些结实的户外座椅，最好可以坐很多人"。如果你是老板，你会分别给他们推荐哪把椅子？答案是显而易见的。同样简单的道理，我们把上述问题采用控制的语言去描述，就可以很好地理解信号、性能指标及系统特性的概念。

系统的特性是系统本身客观存在的性质，不随输入信号及人们的意志而转移。上述三种椅子各自的特性：A 型椅子小巧轻便、稳定，还带一点卡通元素；B 型椅子可以灵活移动、噪声小、有靠背扶手适合久坐、外观朴实；C 型椅子结实耐用、可以同时坐很多人、质量大、不能灵活移动。这些性质是系统本身的，是客观存在的。

输入信号可能是随时间变化的不固定甚至不可预测的，在上述的例子中输入信号就是顾客提出的要求，他们的要求是不可以提前预测的。第一位顾客的输入信号是："轻便、小巧、结实，最好带点卡通元素"。老板将这个信号分别输入给 A、B、C。发现 A 对轻便、小巧、结实、卡通4个信号的综合响应最好，于是将A推荐给老师，老师很满意。类似的，老板向第二位推荐了B，向第三位推荐了C，顾客都得到了满意的商品。而典型信号是人们在应用过程中总结出的能较好地对系统做出评价的信号，比如椅子是否结实是对一把椅子的基本要求，椅子是否轻便灵活是人们对椅子使用时的需求，“带点卡通元素”并不是人们常会对椅子提出的要求，老师购买A的原因还是基于满足了轻便、小巧、结实的基本要求。

因此，对于控制系统而言，典型的输入信号可以帮助人们快速地了解系统的基本特性，比如系统的稳定性、响应速度、系统型数等。我们还注意到，轻便、小巧、结实的信号是很容易获得的信息，因此典型型号还需要具有数学模型简单和易于通过试验获得的特点。

假如你是一名幼儿园教师，想要购买一些幼儿园用的椅子，而商家给你一张表，表上这样记录：

项目	质量	规格	承重	材质
A	300 g	30 cm×30 cm×50 cm	100 kg	塑料
B	15 kg	1 m×1 m×1.5 m	300 kg	不锈钢、棉
C	200 kg	3 m×0.5 m×0.5 m	2000 kg	大理石、木

通过这样一张量化的表你对A、B、C的特性有了较为客观的了解，按照你的需求你是否会选择A？答案是肯定的。上述的质量、规格、承重、材质都是椅子的评价指标，通过这些指标可以量化系统的结实、轻便、小巧。而对于控制系统设计而言，所关心的则是系统的动态响应特性，如何量化人们关心的性能就需要知道系统的性能指标，如系统的上升时间、超调量、调节时间等。

我们注意到，不同的系统对不同的输入有不同的响应特性，为了在控制系统的分析和设计中有一个对不同系统性能进行评价和比较的基准，通常采用单位阶跃信号作为测试试验信号。

3.1 典型试验信号与系统性能指标

大多数的工业系统很难用精确的数学模型描述，通常根据系统对不同输入信号的响应来获得系统的特性，这些用于测试的信号被称为典型信号。为了准确地描述系统的准确性、稳定性和快速性，规定了稳态性能指标和动态性能指标，以方便不同系统之间的比较。本节将详细介绍几类典型信号和常用的几种系统性能评价指标。

3.1.1 典型试验信号

在大多数情况下，控制系统的实际输入信号可能是随时间以随机的方式变化的，而不能预先准确知道。例如，在电网的频率控制系统中，用户的用电需求是无法预测的，也无法用数学模型进行描述。为了在控制系统的分析和设计中，具有针对不同系统的性能进行比较和评价的基准，必须规定一些典型的试验信号作为系统的输入。

典型试验信号应能反映系统的实际工作情况，包括可能遇到的恶劣工作条件，同时应具有数学模型简单和易于通过实验获得的特点。常用的典型试验信号有以下5种。

1. 阶跃信号

阶跃信号表示参考输入量的一个瞬间突变过程，如图3.1所示，其数学表达方式为

$$r(t)=\begin{cases}0, & t<0\\ A, & t\geqslant 0\end{cases} \tag{3.1}$$

式中，A 为常数，当 $A=1$ 时，则 $r(t)$ 为单位阶跃信号，也可以表示为 $1(t)$，其拉氏变换为 $1/s$。

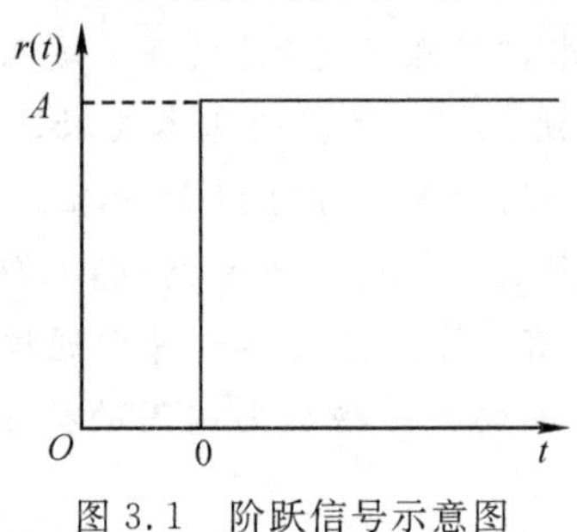

图 3.1　阶跃信号示意图

2. 斜坡信号

斜坡信号表示从 0 开始以一定斜率随时间变化的信号，如图 3.2 所示，其数学表达式为

$$r(t)=\begin{cases}0, & t<0\\ vt, & t\geqslant 0\end{cases} \tag{3.2}$$

式中，v 为常数。由于该函数的一阶导数 v 为常数，$r(t)$ 与 v 的关系就像匀速运动的位移与速度的关系，因此斜坡信号又被称为等速度输入信号。当 $v=1$ 时，$r(t)$ 为单位斜坡信号，其拉氏变换为 $1/s^2$。

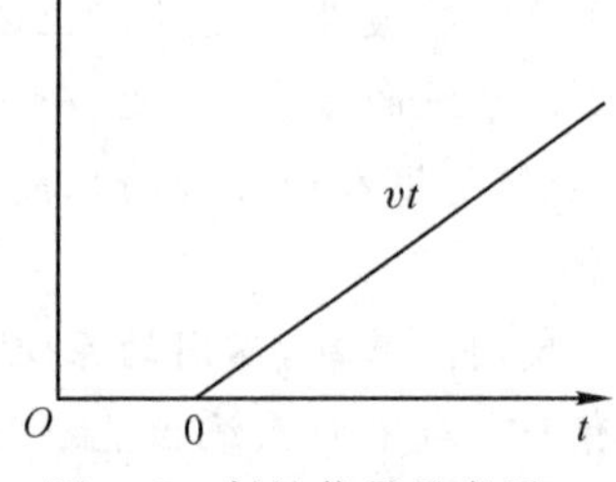

图 3.2　斜坡信号示意图

3. 等加速度信号

等加速度信号表示从 0 开始斜率以一定速率随时间变化的信号，其曲线与等加速度直线运动的位移曲线一样，是一抛物线函数，如图 3.3 所示，其数学表达式为

$$r(t)=\begin{cases}0, & t<0\\ \dfrac{1}{2}at^2, & t\geqslant 0\end{cases} \tag{3.3}$$

式中，a 为常数。由于该函数的二阶导数 a 为常数，$r(t)$ 与 a 的关系类似于位移与加速度的关系，因此被称为等加速度信号。当 $a=1$ 时，$r(t)$ 为单位等加速度信号，其拉氏变换为 $1/s^3$。

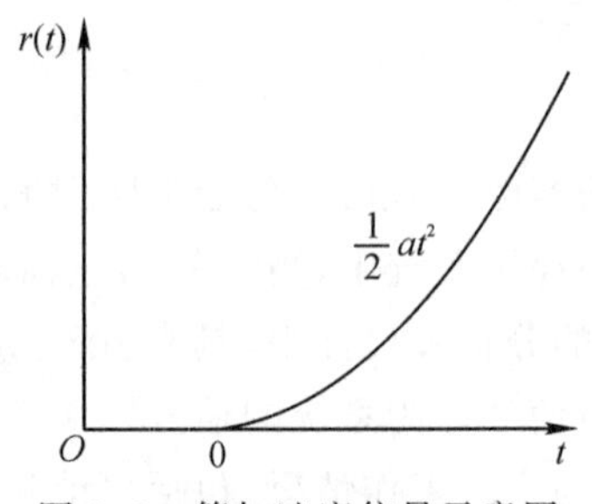

图 3.3　等加速度信号示意图

4. 脉冲信号

脉冲信号有两个特点：一是持续时间极短、幅值极大；二是脉冲信号与时间轴包围的面积

等于 1,如图 3.4(a)所示。其数学表达式为

$$r(t)=\begin{cases}0, & t<0 \text{ 或 } t>\varepsilon \\ \dfrac{1}{\varepsilon}, & 0\leqslant t\leqslant \varepsilon\end{cases} \tag{3.4}$$

式中,ε 为脉冲宽度。

根据脉冲信号的两个特点可以知道当 ε 趋近于 0 时,有

$$r(t)=\delta(t)=\begin{cases}\infty, & t=0 \\ 0, & t\neq 0\end{cases} \tag{3.5}$$

及

$$\int_{-\infty}^{+\infty}\delta(t)\mathrm{d}t=1 \tag{3.6}$$

此时,称 $\delta(t)$ 为单位理想脉冲信号,也称 δ 函数,如图 3.4(b)所示,单位理想脉冲信号的拉氏变换为 1。

显然,理想脉冲信号在工程中无法实现,因此在工程应用时认为,当 ε 很小时,式(3.4)可以近似当作式(3.5)进行处理。

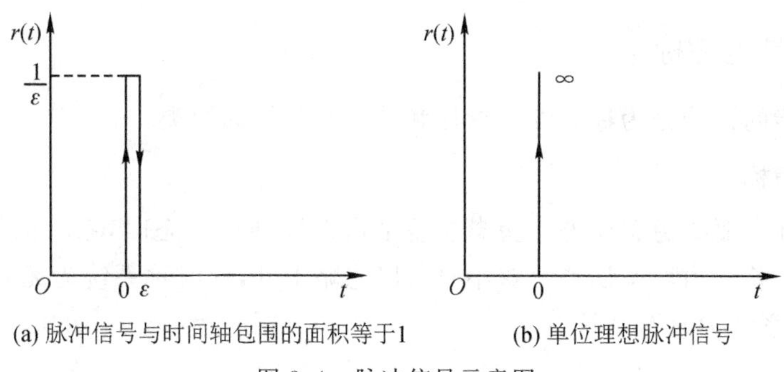

图 3.4　脉冲信号示意图

5. 正弦信号

正弦信号是一种常见的信号,如图 3.5 所示,其数学表达式为

$$r(t)=A\sin\omega t \tag{3.7}$$

式中,A 为振幅;ω 为角频率。正弦信号主要用于获取系统的频率特性。根据系统的频率特性分析和设计控制系统,是经典控制理论中的主要分析方法之一。

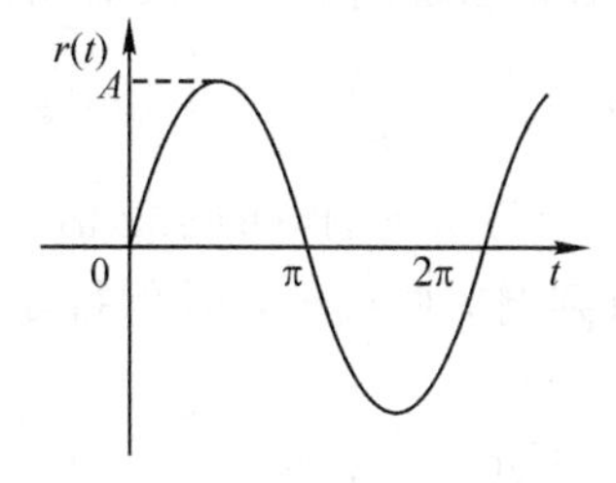

图 3.5　正弦信号示意图

选取哪一种信号作为分析系统的试验信号要根据具体的问题进行具体分析。例如流体管道的阀门突然开大或关小,流量信号就可以选用阶跃信号;研究大坝的液位对水力发电机的影

响，液位信号就可以选用斜坡信号作为输入信号。

3.1.2 时域响应的构成

系统的时域响应是指在施加一定形式的输入信号后，系统输出量随时间的变化规律，其主要由两部分组成：瞬态响应（动态响应）和稳态响应。瞬态响应是指系统从初始状态到稳定状态的变化过程；稳态响应是指时间趋近于无穷时系统的稳定输出。系统的时域响应可以表示为

$$y(t) = y_{t}(t) + y_{ss}(t) \tag{3.8}$$

式中，$y_{t}(t)$ 为时域响应的瞬态响应，又称自由分量；$y_{ss}(t)$ 为时域响应的稳态响应，又称强迫分量。

若系统稳定，则瞬态分量将随时间而衰减至零，即

$$\lim_{t \to \infty} y_{t}(t) = 0 \tag{3.9}$$

而稳态响应可以是定值也可以是某种固定模式，如正弦、斜坡等函数变化。然而只有当 t 趋近于无穷大时，系统才能达到绝对稳态，因此在实际系统中，当系统输出足够接近稳态值时可以认为系统已达到稳态。

3.1.3 系统的性能指标

控制系统性能的评价分为稳态性能指标和动态性能指标两类。

1. 稳态性能指标

稳态性能指标主要指稳态误差。稳态误差是指系统到达稳态时，系统的稳态输出与期望值（参考输入）的偏差。当稳态误差足够小时可以忽略不计，此时称系统为无差系统；当稳态误差不能忽略时，称系统为有差系统。

2. 动态性能指标

控制系统除了需要满足稳定性之外，还需要具有良好的动态特性。为了便于不同系统之间的性能比较，通常采用单位阶跃信号作为输入对系统进行测试。图 3.6 给出了典型线性控制系统的阶跃信号响应曲线，并定义了几个动态性能指标。

(1)峰值时间 t_{p}：响应超过其终值到达第一个峰值所需要的时间，或最大超调量出现的时间。

(2)超调量或最大偏差 $\sigma(\%)$：表征系统响应的最大值偏离稳态值的程度，定义为

$$\sigma = \frac{y_{max} - y(\infty)}{y(\infty)} \times 100\% \tag{3.10}$$

式中，y_{max}为系统响应的最大值；$y(\infty)$为系统响应的稳态值。

(3)调节时间 t_{s}：信号输入一直到响应曲线进入并保持在允许范围的误差带(Δ)内所需的最短时间：

$$\left| \frac{y(t) - y(\infty)}{y(\infty)} \right| \leqslant \Delta \tag{3.11}$$

式中，Δ 是人为规定的数值表征稳态误差，通常取稳态值的 2%或 5%。

(4)上升时间 t_{r}：系统响应从稳态值的 10%至第一次到达稳态值的 90%所需的时间。

(5)延迟时间 t_{d}：系统响应第一次到达稳态值 50%所需的时间。

其中，超调量和调节时间分别反映了系统的稳定性和快速性；上升时间和延迟时间从不同侧面反映了系统响应的快慢程度。

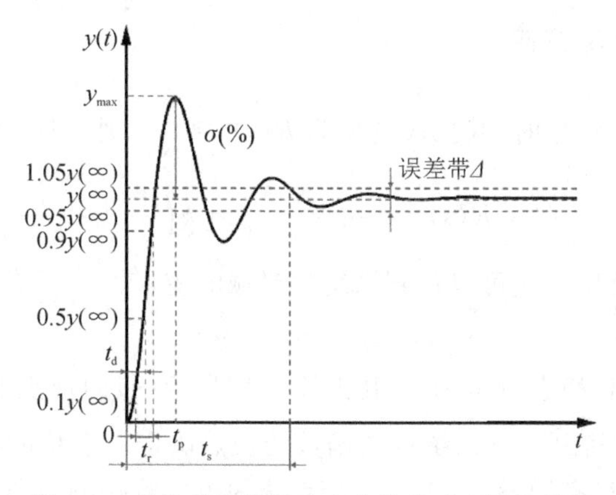

图 3.6　系统单位阶跃响应曲线和动态性能指标

3.2　一阶系统的时域分析

可用一阶微分方程描述的系统称之为一阶系统。一阶系统的标准形式为

$$T\dot{y}(t)+y(t)=ku(t) \tag{3.12}$$

输入到输出的传递函数为

$$G(s)=\frac{Y(s)}{U(s)}=\frac{k}{Ts+1} \tag{3.13}$$

式中，T 为系统的时间常数；k 为系统的增益。

例 3.1　如图 3.7 所示，向一个装满温度为 T_1 的水容器中不断加入温度为 T_2 的水，容器的体积为 V，进出口体积流量均为 W。假设：①水由入口注入容器后迅速达到热平衡；②水不可压缩即进出口流量相等；③不考虑温度对水物性的影响。试写出系统温度 T_1 与入口水温 T_2 之间的关系。

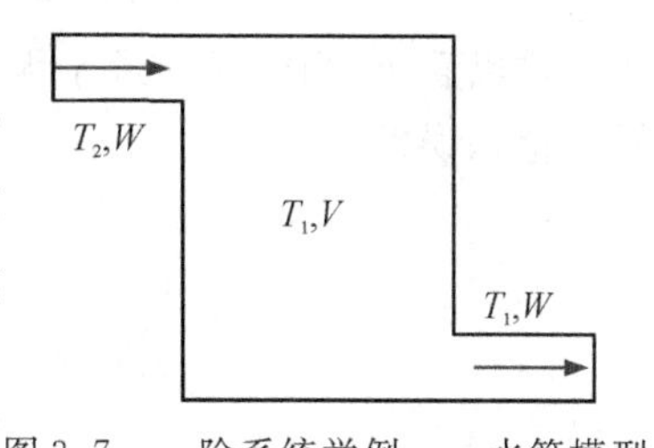

图 3.7　一阶系统举例——水箱模型

【解】　根据能量守恒定律，有

$$\rho V\frac{\mathrm{d}T_1}{\mathrm{d}t}=W\rho T_2-W\rho T_1 \tag{3.14}$$

对式(3.14)进行线性化可得

$$\rho V\frac{\mathrm{d}(\Delta T_1+T_1(0))}{\mathrm{d}t}=W\rho(\Delta T_2+T_2(0))-W\rho(\Delta T_1+T_1(0)) \tag{3.15}$$

化简可得 ΔT_1 变化的表达式：

$$\frac{\mathrm{d}\Delta T_1}{\mathrm{d}t}=\frac{W}{V}(\Delta T_2+T_2(0)-\Delta T_1-T_1(0)) \tag{3.16}$$

对式(3.16)两边做拉氏变换，并假定零初始条件，可以得到 ΔT_2 到 ΔT_1 的传递函数为

$$G(s)=\frac{\Delta T_1(s)}{\Delta T_2(s)}=\frac{1}{\frac{V}{W}s+1} \tag{3.17}$$

对比式(3.13)和式(3.17)可以得到,该系统的时间常数为 $\frac{V}{W}$,稳态增益为 1。

3.2.1　一阶系统的阶跃响应

输入信号为单位阶跃信号时,其拉氏变换为 $R(s)=\frac{1}{s}$,则一阶系统输出的拉氏变换为

$$Y(s)=G(s)R(s)=\frac{k}{s(Ts+1)}=k\left(\frac{1}{s}-\frac{T}{Ts+1}\right) \tag{3.18}$$

对式(3.18)进行拉氏反变换可以得到系统的时域响应:

$$y(t)=k(1-\mathrm{e}^{-\frac{1}{T}t}) \tag{3.19}$$

从式(3.19)可以看出,稳态分量为 k,其由输入信号 $R(s)$ 的极点和一阶系统的稳态增益决定;瞬态分量为 $k\mathrm{e}^{-\frac{1}{T}t}$,其由一阶系统传递函数的极点决定。系统的响应为一单调上升的指数曲线,图 3.8 给出了当稳态增益 $k=1$ 时一阶系统的单位阶跃响应曲线。由于输出的稳态值为 k,因而系统阶跃输入时的稳态误差为 0。

当 $t=T$ 时,有

$$y(T)=k(1-\mathrm{e}^{-1})=0.632k \tag{3.20}$$

这表示阶跃响应曲线 $y(t)$ 达到稳态值的 63.2%所需的时间为 T,因此时间常数 T 是一阶系统阶跃响应的一个重要特征量。响应曲线在 $t=0$ 时刻的斜率为 $1/T$。如果知道系统阶跃响应,通过式(3.19)或图 3.8 就可以获得系统的时间常数。例如,某一阶系统在阶跃信号输入后 15 s 到达稳态值的 95%,可以得到该一阶系统的时间常数为 5 s。

系统输出与输入信号之间的误差可以表示为

$$e(t)=r(t)-y(t)=k(1-\mathrm{e}^{-\frac{1}{T}t})-k=k\mathrm{e}^{-\frac{1}{T}t} \tag{3.21}$$

可以看出,当时间趋近于无穷大时,一阶系统误差趋近于 0,可以认为一阶系统对阶跃信号无稳态误差。

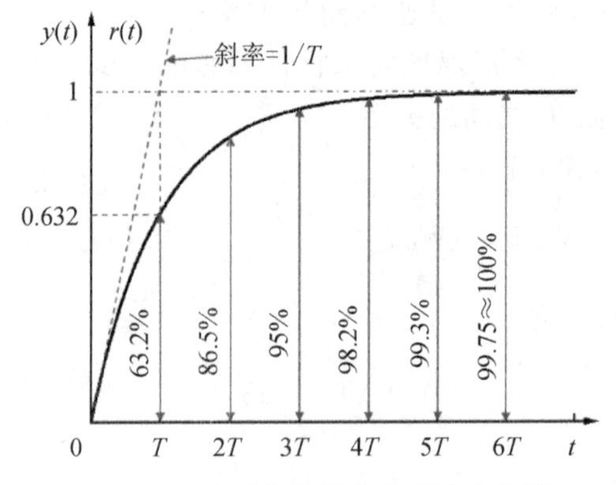

图 3.8　一阶系统的单位阶跃响应曲线

3.2.2　一阶系统的单位斜坡响应

当输入信号为单位斜坡信号时,其拉氏变换为 $R(s)=\frac{1}{s^2}$,则一阶系统输出的拉氏变换为

$$Y(s) = G(s)R(s) = \frac{k}{s^2(Ts+1)} = k\left(\frac{1}{s^2} - \frac{T}{s} + \frac{T^2}{Ts+1}\right) \tag{3.22}$$

对式(3.22)进行拉氏反变换可以得到系统的时域响应：

$$y(t) = k[t - T(1 - e^{-\frac{1}{T}t})] \tag{3.23}$$

系统输出与输入信号之间的误差可以表示为

$$e(t) = r(t) - y(t) = kT(1 - e^{-\frac{1}{T}t}) - (k-1)t \tag{3.24}$$

从式(3.24)可以看出，t 趋近于无穷大时系统的误差为

$$e_{ss} = \lim_{t\to\infty} e(t) = kT + (1-k)t \tag{3.25}$$

不难看出，当时间趋近于无穷大时，一阶系统的输出总比输入小 kT。对式(3.24)进行求导可以得到

$$\dot{y}(t) = k(1 - e^{-\frac{1}{T}t}) \tag{3.26}$$

当 t 趋近于无穷大时，$\dot{y}=k$，若输入的斜坡信号为 $r(t)=at$、$\dot{r}(t)=a$，则此时 $\dot{y}=ak$。因此可以看出，一阶系统对斜坡信号的响应与一阶系统增益和斜坡信号的斜率有关。当且仅当一阶系统的增益等于斜坡信号斜率时，一阶系统的输出总比斜坡信号小 kT，曲线在 t 趋近于无穷大时为两条平行的直线，如图3.9所示。从式(3.25)可以看出，减小时间常数 T 不仅可以加快系统的瞬态响应速度，而且还能减小系统输出的稳态误差。

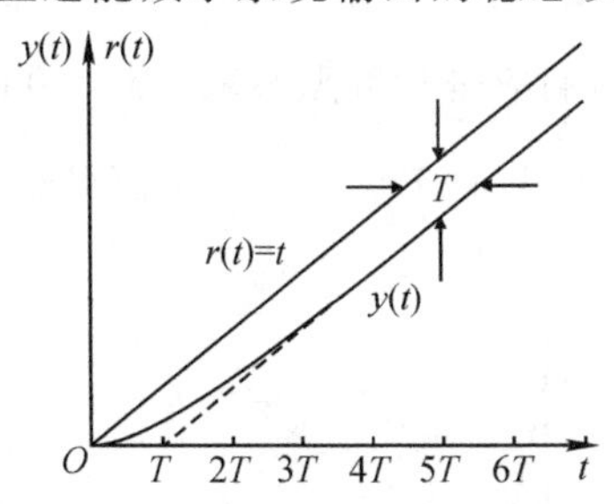

图3.9　一阶系统斜坡响应曲线

3.2.3　一阶系统的单位加速度响应

当输入信号为单位加速度信号时，其拉氏变换为 $R(s) = \frac{1}{s^3}$，则一阶系统输出的拉氏变换为

$$Y(s) = \frac{k}{s^3(Ts+1)} = k\left(\frac{1}{s^3} - \frac{T}{s^2} + \frac{T^2}{s} - \frac{T^3}{Ts+1}\right) \tag{3.27}$$

对式(3.27)进行拉氏反变换可以得到系统的时域响应：

$$y(t) = k\left[\frac{1}{2}t^2 - Tt + T^2(1 - e^{-\frac{1}{T}t})\right] \tag{3.28}$$

系统输出与输入信号之间的误差可以表示为

$$e(t) = r(t) - y(t) = (k-1)\frac{1}{2}t^2 + k[Tt - T^2(1 - e^{-\frac{1}{T}t})] \tag{3.29}$$

这里以 $k=1$ 为例进行说明，$k\neq1$ 时读者可以自行推导分析。当 $t=0$ 时，$e(0)=0$；当 $t=\infty$ 时，$e(\infty)=\infty$。从式(3.29)可以看出，误差主要由两部分组成：第一部分 Tt 与时间成正比；第二部分 $T^2(1-e^{-\frac{1}{T}t})$ 随时间的增长由0增长至常数 T^2。图3.10给出了一阶系统单位加速

度响应曲线，可以看出一阶系统无法跟踪加速度输入信号。

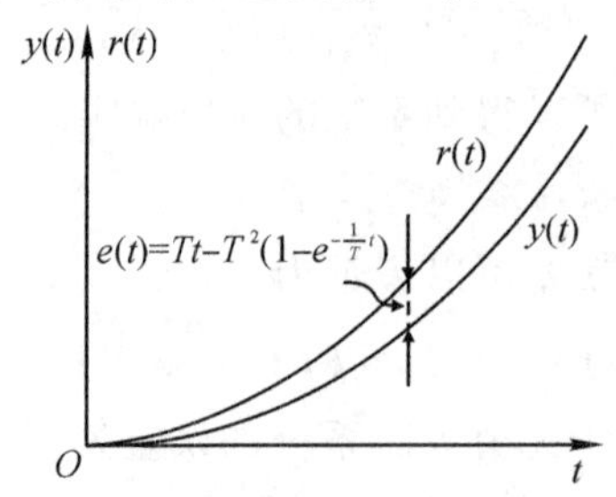

图 3.10　一阶系统单位加速度响应曲线

3.2.4　一阶系统的单位脉冲响应

当输入信号为单位脉冲信号时，其拉氏变换为 $R(s)=1$，则一阶系统输出的拉氏变换为

$$Y(s)=\frac{k}{Ts+1}=\frac{k/T}{s+1/T} \tag{3.30}$$

对式(3.30)进行拉氏反变换可以得到系统的时域响应：

$$y(t)=\frac{k}{T}\mathrm{e}^{-\frac{1}{T}t} \tag{3.31}$$

从式(3.31)可以看出，系统的响应呈指数型衰减，当 $t=0$ 时，系统输出最大值 $y(0)=\dfrac{k}{T}$；当 $t=\infty$时，$y(\infty)=0$。图 3.11 给出了 $T=1$、$k=1$ 时系统的脉冲响应曲线，系统衰减至最大值的 36.8%所需的时间为 T。

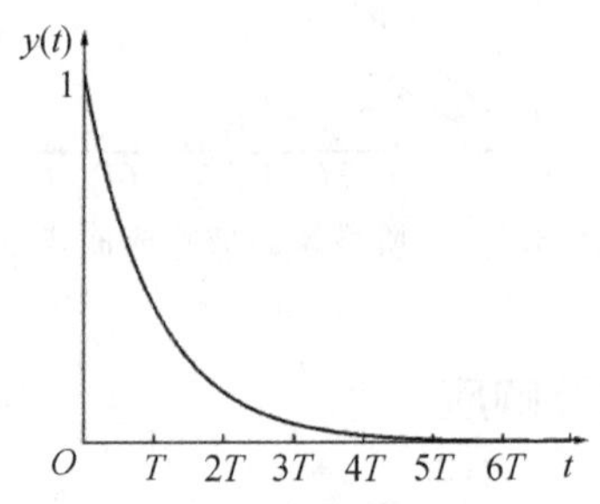

图 3.11　一阶系统单位脉冲响应

3.3　二阶系统的时域分析

可以用二阶微分方程描述的系统称之为二阶系统。二阶系统是控制系统中的一种典型形式，其瞬态响应特性与大多数物理过程相似，因此，许多系统在一定条件下常被近似为二阶系统进行分析。二阶系统的标准形式：

$$\ddot{y}(t)+2\zeta\omega_{\mathrm{n}}\dot{y}(t)+\omega_{\mathrm{n}}^2y(t)=\omega_{\mathrm{n}}^2u(t) \tag{3.32}$$

可得，输入到输出的传递函数为

$$G(s)=\frac{Y(s)}{U(s)}=\frac{\omega_{\mathrm{n}}^2}{s^2+2\zeta\omega_{\mathrm{n}}s+\omega_{\mathrm{n}}^2} \tag{3.33}$$

式中，ω_{n}为无阻尼振荡角频率；ζ 为阻尼比或阻尼系数。

例 3.2　如图 3.12 所示弹簧阻尼系统，其中，小球质量为 m、弹簧的弹力系数为 k、阻尼器的阻尼系数为 f。初始时用手托住小球使弹簧处于自然舒张状态，试写出松手后小球的运动方程。

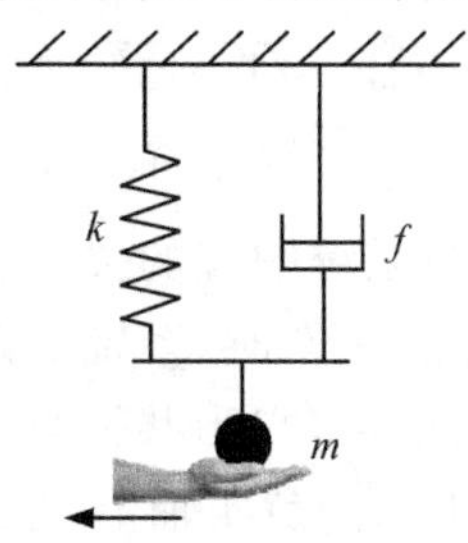

图 3.12　二阶系统举例——弹簧阻尼模型

【解】　规定矢量方向向下为正方向。本例中手未移开时手对小球施加一个 $-m\boldsymbol{g}$ 的力，手移开后该力消失，相对于初始状态引入一个 $m\boldsymbol{g}$ 的力，根据受力分析可以得到小球加速度的表达式：

$$a = \frac{m\boldsymbol{g} - f\boldsymbol{v} - k\boldsymbol{y}}{m} \tag{3.34}$$

注意式(3.34)中，$\boldsymbol{v}$ 是小球的速度，$\boldsymbol{a}$ 是小球的加速度，二者均为矢量。由位移 $\boldsymbol{y}$ 与 $\boldsymbol{v}$、$\boldsymbol{a}$ 之间的关系，可以得到：

$$\ddot{y} = \frac{mg - \dot{y}f - yk}{m} \tag{3.35}$$

对式(3.35)两边作拉氏变换并化简，可以得到

$$\frac{Y(s)}{U(s)} = \frac{\dfrac{1}{m}}{s^2 + \dfrac{f}{m}s + \dfrac{k}{m}} \tag{3.36}$$

式中，$U(s)$为 mg 的阶跃信号。

通过对比式(3.33)和式(3.36)可以得到，该弹簧阻尼系统的无阻尼振荡角频率 $\omega_n = \sqrt{k/m}$，阻尼比 $\zeta = \dfrac{f}{2\sqrt{km}}$。当系统阻尼比 $\zeta = 0$ 时，系统将以 ω_n 的频率做简谐运动，而 ω_n 只与系统的弹力系数 k 和小球质量 m 相关，可见无阻尼振荡角频率 ω_n 是系统在能量无损耗(无阻尼)时自由振荡的频率，也被称为自然频率或固有频率。而阻尼比 ζ 是无单位量纲，既与系统特性(弹力系数 k 和小球质量 m)有关也与阻尼(f)大小有关，表示了系统在受激振后振荡的衰减形式。

本章提供了该例题的仿真程序，读者可以自行调节系统参数 f、m、k，感受系统参数与系统响应之间的关系。

3.3.1　阻尼比对二阶系统的影响

阻尼比是无单位量纲，表示了结构在受激振后振荡的衰减形式。阻尼比的大小与二阶系统的特性息息相关，可将系统分为阻尼比小于 0 的不稳定系统、等于 0 的无阻尼系统、0～1 范围内的欠阻尼系统、等于 1 的临界阻尼系统，以及大于 1 的过阻尼系统 5 种类型。

由式(3.33)可以得到二阶系统的特征方程式：

$$s^2 + 2\zeta\omega_n s + \omega_n^2 = 0 \tag{3.37}$$

特征方程的根，或二阶系统闭环极点为

$$s_{1,2}=\begin{cases}\pm \mathrm{j}\omega_{\mathrm{n}}, & \zeta=0 \\ -\zeta\omega_{\mathrm{n}}\pm \mathrm{j}\omega_{\mathrm{n}}\sqrt{1-\zeta^{2}}, & 0<|\zeta|<1 \\ -\zeta\omega_{\mathrm{n}}\pm\omega_{\mathrm{n}}\sqrt{\zeta^{2}-1}, & |\zeta|\geqslant 1\end{cases} \tag{3.38}$$

图 3.13 给出了阻尼比、极点分布与系统响应的关系。当$\zeta<0$时，系统的两个闭环极点为共轭复根，位于 s 平面的右半平面；当$\zeta=0$时，系统的两个闭环极点为共轭虚根，位于 s 平面的虚轴上；当$0<\zeta<1$时，系统的闭环极点为共轭复根，位于 s 平面的左半平面；当$\zeta=1$时，系统的两个闭环极点重合，位于 s 平面的负实轴上；当$\zeta>1$时，系统的闭环极点为两个负实根，位于 s 平面的负实轴上。

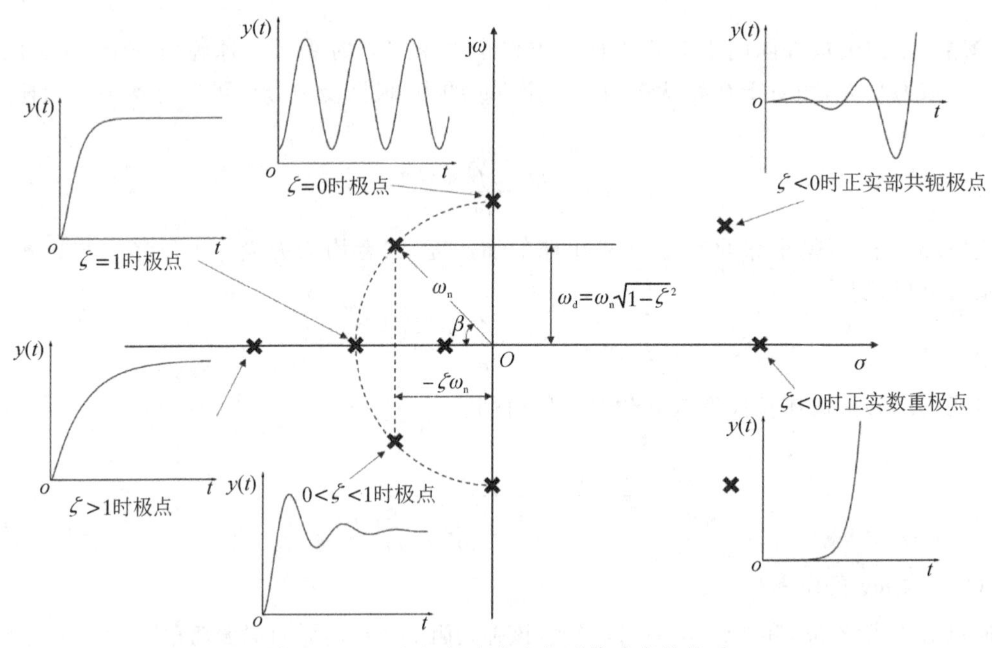

图 3.13　阻尼比、极点分布与系统响应的关系

1.$\zeta<0$，不稳定系统

不稳定系统的特征方程存在 2 个正实部的共轭复根，意味着二阶系统存在两个极点且位于 s 平面的右半平面。该二阶系统（$\zeta=-\frac{3\sqrt{2}}{2}$、$\omega_{\mathrm{n}}=\sqrt{2}$）单位阶跃信号响应如下：

$$Y(s)=\frac{1}{s}G(s)=\frac{1}{s}\cdot\frac{2}{s^{2}-3s+2}=\frac{1}{s}-\frac{2}{s-1}-\frac{1}{s-2} \tag{3.39}$$

式中，$G(s)$为二阶系统的传递函数。将式(3.39)进行拉氏反变换可以得到系统时域下的单位阶跃响应：

$$y(t)=1-2\mathrm{e}^{t}+\mathrm{e}^{2t} \tag{3.40}$$

将式(3.40)对时间 t 求导，可得

$$\dot{y}(t)=2\mathrm{e}^{t}(\mathrm{e}^{t}-1) \tag{3.41}$$

不难看出，响应函数的导数恒大于 0 且随着时间的增大而增大。系统响应随着时间将以指数形式增长并趋于无穷大，如图 3.13 所示。系统的阶跃响应发散，表明系统不稳定。

2. $\zeta = 0$，无阻尼系统（临界稳定系统）

无阻尼系统的特征方程存在 2 个共轭虚根。该二阶系统（$\zeta = 0$、$\omega_n = 1$）单位阶跃信号响应如下：

$$Y(s) = \frac{1}{s}G(s) = \frac{1}{s} \cdot \frac{1}{s^2 + 1} \tag{3.42}$$

式中，$G(s)$为二阶系统的传递函数。将式(3.42)进行拉氏反变换可以得到该系统时域下的单位阶跃响应：

$$y(t) = 1 - \cos(t) \tag{3.43}$$

可以看出，随着时间的增长系统输出将在 1 附近呈三角函数振荡，既无发散趋势也无收敛趋势，如图 3.13 所示。结合例 3.2 不难发现，当阻尼器的阻尼系数为 0 时，例题中弹簧阻尼系统的阻尼比$\zeta = 0$。当手松开小球后，小球将在弹力和重力的作用下做简谐运动，我们将这样的系统称为无阻尼系统。

3. $0 < \zeta < 1$，欠阻尼系统

欠阻尼系统的特征方程存在 2 个实部为负的共轭复根，意味着该二阶系统的极点位于 s 平面的左半平面，系统稳定。该二阶系统单位阶跃信号响应如下：

$$Y(s) = \frac{1}{s}G(s) = \frac{1}{s} \cdot \frac{\omega_n^2}{s^2 + 2\zeta\omega_n s + \omega_n^2} \tag{3.44}$$

将式(3.44)进行拉氏反变换可以得到该系统单位阶跃的时域响应：

$$y(t) = 1 - \frac{e^{-\zeta\omega_n t}}{\sqrt{1-\zeta^2}}\sin(\omega_d t + \beta) \tag{3.45}$$

$$\omega_d = \omega_n \sqrt{1-\zeta^2} \tag{3.46}$$

$$\beta = \text{acrcos}\zeta \tag{3.47}$$

式中，ω_d为阻尼振荡角频率。ω_n、ζ 、ω_d和$\zeta\omega_n$之间的关系如图 3.13 所示。从等式(3.45)第二项可以看出，随着时间的增长，系统输出以正弦形式振荡且幅值以指数形式减小，如图 3.13 所示，系统对阶跃信号的响应为振荡收敛，这种系统称为欠阻尼系统。

应当指出，实际的控制系统通常都有一定的阻尼比，因此不可能通过实验方法测得无阻尼振荡角频率 ω_n，而只能测得阻尼振荡角频率 ω_d，其值总小于 ω_n。只有在阻尼比$\zeta = 0$ 时，才有 $\omega_d = \omega_n$。当阻尼比ζ 增大时，阻尼振荡频率 ω_d将减小。如果$\zeta \geq 1$，ω_d将不复存在，系统的响应不再出现振荡。但是，为了便于分析和叙述，ω_d和 ω_n的符号和名称在$\zeta \geq 1$时仍将沿用下去。

4. $\zeta = 1$，临界阻尼系统

临界阻尼系统特征方程的根为 $s_{1,2} = \pm\omega_n$，意味着二阶系统存在两个重合的闭环极点，位于 s 平面的负实轴上。该二阶系统单位阶跃信号响应如下：

$$y(t) = 1 - (\omega_n t + 1)e^{-\omega_n t} \tag{3.48}$$

将式(3.48)对时间 t 进行求导可以得到

$$\dot{y}(t) = \omega_n^2 t e^{-\omega_n t} \tag{3.49}$$

可以看出，$\dot{y}(t)$ 恒大于 0，因此 $y(t)$ 单调上升，系统不产生振荡，且当 t 趋近于无穷时，$y(\infty) = 1$、$\dot{y}(\infty) = 0$，系统收敛。而当 $0 < \zeta < 1$ 时系统将振荡收敛，因此$\zeta = 1$ 是使系统不产生振荡且收敛的最小阻尼比，被称为临界阻尼比。从式(3.48)还可以看出，随着 ω_n 的增

大，等式右边第二项衰减得越快，系统瞬态时间越短，因此 $1/\omega_n$ 在二阶系统中的作用与时间常数 T 在一阶系统中的作用类似。

5.$\zeta > 1$，过阻尼系统

过阻尼系统特征方程式存在两个不等的实根，意味着二阶系统存在两不重合的闭环极点且位于 s 平面的负实轴上。该二阶系统单位阶跃信号响应如下：

$$\begin{aligned} Y(s) &= \frac{1}{s}G(s) = \frac{1}{s} \cdot \frac{\omega_n^2}{s^2 + 2\zeta\omega_n s + \omega_n^2} \\ &= \frac{A_1}{s} + \frac{A_2}{s + \zeta\omega_n - \omega_n\sqrt{\zeta^2 - 1})} + \frac{A_3}{s + \zeta\omega_n + \omega_n\sqrt{\zeta^2 - 1})} \end{aligned} \tag{3.50}$$

式中，

$$A_1 = 1,\ A_2 = \frac{-1}{2\sqrt{\zeta^2 - 1}(\zeta - \sqrt{\zeta^2 - 1})},\quad A_3 = \frac{1}{2\sqrt{\zeta^2 - 1}(\zeta + \sqrt{\zeta^2 - 1})}$$

将式(3.50)进行拉氏反变换得到：

$$y(t) = 1 - \frac{1}{2\sqrt{\zeta^2 - 1}(\zeta - \sqrt{\zeta^2 - 1})}e^{-(\zeta - \sqrt{\zeta^2 - 1})\omega_n t} + \frac{1}{2\sqrt{\zeta^2 - 1}(\zeta + \sqrt{\zeta^2 - 1})}e^{-(\zeta + \sqrt{\zeta^2 - 1})\omega_n t} \tag{3.51}$$

从式(3.51)中可以看出，随着 ζ 增大，等式右边第二项指数中 $(\zeta - \sqrt{\zeta^2 - 1})$ 逐渐减小，等式右边第三项指数中 $(\zeta + \sqrt{\zeta^2 - 1})$ 逐渐增大，因此等式右边第二项衰减速度减慢，等式右边第三项衰减速度加快。等式右边第二项为离 s 平面中原点较近的极点对应的瞬态分量，等式第三项为离 s 平面中原点较远的极点对应的瞬态分量。当 ζ 较大时，等式第三项的影响可以忽略，二阶系统可以用靠近原点的那个极点所表示的一阶系统近似。$\zeta > 1$ 时，系统无超调，系统达到稳态的时间随 ζ 的增大而增大，随 ω_n 的增大而减小。

通过对比可以看出：当 $\zeta < 0$ 时，系统单位阶跃响应发散；当 $\zeta = 0$ 时，系统单位阶跃响应等幅振荡，既不收敛也不发散；当 $0 < \zeta < 1$ 时，系统单位阶跃响应振荡收敛；临界阻尼 $\zeta = 1$ 是使系统单位阶跃响应不产生振荡且响应最快的阻尼比；当 $\zeta > 1$ 时，系统单位阶跃响应单调收敛，但系统响应速度随着 ζ 的增大而变慢。图 3.14 给出了不同阻尼比时系统单位阶跃响应的曲线。

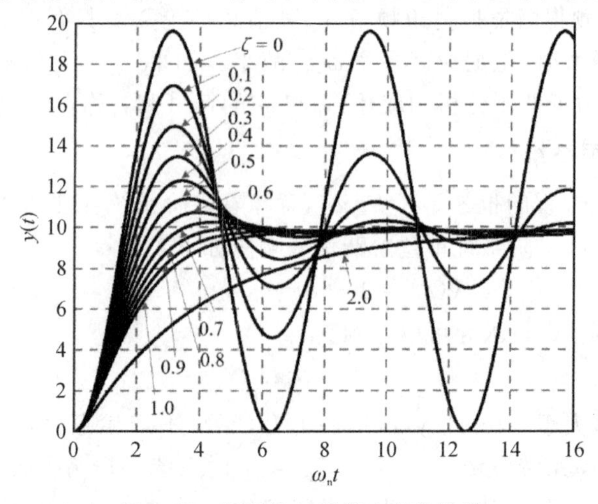

图 3.14　阻尼比与系统响应的关系

3.3.2　二阶系统的性能指标计算

根据对二阶系统的介绍可以知道,合适的闭环极点不仅使系统具有快速的响应能力,而且还能使系统不产生振荡,因此,自动控制的首要工作是分析系统的动态特性,进而通过增加合适的控制器以改善闭环系统的动态特性。下面定量地讨论输入为阶跃信号时欠阻尼($0<\zeta<1$)系统的动态性能指标。

1. 峰值时间 t_p

峰值时间即响应超过其终值到达第一个峰值所需要的时间,或最大超调量出现的时间。从图 3.14 中可知该点导数为 0,因此令等式(3.45)导数等于 0 可以得到

$$\tan(\omega_d t_p+\beta)=\frac{\sqrt{1-\zeta^2}}{\zeta}=\tan\beta \tag{3.52}$$

当 $\omega_d t_p=0,\pi,2\pi$ 等正切函数周期的整数倍时,系统响应出现峰值。$t=0$ 时,阶跃信号刚输入因此无法出现峰值。由于欠阻尼系统单位阶跃信号响应为振荡收敛,因此当 $\omega_d t_p=\pi$ 时,系统响应出现最大峰值,并有

$$t_p=\frac{\pi}{\omega_d}=\frac{\pi}{\omega_n\sqrt{1-\zeta^2}} \tag{3.53}$$

2. 超调量 $\sigma(\%)$(最大超调量)

超调量表征系统响应的最大值偏离系统响应稳态值的程度,表示为

$$\sigma(\%)=\frac{y_{max}-y(\infty)}{y(\infty)}\times 100\% \tag{3.54}$$

式中,y_{max}为系统响应的最大值;$y(\infty)$为系统响应的稳态值。超调量反映了系统响应的振荡程度,于峰值时间 t_p处出现最大值,因此将 t_p带入式(3.46)可以得到 y_{max},再将 y_{max}带入式(3.54),可得

$$\sigma(\%)=e^{-\frac{\pi\zeta}{\sqrt{1-\zeta^2}}}\times 100\% \tag{3.55}$$

通过式(3.55)可以看出,系统响应的超调量只是阻尼比ζ 的函数,与系统的 ω_n无关,因此ζ与$\sigma(\%)$存在一一对应关系,如图 3.15 给出了二阶系统 $\sigma(\%)$-ζ 关系曲线。

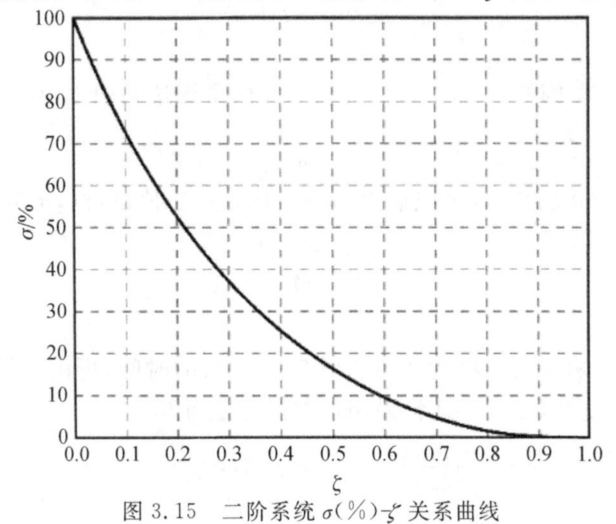

图 3.15　二阶系统 $\sigma(\%)$-ζ 关系曲线

3. 调节时间 t_s

调节时间是指响应曲线从零开始一直到进入并保持在允许范围的误差带(Δ)内所需的最短时间：

$$\left|\frac{y(t)-y(\infty)}{y(\infty)}\right| \leqslant \Delta \tag{3.56}$$

对于单位阶跃信号响应，$y(\infty)=1$，将式(3.45)带入式(3.56)可得

$$\left|\frac{e^{-\zeta\omega_n t}}{\sqrt{1-\zeta^2}}\sin(\omega_d t+\beta)\right| = \Delta \tag{3.57}$$

可以看出 $\sin(\omega_d t+\beta)$ 为正弦振荡，可以由 $\frac{e^{-\zeta\omega_n t}}{\sqrt{1-\zeta^2}}$ 来近似，因此令 $\frac{e^{-\zeta\omega_n t}}{\sqrt{1-\zeta^2}}=\Delta$ 可得调节时间 t_s：

$$t_s = \frac{-\ln(\Delta\sqrt{1-\zeta^2})}{\zeta\omega_n} \tag{3.58}$$

按照对系统精度(Δ)的不同要求可以计算出 t_s，为计算方便可采用如下近似：

$$t_s \approx \frac{3}{\zeta\omega_n},\ \Delta = 0.05 \tag{3.59}$$

$$t_s \approx \frac{4}{\zeta\omega_n},\ \Delta = 0.02 \tag{3.60}$$

4. 上升时间 t_r

上升时间是指系统响应从稳态值的10%至第一次到达稳态值90%所需的时间，可由系统的时域响应表达式求解，但由于计算较为复杂，工程上通常采用近似方法计算：

$$t_r \approx \frac{0.8+2.5\zeta}{\omega_n} \quad (\text{一阶近似},0<\zeta<1) \tag{3.61}$$

$$t_r \approx \frac{1-0.4167\zeta+2.917\zeta^2}{\omega_n} \quad (\text{二阶近似},0<\zeta<1) \tag{3.62}$$

对于有振荡的系统，亦可将上升时间定义为响应第一次上升到稳态值所需的时间。根据式(3.45)可知，当系统输入 $y(t)=1$ 时，系统达到稳态，有

$$\frac{e^{-\zeta\omega_n t}}{\sqrt{1-\zeta^2}}\sin(\omega_d t+\beta) = 0$$

因为 $\frac{e^{-\zeta\omega_n t}}{\sqrt{1-\zeta^2}} \neq 0$，因此当 $\sin(\omega_d t+\beta)=0$ 时，系统达到稳态，有

$$\omega_d t+\beta = n\pi, \quad n=0, 1, 2, \cdots$$

上升时间应是大于0的数，且系统输出第一次达到稳态值，所以，上升时间为

$$t_r = \frac{\pi-\beta}{\omega_d} \tag{3.63}$$

5. 延迟时间 t_d

延迟时间是指系统响应第一次达到稳态值50%所需的时间，可由系统的时域响应表达式求解，但由于计算较为复杂，工程上通常采用近似的方法计算：

$$t_d \approx \frac{1+0.7\zeta}{\omega_n} \quad (\text{一阶近似},0<\zeta<1) \tag{3.64}$$

$$t_d \approx \frac{1.1 + 0.125\zeta + 0.469\zeta^2}{\omega_n} \quad (\text{二阶近似}, 0 < \zeta < 1) \tag{3.65}$$

可以看出上升时间与阻尼比及无阻尼振荡角频率相关，阻尼比越大，上升时间和延迟时间越大。而超调量与调节时间也与阻尼比有关，阻尼比过小将导致超调量大，系统振荡剧烈。为平衡系统的超调量与调节时间，工程上通常把阻尼比 $\zeta = 0.707$ 时的二阶模型称为二阶最优模型，此时的超调量 $\sigma\% = 4.3\%$，调节时间 $t_s = \frac{6}{\omega_n}$。

例 3.3　存在如图 3.16 所示的系统：

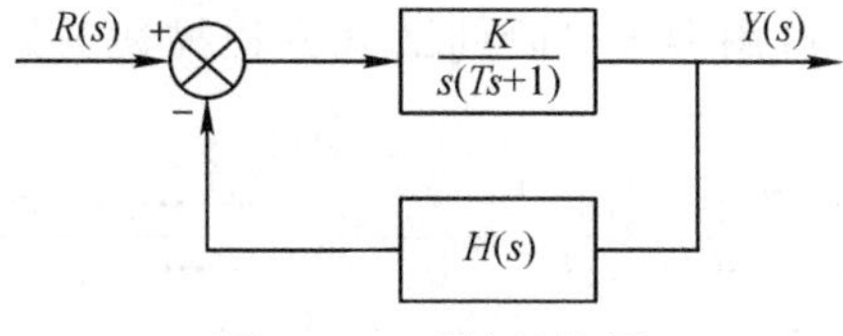

图 3.16　系统结构图

已知 $K = 16\ \text{s}^{-1}$、$T = 0.25\ \text{s}$、$H(s) = 1$，求：

(1)系统参数 ω_n、ζ；

(2)动态性能指标 $\sigma(\%)$、$t_s(\Delta = 0.02)$；

(3)采用速度反馈，令 $H(s) = 1 + 0.0625\ s$，重复(1)、(2)。

【解】　(1)系统闭环传递函数为

$$W(s) = \frac{K}{Ts^2 + s + K} = \frac{\frac{K}{T}}{s^2 + \frac{1}{T}s + \frac{K}{T}}$$

对照标准二阶系统闭环传递函数表达式(3.34)可得

$$\omega_n = \sqrt{\frac{K}{T}} = \sqrt{\frac{16}{0.25}} = 8\ \text{rad/s}$$

$$\zeta = \frac{1}{2T\omega_n} = \frac{1}{2 \times 0.25 \times 8} = 0.25$$

(2)动态性能指标

$$\sigma = e^{-\frac{\pi\zeta}{\sqrt{1-\zeta^2}}} \times 100\% = e^{-\frac{3.14 \times 0.25}{\sqrt{1-0.25^2}}} \times 100\% = 44.5\%$$

$$t_s \approx \frac{4}{\zeta\omega_n} = \frac{4}{0.25 \times 8}\ \text{s} = 2\ \text{s}(\Delta = 0.02)$$

(3)采用速度反馈后的闭环传递函数为

$$W(s) = \frac{Y(s)}{R(s)} = \frac{G(s)}{1 + G(s)H(s)} = \frac{\frac{K}{s(Ts+1)}}{1 + \frac{K}{s(Ts+1)}(1 + hs)}$$

$$= \frac{K}{Ts^2 + (1 + Kh)s + K} = \frac{\frac{K}{T}}{s^2 + \frac{(1 + Kh)}{T}s + \frac{K}{T}}$$

将 $h = 0.0625$ 代入得

$$\zeta = \frac{1 + Kh}{2\omega_n T} = \frac{1 + 16 \times 0.0625}{2 \times 8 \times 0.25} = 0.5$$

$$\sigma = \mathrm{e}^{-\frac{\pi\zeta}{\sqrt{1-\zeta^2}}} \times 100\% = \mathrm{e}^{-\frac{3.14\times 0.5}{\sqrt{1-0.5^2}}} \times 100\% = 16.3\%$$

$$t_s \approx \frac{4}{\zeta\omega_n} = \frac{4}{0.5\times 8} = 1\ \mathrm{s}(\Delta = 0.02)$$

对比结果发现，速度反馈不改变系统的自然角频率，但却使系统阻尼比增加，起到了降低超调量和减小调节时间、改善系统动态性能的作用。

3.4　高阶系统的时域分析

与一、二阶系统定义类似，可用大于二阶的微分方程描述的系统称之为高阶系统，其传递函数的一般形式为

$$G(s) = \frac{Y(s)}{R(s)} = \frac{b_m s^m + b_{m-1}s^{m-1} + b_{m-2}s^{m-2} + \cdots + b_1 s + b_0}{a_n s^n + a_{n-1}s^{n-1} + a_{n-2}s^{n-2} + \cdots + a_1 s + a_0},\quad n \geqslant m \tag{3.66}$$

将式(3.66)改写成零极点形式：

$$G(s) = \frac{Y(s)}{R(s)} = \frac{K(s+z_1)(s+z_2)\cdots(s+z_m)}{(s+p_1)(s+p_2)\cdots(s+p_n)},\quad n \geqslant m \tag{3.67}$$

式中，$-z_1,-z_2,\cdots,-z_m$为闭环传递函数的零点；$-p_1,-p_2,\cdots,-p_n$为闭环传递函数的极点。当系统所有零、极点互不相同，且零点均为实数零点，而极点既有实数极点也有复数极点时，系统对单位阶跃信号的响应可以表示为

$$Y(s) = \frac{K\prod_{j=1}^{m}(s+z_j)}{s\prod_{i=1}^{q}(s+p_i)\prod_{k=1}^{r}(s^2+2\zeta_k\omega_{nk}s+\omega_{nk}^2)},\qquad n \geqslant m \tag{3.68}$$

式中，m为零点个数；q为实数极点个数；复数的极点成对出现，r为复数极点对数并有$2r+q=n$。

采用部分分式法将式(3.68)展开：

$$Y(s) = \frac{A_0}{s} + \sum_{i=1}^{q}\frac{A_i}{s+p_i} + \sum_{k=1}^{r}\frac{B_k(s+\zeta_k\omega_{nk}) + C_k\omega_{nk}\sqrt{1-\zeta_k^2}}{s^2+2\zeta_k\omega_{nk}s+\omega_{nk}^2} \tag{3.69}$$

对式(3.69)进行拉氏反变换可得高阶系统单位阶跃的时域响应：

$$y(t) = A_0 + \sum_{i=1}^{q}A_i\mathrm{e}^{-p_i t} + \sum_{k=1}^{r}B_k\mathrm{e}^{-\zeta_k\omega_{nk}t}\cos\omega_{nk}\sqrt{1-\zeta_k^2}t + \sum_{k=1}^{r}C_k\mathrm{e}^{-\zeta_k\omega_{nk}t}\sin\omega_{nk}\sqrt{1-\zeta_k^2}t,\quad t \geqslant 0 \tag{3.70}$$

通过式(3.69)和式(3.70)可以得到以下论断。

(1)高阶系统时域响应的瞬态分量通常可以分解为几个一阶惯性环节和二阶振荡环节响应的组合。输入信号极点所对应的拉氏反变换为系统响应的稳态分量，而系统传递函数极点所对应的拉氏反变换为系统响应的瞬态分量。

(2)系统的瞬态分量由系统闭环极点决定，当极点远离虚轴时，其对应的瞬态分量衰减速度快，系统调节时间短。而系统的零点只影响系统瞬态分量幅值的大小和符号。

(3)当极点满足以下三种情况时可以将该极点忽略并对系统进行降阶。

a. 当系统某一极点离原点很远时，有

$$|-p_k| \geqslant |-p_i|,\quad |-p_k| \geqslant |-z_j| \tag{3.71}$$

式中，p_k、p_i、z_j均为正值，$i=1,2,\cdots,n$；$j=1,2,\cdots,m$，且$i\neq k$。当$n>m$时，极点$-p_k$所对应

的瞬态分量衰减快且幅值小，因此该极点所产生的瞬态分量可以忽略不计。这时可以将系统进行降阶，降阶前后稳态增益一致，因此式(3.67)可以简化为

$$G(s)=\frac{K}{p_k}\cdot\frac{\prod_{j=1}^{m}(s+z_j)}{\prod_{\substack{i=1\\i\neq k}}^{n}(s+p_i)} \tag{3.72}$$

b. 当系统某一极点附近存在零点时，有

$$|-p_i+z_r|\geqslant|-p_k+z_r| \tag{3.73}$$

式中，$i=1,2,\cdots,n;j=1,2,\cdots,m$，且 $i\neq k$、$j\neq r$。则极点 $-p_k$ 所对应的瞬态分量幅值很小可忽略不计。这时可以将系统进行降阶，降阶前后稳态增益一致，因此式(3.67)可以简化为

$$G(s)=\frac{Kz_r}{p_k}\cdot\frac{\prod_{\substack{j=1\\j\neq r}}^{m}(s+z_j)}{\prod_{\substack{i=1\\j\neq k}}^{n}(s+p_i)} \tag{3.74}$$

c. 系统中存在一个实数极点或一对复数极点离虚轴较近，且附近不存在零点，而其他极点与虚轴的距离都较远(大于该极点与虚轴距离的 5 倍以上)时，有

$$|-p_i|\geqslant 5|-p_k|,\ |-z_j|\geqslant|-p_k| \tag{3.75}$$

式中，$i=1,2,\cdots,n;j=1,2,\cdots,m$，且 $i\neq k$。则极点 $-p_i$ 的瞬态分量的衰减远快于 $-p_k$，因此系统的响应可以近似视为是由 $-p_k$ 这个或这对极点产生的。这是因为该极点所决定的暂态分量不仅持续时间最长而且初始幅值也大，因此其余极点的瞬态分量可以被忽略，此时系统的响应主要由该极点主导，故称该极点为主导极点。

(4)若系统所有闭环极点具有负实部，则这些极点的瞬态分量随时间的增加将不断衰减，最后只剩下由输入信号极点所确定的稳态分量 A_0，其表示在过渡过程结束后，系统的被控制量仅与其控制量有关。因此，系统的闭环极点均位于 s 面的左半平面，则系统单位阶跃信号响应收敛，该系统称为稳定系统。

3.5　线性系统的稳定性分析

稳定性是保证系统正常工作的基本条件，本节从物理概念的角度出发，讨论线性定常系统稳定性的概念、稳定性条件及劳斯稳定判据。

3.5.1　稳定性的基本概念

如图 3.17 所示的三个系统中，1 系统内壁不光滑存在摩擦，2 系统内壁光滑无摩擦。同时给 3 个小球初速度阶跃信号，不难得出 1 号小球在摩擦力的作用下经一段时间将静止在谷底，2 号小球重力势能与速度势能不停地相互转换没有损耗，小球将在谷底持续这种简谐运动，3 号小球在重力势能作用下一直加速。故，1 号系统为稳定系统，2 号系统为临界稳定系统，3 号系统为不稳定系统。

处于某平衡状态下的线性定常系统，受扰动作用而偏离了原来的平衡状态，若扰动消失后系统仍能回到原来的平衡状态，则称此系统为稳定系统，如图 3.17 中的 1 系统。反之则称为不稳定系统，如图 3.17 中的 3 系统。因此，可以看出系统的稳定性是系统本身固有的特性，表

示的是系统在扰动消失后的一种恢复能力，与输入无关。经3.4节分析可知，系统的稳定性表现为时域响应的收敛性。若系统时域响应收敛，则其瞬态分量随时间的增长衰减至0，系统最终将稳定在稳态分量，则称该系统是稳定的；反之则称系统是不稳定的。

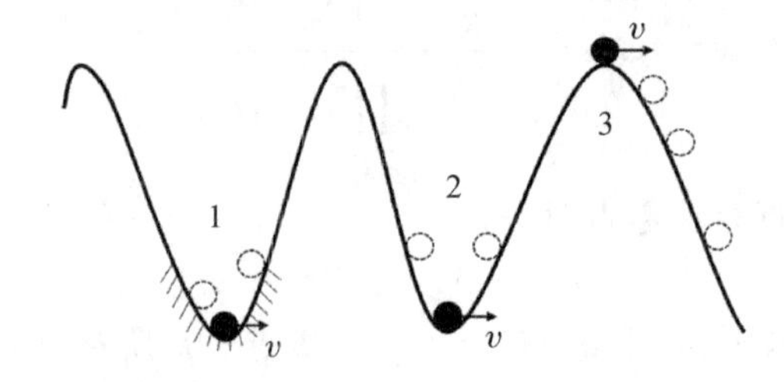

图3.17　稳定系统、临界稳定系统与不稳定系统示意图

3.5.2　线性定常系统稳定的充分必要条件

系统微分方程的解即为系统的时域响应，包含稳态分量和瞬态分量两部分。其中，稳态分量对应微分方程的特解，与外部输入有关，决定系统最终的稳定状态；瞬态分量对应微分方程的通解，与外部输入无关，与系统结构、参数和初始条件有关，决定系统的瞬态特性。可以看出，研究系统的稳定性就是研究系统的特征方程，这个特征方程反映了扰动消除后系统输出的变化情况。

以单输入、单输出线性定常系统为例，其传递函数一般形式为

$$G(s)=\frac{Y(s)}{R(s)}=\frac{b_m s^m+b_{m-1}s^{m-1}+b_{m-2}s^{m-2}+\cdots+b_1 s+b_0}{a_n s^n+a_{n-1}s^{n-1}+a_{n-2}s^{n-2}+\cdots+a_1 s+a_0},\quad n\geqslant m \tag{3.76}$$

系统的特征方程为

$$a_n s^n+a_{n-1}s^{n-1}+a_{n-2}s^{n-2}+\cdots+a_1 s+a_0=0 \tag{3.77}$$

其由系统本身的结构和参数决定。

结合3.4节分析可知，系统负实部特征根所决定的瞬态响应将随着时间的增长而衰减，因此当存在正实部的特征根时，系统输出随时间增长而逐渐发散；当系统存在实部为零的特征根时，系统既不收敛也不发散，呈等幅振荡。因此，系统若存在实部非负的根，那么该根所对应的瞬态分量将不稳定。注意到，在实际工程中，临界稳定的系统可能会因为微小的参数变化而导致极点向 s 平面右半平面偏移，从而导致系统不稳定，因此在实际工程中，临界稳定系统不属于不稳定系统。

综上所述，线性定常系统稳定的充分必要条件是特征方程的特征根均具有负实部，即特征方程的根或系统闭环极点均在复平面的左半平面。

3.5.3　劳斯稳定判据

根据系统稳定的充分必要条件可知，只需要确定所有特征根实部的符号就可以判断出系统是否稳定。然而在实际应用中，系统阶数通常较高，导致特征根难以求解，需要依赖计算机的帮助。爱德华·约翰·劳斯(Edward John Routh)1877年提出的稳定判据，能够判定一个多项式方程中是否存在位于复平面右半部的正根，而不必求解方程，极大地帮助了人们快速判断系统的稳定性。本节主要介绍劳斯稳定判据的使用方法及使用过程中的两种特殊情况。

本系统特征方程为

$$D(s)=a_n s^n+a_{n-1}s^{n-1}+\cdots+a_1 s+a_0 \tag{3.78}$$

首先，劳斯稳定判据给出了控制系统稳定的必要条件：控制系统特征方程的所有系数的符号

相同且不为零(不缺项)。其次,劳斯稳定判据给出了控制系统稳定的充分必要条件:劳斯表中第一列所有元素符号相同。劳斯表中第一列元素符号改变的次数等于实部为正的特征根的个数。

若系统特征方程所有系数符号相同且不缺项,可将特征方程各项系数按下列方式排成劳斯表:

$$\begin{array}{llllll}
s^n & a_n & a_{n-2} & a_{n-4} & a_{n-6} & \cdots \\
s^{n-1} & a_{n-1} & a_{n-3} & a_{n-5} & a_{n-7} & \cdots \\
s^{n-2} & b_1 & b_2 & b_3 & b_4 & \cdots \\
s^{n-3} & c_1 & c_2 & c_3 & c_4 & \cdots \\
\vdots & \vdots & \vdots & \vdots & \vdots & \\
s^2 & d_1 & d_2 & d_3 & & \\
s^1 & e_1 & e_2 & & & \\
s^0 & f_1(a_0) & & & &
\end{array}$$

其中,第一行和第二行元素可直接按照特征方程填入。

从第三行起,各元素可由下列公式计算:

$$b_1=\frac{-\begin{vmatrix}a_n & a_{n-2}\\ a_{n-1} & a_{n-3}\end{vmatrix}}{a_{n-1}},\ b_2=\frac{-\begin{vmatrix}a_n & a_{n-4}\\ a_{n-1} & a_{n-5}\end{vmatrix}}{a_{n-1}},\ b_3=\frac{-\begin{vmatrix}a_n & a_{n-6}\\ a_{n-1} & a_{n-7}\end{vmatrix}}{a_{n-1}},\cdots$$

直到其余系数 b_i 均为零为止,若行列式元素缺项就用 0 代替。

第四行的计算方法由第二行和第三行按同样的方法计算,即

$$c_1=\frac{-\begin{vmatrix}a_{n-1} & a_{n-3}\\ b_1 & b_2\end{vmatrix}}{b_1},\ c_2=\frac{-\begin{vmatrix}a_{n-1} & a_{n-5}\\ b_1 & b_3\end{vmatrix}}{b_1},\ c_3=\frac{-\begin{vmatrix}a_{n-1} & a_{n-7}\\ b_1 & b_4\end{vmatrix}}{b_1},\cdots$$

依次类推,直到求出 s^0 所对应的行。可以看出,劳斯表呈倒三角形,最后一行只有一个元素(s^0),且正好是特征方程的最后一项,即式(3.78)中的 a_0,这一点也可以用来检验所计算的劳斯表的正确性。

例 3.4　控制系统的特征方程为

$$s^4+s^3+2s^2+4s+5=0$$

判断系统的稳定性。

【解】　特征方程系数不缺项且符号一致,满足劳斯判据的必要条件,列劳斯表如下:

$$\begin{array}{llll}
s^4 & 1 & 2 & 5 \\
s^3 & 1 & 4 & 0 \\
s^2 & \dfrac{-\begin{vmatrix}1 & 2\\ 1 & 4\end{vmatrix}}{1}=-2 & \dfrac{-\begin{vmatrix}1 & 5\\ 1 & 0\end{vmatrix}}{1}=5 & \\
s^1 & \dfrac{-\begin{vmatrix}1 & 4\\ -2 & 5\end{vmatrix}}{-2}=\dfrac{13}{2} & & \\
s^0 & 5 & &
\end{array}$$

劳斯表第一列元素符号变化两次,表示系统有 2 个正实部的特征根,系统不稳定。

例 3.5　某一单位负反馈系统结构如图 3.18 所示,其中 $H(s)=1$,确定使系统稳定的 K

的取值范围。

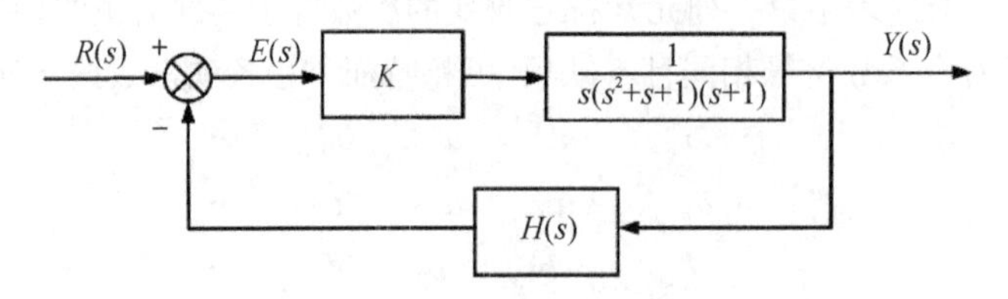

图 3.18　单位反馈系统结构

【解】　首先应写出系统的闭环传递函数进而得到系统的特征方程。系统闭环传递函数为

$$G(s)=\frac{Y(s)}{R(s)}=\frac{K}{s(s^2+s+2)(s+1)+K}$$

系统特征方程为

$$s(s^2+s+1)(s+1)+K=s^4+2s^3+3s^2+2s+K=0$$

列劳斯表如下：

$$\begin{array}{llll}
s^4 & 1 & 3 & K \\
s^3 & 2 & 2 & 0 \\
s^2 & 2 & K & \\
s^1 & -\dfrac{\begin{vmatrix}2 & 2\\ 2 & K\end{vmatrix}}{2}=2-K & 0 & \\
s^0 & K & &
\end{array}$$

根据劳斯判据可知，劳斯表首列符号不变，系统稳定，因此有

$$K>0 \text{ 且 } 2-K>0$$

因此，使系统稳定的 K 的取值范围为 (0,2) 。

3.5.4　劳斯稳定判据的两种特例

构造劳斯表时，可能会出现以下两种特殊情况：

(1)第一列出现零元素，但该行其他元素不为零；

(2) 全行元素均为零。

对于第一种情况，由于 0 非正非负因此无法判断是否变号，此时可以将 0 元素用任意小的正数 ε 代替(负数亦可，不影响最终结果)，然后在后续计算中令 $\varepsilon\to 0$，观察第一列元素符号是否发生变化来判断系统的稳定性。

例 3.6　系统特征方程为

$$s^4+s^3+4s^2+4s+2=0$$

判断系统的稳定性。

【解】　特征方程系数符号相同且不缺项，满足稳定的必要条件，列劳斯表：

$$\begin{array}{llll}
s^4 & 1 & 4 & 2 \\
s^3 & 1 & 4 & 0 \\
s^2 & 0\to\varepsilon & 2 &
\end{array} \tag{3.79}$$

此时第一列元素出现0，将0元素用任意小的正数 ε 代替，然后在后续计算中令 $\varepsilon \to 0$，完成后续的劳斯表：

$$\begin{array}{llll} s^4 & 1 & 4 & 2 \\ s^3 & 1 & 4 & 0 \\ s^2 & 0 \to \varepsilon & 2 & \\ s^1 & \dfrac{4\varepsilon - 2}{\varepsilon} \to -\infty & & \\ s^0 & 2 & & \end{array}$$

第一列元素符号变化两次，表示系统存在2个正实部的特征根，系统不稳定。

对于第二种情况，当劳斯表出现一行全为零的元素时，表示特征方程存在关于复平面原点对称的根，此时特征根可能是大小相等符号相反的一对实根，或一对共轭虚根，或两对实部相反的共轭复根。这种情况下，系统必然不稳定，需要利用全为零行的上一行构建辅助方程 $A(s)=0$。值得注意的是，辅助方程只会出现 s 的偶数次幂，它的根是一部分特征根。将辅助方程对 s 求导，然后用 $\dfrac{dA(s)}{ds}$ 的系数替换全为零元素行的元素完成后续劳斯表。

例 3.7　系统特征方程为

$$s^5 + 4s^4 + 8s^3 + 8s^2 + 7s + 4 = 0$$

判断系统的稳定性。

【解】　特征方程系数符号相同且不缺项，满足稳定的必要条件，列劳斯表：

$$\begin{array}{llll} s^5 & 1 & 8 & 7 \\ s^4 & 4 & 8 & 4 \\ s^3 & 6 & 6 & \\ s^2 & 4 & 4 & \\ s^1 & 0 & 0 & \end{array}$$

此时出现一行元素均为0的情况，此时需要利用上一行(s^2)的元素构造辅助方程：

$$A(s) = 4s^2 + 4 = 0$$

对方程两边同时求导得

$$\frac{dA(s)}{ds} = 8s + 0$$

将元素全为0的行(s^1)的元素替换为8和0，得

$$\begin{array}{lll} s^2 & 4 & 4 \\ s^1 & 8 & 0 \\ s^0 & 4 & \end{array}$$

此时，劳斯表中第一列元素符号没有发生变化，表示系统没有实部为正的特征根。但是由于辅助方程的解为两个共轭虚数复根 $s_{1,2} = \pm j$，故系统不稳定。

3.6　线性系统的稳态误差计算

讨论稳态误差的前提是系统稳定，控制系统的目标是使稳定系统的输出尽可能准确地跟踪参考值，且尽量不受扰动的影响。稳态误差是衡量控制系统特性最基本的指标，具有不同特

性的系统对不同输入信号的响应不同。当误差足够小时，可以忽略不计。当系统的稳态误差为零或可以忽略不计时，称该系统为无差系统；反之则称为有差系统。值得注意的是，稳态误差不仅与系统自身的结构有关，而且与输入信号有关。实际系统存在的非线性环节，如死区、饱和等，也是产生稳态误差的主要原因，本文不做讨论。

3.6.1 误差与稳态误差

系统误差的定义有以下两种。

(1)按输入端定义的误差：系统参考输入与主反馈信号之差，即作用误差或偏差，如图3.19(a)所示，表达式为

$$E(s)=R(s)-B(s)=R(s)-Y(s)H(s) \tag{3.80}$$

(2)按输出端定义的误差：系统期望输出与实际输出之差，即输出误差，如图3.19(b)所示，表达式为

$$E'(s)=R'(s)-Y(s)=\frac{R(s)}{H(s)}-Y(s) \tag{3.81}$$

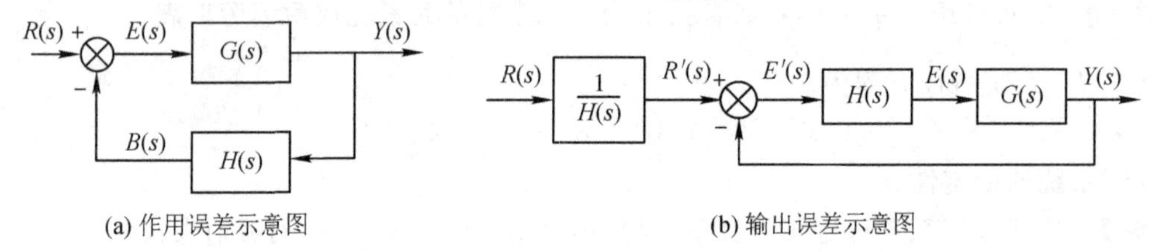

图 3.19　控制系统结构图

可以看出，按输出端定义的误差 $E'(s)$ 虽然比较接近误差的理论意义，但通常不可测量，只有数学意义。而按输入端定义的误差 $E(s)$ 可以测量，且具有一定的物理意义，因此在实际应用中经常使用按输入端定义的误差，除特别说明外，本书以后所讨论的误差默认为按输入端定义的误差。两种误差存在如下的转换关系：

$$E'(s)=\frac{E(s)}{H(s)} \tag{3.82}$$

可以看出，一旦求出作用误差 $E(s)$ 和反馈传递函数 $H(s)$ 即可确定输出误差 $E'(s)$ 。对于单位反馈系统而言，两种误差相等。

系统稳态误差 e_{ss} 定义为系统瞬态分量衰减至某一很小范围时系统进入稳态后的误差，可表示为

$$e_{ss}=\lim_{t\to\infty}e(t)=\lim_{t\to\infty}[r(t)-b(t)] \tag{3.83}$$

3.6.2 稳态误差与系统类型

对于图3.19(a)所示的系统，其误差为

$$E(s)=R(s)-B(s)=R(s)-H(s)G(s)E(s)$$

将上式化简得

$$E(s)=\frac{1}{1+G(s)H(s)}R(s)$$

利用拉氏变换的终值定理，可以得到稳态误差表达式：

$$e_{ss} = \lim_{t\to\infty} e(t) = \lim_{s\to 0} sE(s) = \lim_{s\to 0} \frac{sR(s)}{1+G(s)H(s)} \tag{3.84}$$

从式(3.84)中可以看出，稳态误差与参考输入和系统开环传递函数有关，因此可以按照系统开环传递函数特点对系统进行分类。误差分析中，系统开环传递函数一般整理为如下形式：

$$G(s)H(s) = \frac{K(T_1s+1)(T_2s+1)\cdots(T_ms+1)}{s^{\gamma}(T_{\gamma+1}s+1)(T_{\gamma+2}s+1)\cdots(T_ns+1)} \tag{3.85}$$

式中：K 为系统开环增益；γ 为系统积分环节的个数；m 和 n 分别为开环系统分子、分母的阶数。

$s \to 0$ 时，可得

$$\lim_{s\to 0} G(s)H(s) = \lim_{s\to 0} \frac{K}{s^{\gamma}} \tag{3.86}$$

可按系统中积分环节的个数将系统进行分类：$\gamma = 0$，称 0 型系统；$\gamma = 1$，称 Ⅰ 型系统；$\gamma = 2$，称 Ⅱ 型系统；依此类推。

3.6.3　稳态误差系数

1. 位置误差系数 K_p

在单位阶跃信号 $R(s) = \frac{1}{s}$ 作用下，系统稳态误差可由式(3.84)计算，得

$$e_{ss} = \lim_{s\to 0} \frac{s\frac{1}{s}}{1+G(s)H(s)} = \frac{1}{1+\lim\limits_{s\to 0} G(s)H(s)} \tag{3.87}$$

定义位置误差系数 K_p：

$$K_p = \lim_{s\to 0} G(s)H(s) \tag{3.88}$$

则稳态误差为

$$e_{ss} = \frac{1}{1+K_p} \tag{3.89}$$

将式(3.87)带入式(3.90)可得不同类型系统的位置误差系数 K_p和单位阶跃信号输入下的稳态误差：

0 型系统　$K_p = K$，　$e_{ss} = \frac{1}{1+K}$

Ⅰ 型系统　$K_p = \infty$，　$e_{ss} = 0$

Ⅱ 型系统　$K_p = \infty$，　$e_{ss} = 0$

2. 速度误差系数 K_v

在单位速度(斜坡)信号 $R(s) = \frac{1}{s^2}$ 作用下，系统稳态误差可由式(3.84)计算，得

$$e_{ss} = \lim_{s\to 0} \frac{s\frac{1}{s^2}}{1+G(s)H(s)} = \frac{1}{\lim\limits_{s\to 0} sG(s)H(s)} \tag{3.90}$$

定义速度误差系数 K_v：

$$K_v = \lim_{s \to 0} sG(s)H(s) \tag{3.91}$$

则稳态误差为

$$e_{ss} = \frac{1}{K_v} \tag{3.92}$$

将式(3.86)带入式(3.92)可得不同类型系统的速度误差系数 K_v 和单位速度信号输入下的稳态误差：

0 型系统 $K_v = 0$， $e_{ss} = \infty$

Ⅰ型系统 $K_v = K$， $e_{ss} = \dfrac{1}{K}$

Ⅱ型系统 $K_v = \infty$， $e_{ss} = 0$

3. 加速度误差系数 K_a

在单位加速度信号 $R(s) = \dfrac{1}{s^3}$ 作用下，系统稳态误差可由式(3.84)计算，得

$$e_{ss} = \lim_{s \to 0} \frac{s\dfrac{1}{s^3}}{1 + G(s)H(s)} = \frac{1}{\lim\limits_{s \to 0} s^2 G(s)H(s)} \tag{3.93}$$

定义加速度误差系数 K_a：

$$K_a = \lim_{s \to 0} s^2 G(s)H(s) \tag{3.94}$$

则稳态误差为

$$e_{ss} = \frac{1}{K_a} \tag{3.95}$$

将式(3.86)带入式(3.92)可得不同类型系统的加速度误差系数 K_a 和单位加速度信号输入下的稳态误差：

0 型系统 $K_a = 0$， $e_{ss} = \infty$

Ⅰ型系统 $K_a = 0$， $e_{ss} = \infty$

Ⅱ型系统 $K_a = K$， $e_{ss} = \dfrac{1}{K}$

通过对三种典型信号和三种类型系统的稳态误差分析可知，开环传递函数中积分环节的个数 γ，即系统的型数，决定了系统在不同信号下的稳态误差，因此又称 γ 为无差度，反映了系统对输入信号的跟踪能力。

将上述三种类型系统在三种信号输入下的稳态误差和稳态误差系数汇总于表 3.1，不难看出，0 型系统对阶跃信号输入是有差的；Ⅰ型系统对阶跃信号输入是无差的，但对速度信号输入是有差的；Ⅱ型系统对阶跃信号和速度信号输入都是无差的，但对加速度信号输入是有差的。由此可以看出，减小系统稳态误差的方法有：提高系统开环增益 K 和提高系统型数 γ。但是这两种方法都可能影响系统的稳定性，产生不利的影响，应用时应有一定的限制。

表 3.1 不同输入信号下的稳态误差系数和稳态误差

系统类型	稳态误差系数			稳态误差		
	K_p	K_v	K_a	$r(t)=1(t)$	$r(t)=t$	$r(t)=t^2$
0 型	K	0	0	$\frac{1}{1+K}$	∞	∞
Ⅰ型	∞	K	0	0	$\frac{1}{K}$	∞
Ⅱ型	∞	∞	K	0	0	$\frac{1}{K}$

3.6.4 扰动作用下的稳态误差

控制系统的目标不仅是减小系统的稳态误差，还要使系统尽量不受扰动的影响。在实际应用过程中，系统会受到如放大器零点漂移、环境参数变化等内、外部扰动的影响，这些扰动也会引起系统的稳态误差，称为扰动误差，其大小反映了系统的抗扰动能力。前面已经介绍了稳态误差的计算方法，但是由于扰动可能发生在系统的不同位置，就可能出现系统虽能在某一形式的参考输入下稳态误差为零，但在该形式的扰动下稳态误差未必为零的情况，因此，本小节分析扰动作用引起的扰动误差和系统结构的关系。

存在如图 3.20(a)所示系统，其中 $R(s)$为参考输入、$D(s)$为扰动。为了方便分析扰动作用引起的误差，令 $R(s)=0$ 并将系统结构转化为图 3.20(b)的形式，则由 $D(s)$引起的系统的输出 $Y_D(s)$为

$$Y_D(s)=\frac{G_2(s)}{1+G_1(s)G_2(s)H(s)}D(s) \tag{3.96}$$

对于图 3.20(b)，扰动导致的误差为

$$E_D(s)=R(s)-Y_D(s)H(s)=-\frac{G_2(s)H(s)}{1+G_1(s)G_2(s)H(s)}D(s) \tag{3.97}$$

利用终值定理，可得扰动误差为

$$e_{ssd}=\lim_{s\to 0}sE_D(s)=\lim_{s\to 0}s[R(s)-Y_D(s)H(s)]=\lim_{s\to 0}-\frac{sG_2(s)H(s)}{1+G_1(s)G_2(s)H(s)}D(s) \tag{3.98}$$

可以看出扰动对稳态误差的影响既与系统结构有关，也与扰动信号形式有关。

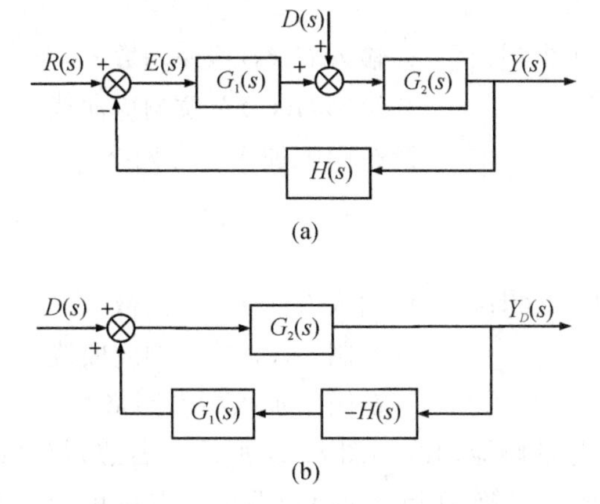

图 3.20 扰动作用下的系统结构图

例 3.8　某一控制系统如图 3.20 所示，$G_1(s)=\dfrac{50}{s+1}$、$G_2(s)=\dfrac{2}{s}$、$H(s)=1$。已知$t\geqslant 0$时，参考输入 $r(t)=2t$，扰动 $d(t)=5$。试分别求出参考输入和扰动作用下的稳态误差。

【解】（1）求关于参考输入作用下的稳态误差，令 $d(t)=0$。系统开环传递函数 $G_1(s)G_2(s)H(s)$存在一个积分环节，为Ⅰ型系统，其速度误差系数为

$$K_v=\lim_{s\to 0}sG_1(s)G_2(s)H(s)=\lim_{s\to 0}s\cdot\frac{50}{s+1}\cdot\frac{2}{s}=100$$

所以稳态误差为

$$e_{ssr}=\frac{2}{K_v}=\frac{2}{100}=0.02$$

（2）求关于扰动作用下的稳态误差，令 $r(t)=0$，利用式(3.99)有

$$e_{ssd}=-\lim_{s\to 0}\frac{sG_2(s)H(s)}{1+G_1(s)G_2(s)H(s)}D(s)=-\lim_{s\to 0}\frac{s\,\dfrac{2}{s}}{1+\dfrac{50}{s+1}\cdot\dfrac{2}{s}}\cdot\frac{5}{s}=0.1$$

3.7　基于 MATLAB 的线性系统时域分析

本节主要介绍利用 MATLAB 对线性系统进行时域分析的几种方法，主要包含系统动态特性分析和系统稳定性分析两部分内容。

3.7.1　用 MATLAB 对系统进行动态性能分析

通过 MATLAB 提供的 step( )和 impulse( )函数，可以直接获得线性系统在单位阶跃信号和单位脉冲信号作用下的动态响应。

例 3.9　利用 MATLAB 画出下列系统在单位阶跃信号作用下的响应曲线：

(1) $G_1(s)=\dfrac{3}{s^2+2s+7}$；　(2) $G_2(s)=\dfrac{1}{s(s+1)}$。

【解】　获得上述两系统在单位阶跃函数作用下响应曲线的程序如下。

对系统(1)：

```
%example_3-9-1
num1=[3]; den1=[1 2 7];      %输入 G1(s)传递函数
step(num1,den1)              %绘制 G1(s)单位响应曲线
grid on                      %在图中加入参考网格
```

对系统(2)：

```
%example_3-9-2
num2=[1]; den2=[1 1 0];      %输入 G2(s)传递函数
step(num2,den2)              %绘制 G2(s)单位响应曲线
grid on                      %在图中加入参考网格
```

两系统对单位阶跃信号的响应曲线如图 3.21 所示。若想得到两系统对脉冲信号的响应曲线，只需将程序中的 step( )替换为 impluse( )即可。右键单击绘制好的图片空白处，选择

Characteristics 可以获得系统单位阶跃响应的时域指标，包括 Peak Response（超调量）、Settling Time（调节时间）、Rise Time（上升时间）及 Steady State（稳态值）。图 3.22 给出了获取系统超调量的示意图，从图中可以看出，系统 $G_1(s)$ 单位阶跃响应的最大超调量为 27.7%，出现在阶跃信号输入后 1.29 s，最大峰值为 0.547。

MATLAB 所提供的 step 和函数的用法有很多，不同的用法需要输入不同的参数，具体情况查阅 MATLAB 的 Help 文件，打开某一函数的 Help 文件代码形式为

doc ＋空格 ＋ 需要查阅的名称

【解】
```
doc step        %打开 step 的 Help 文件
doc impulse     %打开 impluse 的 Help 文件
```

此外，MATLAB 提供了任意输入信号作用下获取系统响应的函数 lsim( )，读者可以通过上述代码打开并查阅 lsim( )的用法。

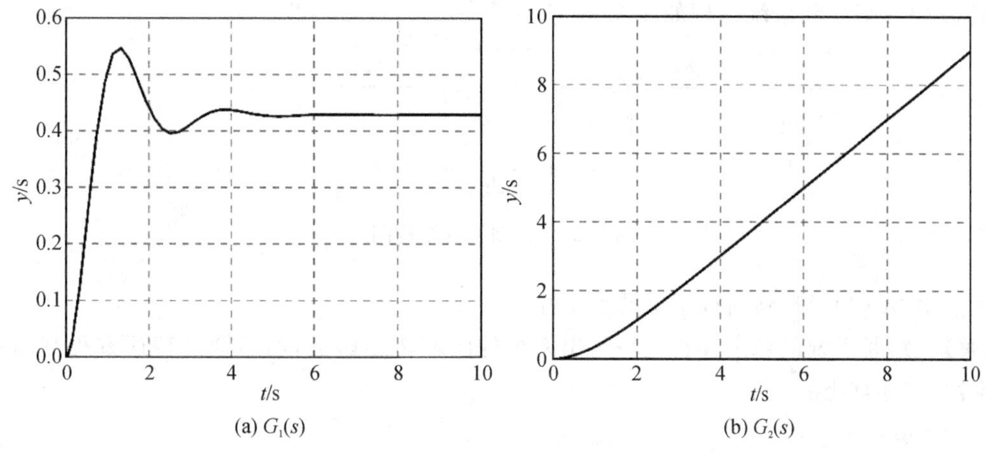

(a) $G_1(s)$　　(b) $G_2(s)$

图 3.21　系统阶跃响应曲线

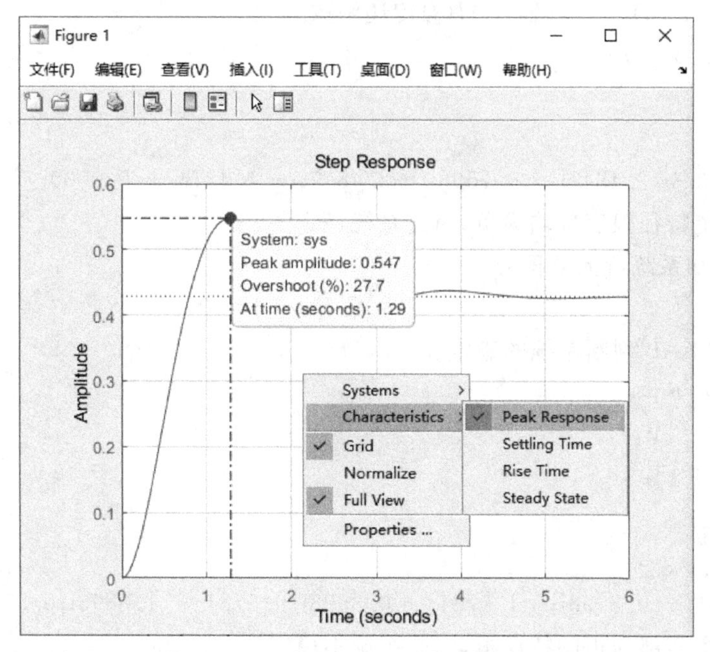

图 3.22　通过 MATLAB 获取系统单位阶跃响应的时域指标

MATLAB 还提供了一种可视化仿真工具 Simulink，通过 Simulink 获取例 3.9 的单位阶跃响应的连接方式如图 3.23 所示。图中 Step 模块为阶跃输入信号，$G(s)$ 为系统传递函数，Scope 为示波器。Simulink 运行结果与图 3.20(a)一致。

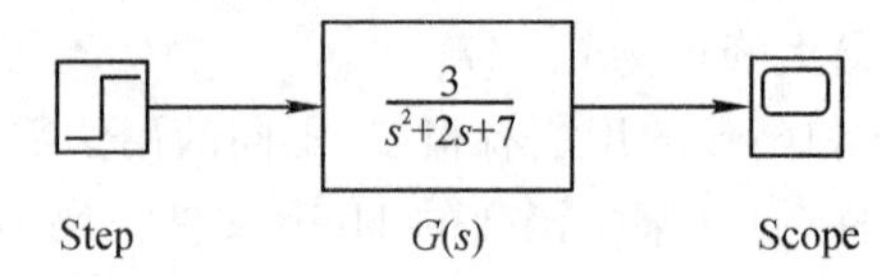

图 3.23　Simulink 搭建界面

3.7.2　用 MATLAB 对系统进行稳定性分析

判断系统的稳定性首先需要得到系统的闭环传递函数。下面通过例子进行说明。

例 3.10　某控制系统结构如图 3.24 所示：

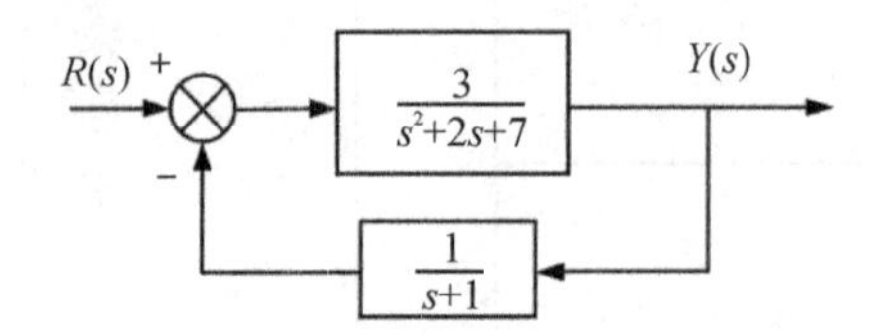

图 3.24　控制系统结构图

试采用 MATLAB 判断该系统的稳定性。

【解】　判断系统的稳定性首应该写出系统的闭环传递函数，然后通过特征方程判断系统的稳定性，程序如下：

```
%example_3-10
G=tf([3], [1 2 7]);    %输入 G1(s)传递函数，这里采用了与例 3.7 不同的输入形式
H=tf([1], [1 1]);      %输入 H(s)传递函数
Q=feedback(G,H);
p=eig(Q)
```

计算结果为

p =−0.7593 + 2.4847i;−0.7593 − 2.4847i;−1.4814 + 0.0000i

可以看出系统特征根实部均为负，因此系统稳定。

例 3.11　已知系统特征方程为

$$s^5+s^4+s^3+s^2+s+3=0$$

试采用 MATLAB 判断系统的稳定性。

【解】　程序如下：

```
%example_3-11
den=[1 1 1 1 3];
p=roots(den)
```

计算结果为

p =−1.0781 + 0.8998i;−1.0781 − 0.8998i;0.5781 + 1.0895i;0.5781 − 1.0895i

系统存在两个实部为正的特征根，因此系统不稳定。

上述代码还可以合并写为

```
p=roots([1 1 1 1 3])
```

例题所使用的函数 feedback( )为求反馈回路的闭环传递函数，默认为负反馈；roots( )为求解特征方程的特征根函数；eig( )为求传递函数的特征根函数。各函数具体的使用方法，读者可以查阅 Help 文件。可以看出，MATLAB 提供了大量的函数，不同的函数具有不同的功能，使其搭配也千变万化，因此求解同一问题的代码存在多种形式，读者可以在学习的过程中自行体会，本书所提供的方案仅供参考。

3.8　水箱液位系统分析示例

液位控制系统的设计过程可以说明如何对控制系统的参数进行折中和优化，从而满足对系统性能的要求。在工业过程中许多换热设备，如 U 型管蒸汽发生器液位控制装置、除氧器、压水堆中的稳压器等的液位都直接关系到设备的安全运行，因此必须维持液位在设定范围内，并尽量减小参数变化和外部扰动对液位的影响。对液位产生干扰的因素有设备振动、阀门轴承的磨损、测量元件的老化等。本节讨论液位控制器对干扰和参数变化的响应特性，讨论调整控制器参数时，系统对阶跃输入的动态响应和稳态误差，以及如何优化和折中地选取控制器参数。

3.8.1　水箱液位系统的动态响应特性

液位控制系统结构如图 3.25 所示。考虑到该系统的特性，闭环控制系统选用比例(P)控制器。无扰动作用，即 $D(s)=0$ 时，计算单位阶跃输入信号 $R(s)=1/s$ 作用下，系统的稳态误差。

首先应计算 $D(s)=0$ 时，系统的开环传递函数：

$$G(s)H(s)=G_c(s)G_1(s)G_2(s)G_3(s)=K_p\frac{5}{s+1}\cdot\frac{10}{s+10}\cdot\frac{0.001}{s}=\frac{0.05K_p}{s(s+10)(s+1)}$$

可以看出，该系统为 Ⅰ 型系统，对单位阶跃信号响应的稳态误差为 0。这个结论不会随着系统参数的变化而改变。

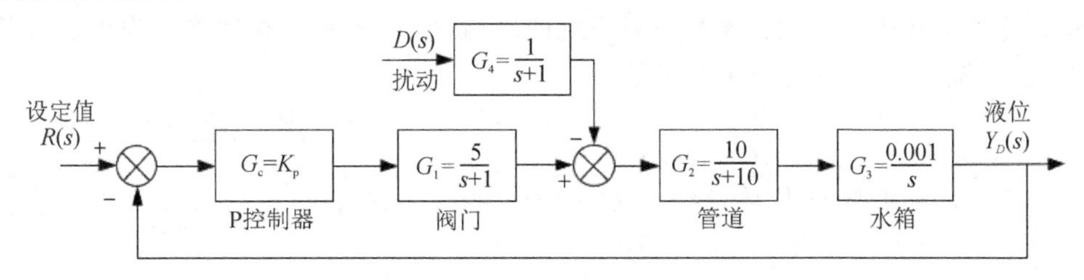

图 3.25　液位控制系统结构示意图

下面讨论控制参数 K_p 对系统特性的影响。当 $D(s)=0$ 时，系统的闭环传递函数为

$$W(s)=\frac{Y(s)}{R(s)}=\frac{G_c(s)G_1(s)G_2(s)G_3(s)}{1+G_c(s)G_1(s)G_2(s)G_3(s)}=\frac{0.05K_p}{s(s+1)(s+10)+0.05K_p}$$

通过编写 MATLAB 代码可以获得系统的单位阶跃响应：

```
Kp=100;                    %输入控制器参数
tf1=tf([10],[1 10]);       %输入 G1 传递函数
tf2=tf([5],[1 1]);         %输入 G2 传递函数
```

```
tf3=tf([0.001],[1 0]);  %输入 G3 传递函数
tfc=tf([Kp],[1]);       %输入 Gc 传递函数
tft=tfc*tf1*tf2*tf3;    %计算开环传递函数
tff=feedback(tft,1);    %计算闭环传递函数
step(tff)               %获取系统单位阶跃响应
grid on                 %添加网格线
```

或通过搭建 Simulink 模型的方法获得系统的单位阶跃响应，Simulink 模块如图 3.26 所示。

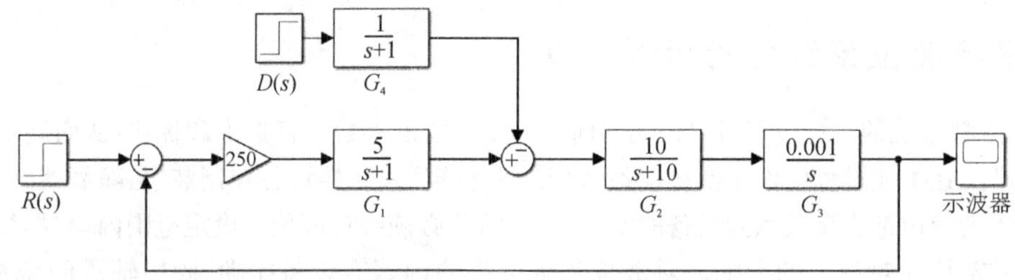

图 3.26　Simulink 搭建系统结构图

控制器参数分别选取为 $K_p=50$、$K_p=100$、$K_p=250$，系统单位阶跃响应曲线如图 3.27 所示。

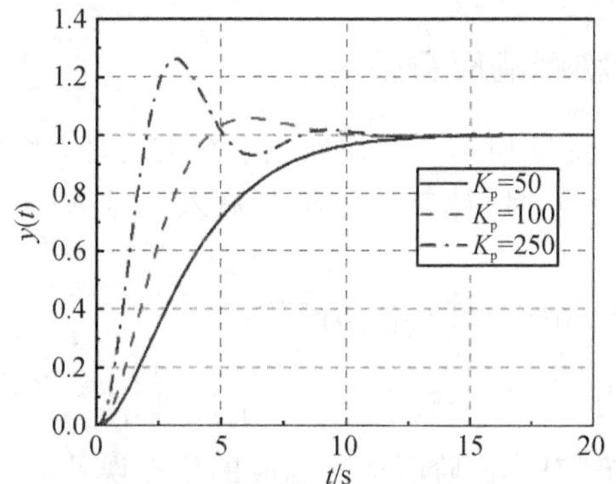

图 3.27　不同控制器参数下系统的单位阶跃响应曲线

下面讨论扰动在不同控制器参数下对系统的影响，令 $R(s)=0$，扰动输入为单位阶跃信号 $D(s)=1/s$。系统对 $D(s)$ 的闭环传递函数为

$$W_d(s)=\frac{Y(s)}{R(s)}=-\frac{G_2(s)G_3(s)G_4(s)}{1+K_pG_1(s)G_2(s)G_3(s)G_4(s)}=-\frac{\frac{10}{s+10}\cdot\frac{0.001}{s}\cdot\frac{1}{s+1}}{1+K_p\cdot\frac{5}{s+1}\cdot\frac{10}{s+10}\cdot\frac{0.001}{s}\cdot\frac{1}{s+1}}$$

$$=-\frac{0.01(s+1)}{s^4+12s^3+21s^2+20s+0.05K_p}$$

编制响应的 MATLAB 代码或采用图 3.26 所示的 Simulink 模型可以获得单位阶跃扰动的系统响应曲线，如图 3.28 所示。从图中可以看出，增大控制器参数 K_p 可以减小扰动的影响，但从图 3.27 可以看出控制器参数增大会导致系统产生振荡，这是因为 $\omega_n=\sqrt{0.05K_p}$，ω_n 随着 K_p 的增大而增大，与此同时 $2\zeta\omega_n$ 不变，因此 ζ 减小。系统阻尼比减小，振荡加剧，如图 3.14 所示，因此，控制器的选取还需要进一步的分析。

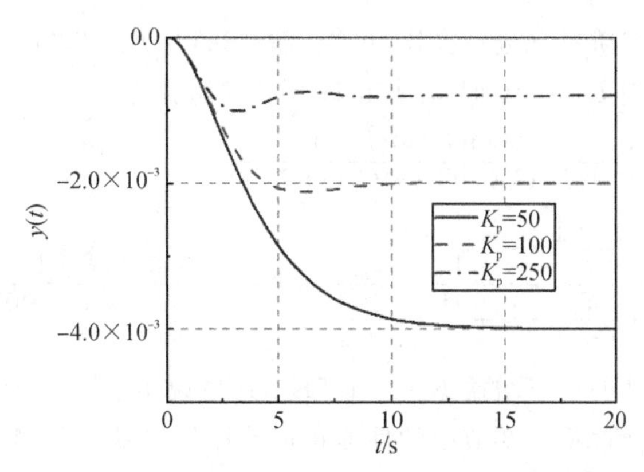

图 3.28　不同控制器参数下系统对单位阶跃扰动的响应曲线

3.8.2　控制器参数 K_p 的优化设计

本小节讨论控制器参数的优化设计，即加快系统的调节速度同时又有小的超调量。

优化设计时，应根据对系统的性能要求调节控制器参数，以使系统满足控制要求。优化设计的目标是使系统对阶跃输入 $R(s)$ 有最快的响应，限制超调量和响应的固有振荡同时减小扰动对系统输出的影响。控制器的性能要求如表 3.2 所示。

表 3.2　液位控制系统性能

性能指标	预期值
超调量 σ(%)	<5%
调节时间 t_s/s	<15
单位阶跃干扰的稳态误差	≤−0.2%

液体在管道内的流动可以近似看作是不可压缩流体的流动，因此管道入口流量与出口流量的传递函数可以近似为 1。根据液位控制系统可知，管道传递函数为一阶惯性函数，时间常数为 1/10，极点为 −10。而阀门传递函数同样为一阶惯性函数，时间常数为 1，极点为 −1。管道传递函数极点相对于阀门传递函数极点离虚轴远了 10 倍，按照主导极点的概念，可以将管道传递函数近似为 1，因此图 3.25 的系统结构可以简化为图 3.29：

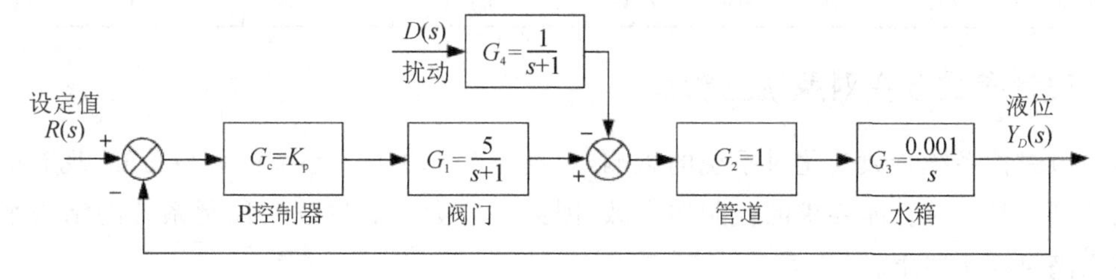

图 3.29　具有阀门和水箱的二阶模型控制系统

当 $D(s)=0$ 时，系统的闭环传递函数为

$$W(s)=\frac{Y(s)}{R(s)}=\frac{G_cG_1G_2G_3}{1+G_cG_1G_2G_3}=\frac{0.005K_p}{s(s+1)+0.005K_p}=\frac{0.005K_p}{s^2+s+0.005K_p}$$

将二阶系统与标准二阶系统进行类比，可得 $\omega_n^2 = 0.005K_p$、$2\zeta\omega_n = 1$ 。

根据图 3.29 可知，当 $D(s)=0$ 时，系统的闭环传递函数为

$$W_d(s) = \frac{Y(s)}{R(s)} = -\frac{G_2(s)G_3(s)G_4(s)}{1 + K_p G_1(s)G_2(s)G_3(s)G_4(s)}$$

$$= -\frac{\dfrac{0.001}{s} \cdot \dfrac{1}{s+1}}{1 + K_p \cdot \dfrac{5}{s+1} \cdot \dfrac{0.001}{s} \cdot \dfrac{1}{s+1}} = -\frac{0.001(s+1)}{s^3 + 2s^2 + s + 0.005K_p}$$

可以看出系统对扰动的稳态增益 $K=-1/5K_p$，这也说明了图 3.28 中为什么 K_p越大，扰动对系统的影响越小。通过将 3.3 节中的性能指标计算公式编写为 MATLAB 代码可以获得系统的响应指标，MATLAB 代码如下：

```
kp=50;                                         %输入 Kp 的值
deta=0.02;                                     %输入精度要求(Δ)
wn=(0.005 * kp)^0.5;                           %计算系统无阻尼振荡角频率
zeta=1/(2 * wn);                               %计算系统阻尼比
sigma=exp(-pi * ip/(1-ip^2)^0.5) * 100;        %计算超调量
ts=-log(deta * (1-ip^2)^0.5)/(ip * wn);        %计算调节时间
yss=-1/(5 * kp);                               %计算单位阶跃扰动的稳态值
```

表 3.3 所示为不同控制器参数下系统性能指标计算结果，从表中可以看出，增大 K_p可以有效减小系统扰动的影响，但同时会导致系统超调量增大，通过调节 K_p并未找到满足系统要求的控制器参数，接下来尝试通过改变系统结构来改变系统的响应特性。

表 3.3 不同控制器参数下系统性能指标计算结果

指标	K_p				
	50	75	100	150	200
超调量 σ(%)	0	1.18%	4.3%	10.8%	16.3%
调节时间 t_s/s	11.71	8.92	8.52	8.23	8.11
阻尼比ζ	1	0.82	0.707	0.577	0.5
单位阶跃干扰的稳态误差	-4×10^{-3}	-2.7×10^{-3}	-2×10^{-3}	-1.3×10^{-3}	-1×10^{-3}

3.8.3 设计参数改变对系统的影响

本小节讨论系统参数变化对系统的影响，通过 3.8.1、3.8.2 小节的分析可知，现有的结构下无法找到满足系统性能要求的控制器参数，因此需要尝试通过改变控制系统的结构来使系统的输出满足控制要求。

如图 3.30 所示，在系统中加入流量反馈，通过结构图简化，可以将其等价转化为图 3.31 所示的系统结构图。

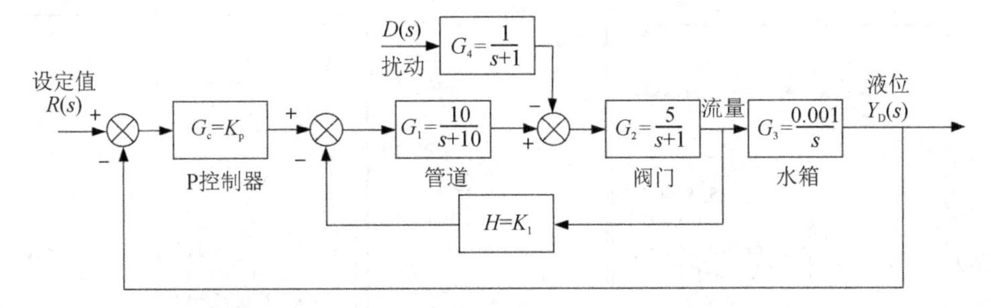

图 3.30　带流量反馈的液位控制系统

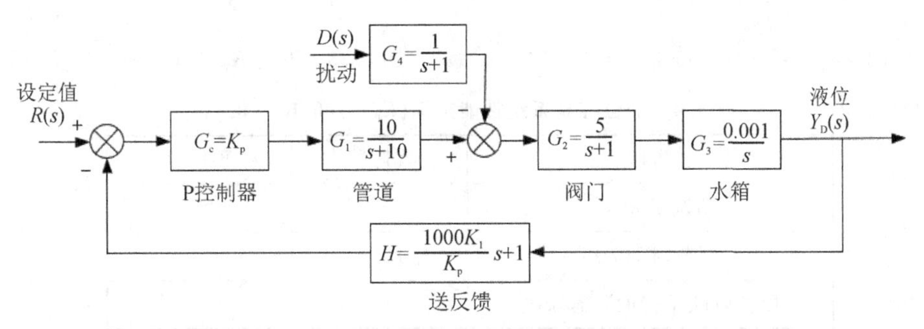

图 3.31　带速度反馈的等价系统

首先分析引入流量反馈后系统的稳定性，当 $D(s)=0$ 时，系统的闭环传递函数为

$$W(s)=\frac{Y(s)}{R(s)}=\frac{G_cG_1G_2G_3}{1+G_cG_1G_2G_3H}=\frac{0.05K_p}{s^3+11s^2+(10+50K_1)s+0.05K_p}$$

于是特征方程为

$$s^3+11s^2+(10+50K_1)s+0.05K_p=0$$

建立劳斯表：

$$\begin{array}{lll} s^3 & 1 & 10+50K_1 \\ s^2 & 11 & 0.05K_p \\ s^1 & 10+50K_1-\dfrac{0.05K_p}{11} & \\ s^0 & 0.05K_p & \end{array}$$

保证特征方程不缺项，有 $K_p\neq 0$ 且 $10+50K_1-\dfrac{0.05K_p}{11}\neq 0$；使劳斯表第一列不变号，则有 $K_p>0$ 且 $K_1>\dfrac{0.001K_p}{11}-0.5$。因此令 $K_p>0$、$K_1>\dfrac{0.001K_p}{11}-0.5$，可以保证系统稳定。对控制器参数 K_1、K_p进行优化，结果如图 3.32、3.33 所示。从图中可以看出，随着 K_p的增大，系统调节时间减少且无超调，扰动对系统的影响也随着 K_p、K_1的增大而减小。表 3.4 总结了系统的性能指标，可以看出当 $K_p=100$、$K_1=0.1$ 时系统性能可满足要求。

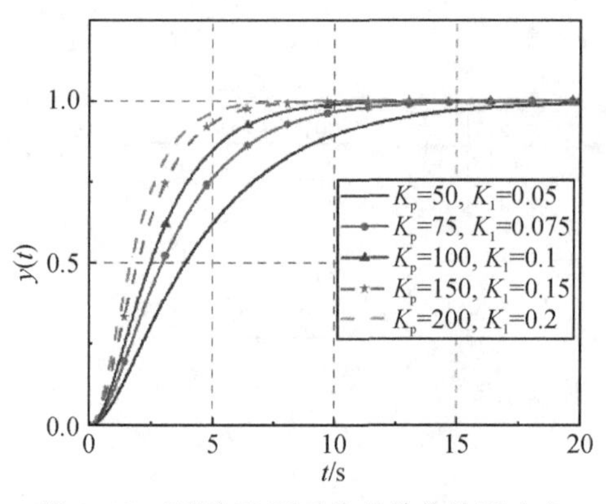

图 3.32　不同 K_p 下系统的单位阶跃响应

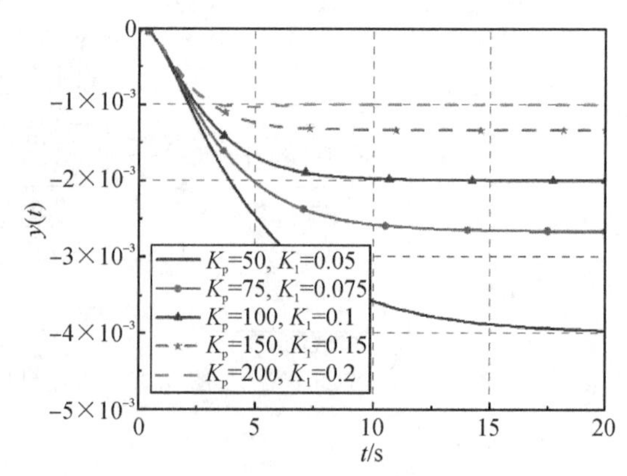

图 3.33　不同 K_p 下单位阶跃扰动作用输入

表 3.4　液位控制系统性能指标($K_p=100$、$K_I=0.1$)

指标	实际值	预期值
超调量 σ(%)	0	<5%
调节时间 t_s/s	8.96	<15
单位阶跃干扰的稳态误差	−0.2%	≤−0.2%

3.9　小结

时域分析是指控制系统在一定的输入下，根据输出量的时域表达式，分析系统的稳定性、瞬态性能和稳态性能。由于时域分析是直接在时间域中对系统进行分析的方法，所以时域分析具有直观和准确的优点。本章内容主要包含以下几个方面：

(1)给出典型试验信号并说明了典型试验信号在时域分析中的作用；定义了描述系统动态和稳态性能的一系列指标；分析了一阶、二阶和高阶系统在一些典型信号作用下的时间响应。

(2)分析了二阶系统阻尼比对系统特性的影响，介绍了二阶系统单位阶跃响应的动态性能指标计算方法；

(3)给出系统稳定性的概念，并通过特征方程的根对系统时域响应的影响分析了系统稳定的条件，同时给出线性定常系统稳定性的一种代数判别方法——劳斯稳定判据。

(4)介绍了系统稳态误差的计算方法及不同型数系统位置误差、速度误差和加速度误差的计算方法，同时给出了扰动作用下的稳态误差计算方法。

(5)介绍了利用 MATLAB 求解系统时域响应和分析系统稳定性的方法。

3.10　关键术语概念

典型试验信号：能反映系统的实际工作情况(包括可能遇到的恶劣工作条件)，同时应有数学模型简单和易于通过实验获得的输入信号。

系统的时域响应：指在施加一定形式的输入信号后，系统输出量随时间的变化规律。主要由两部分组成：瞬态响应(动态响应)和稳态响应。

稳态误差：指系统到达稳态时系统输出与期望值(参考输入)的偏差。

峰值时间 t_p：响应超过其终值到达第一个峰值所需要的时间，或超调量出现的时间。

超调量 $\sigma(\%)$（最大超调量）：表征系统响应的最大值偏离系统响应稳态值的程度。

调节时间 t_s：响应曲线从零开始一直到进入并保持在允许范围的误差带（Δ）内所需的最短时间。

上升时间 t_r：系统响应从稳态值的 10% 至第一次到达稳态值 90% 所需的时间；对于有振荡的系统，亦可定义为响应第一次上升到终值所需的时间。

延迟时间 t_d：系统响应到达稳态值的 50% 所需的时间。

阻尼比 ζ：无单位量纲，表示了系统在受到激振后振荡的衰减形式，既与系统特性有关也与阻尼大小有关。

无阻尼振荡角频率 ω_n：系统能量无损耗时自由振荡的频率，也被称为固有频率。

稳定系统：处于平衡状态下的线性定常系统，受扰动作用偏离原平衡状态，若扰动消失后系统仍能回到原有的平衡状态，则称此系统为稳定系统，反之则称为不稳定系统。

线性定常系统稳定的充分必要条件：系统特征方程的所有特征根实部均为负，即特征方程的根均在复平面的左半平面。

3.11　习题

3.1　某一阶惯性系统的单位阶跃响应达到稳态值 95% 所需的时间为 15 s，试求该系统的时间常数。

3.2　某系统的结构如图所示，若要求系统单位阶跃响应的调节时间 t_s 等于 0.1 s，试求解满足条件的反馈系数 K_t 的值（$\Delta=0.05$）。

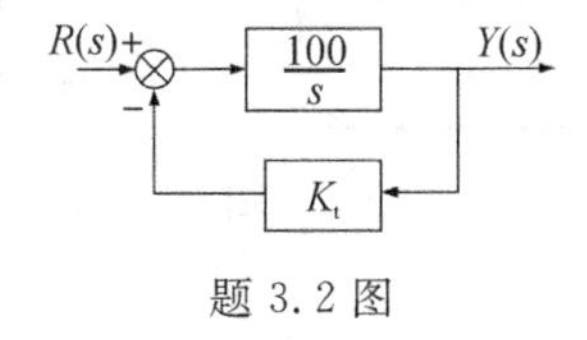

题 3.2 图

3.3　系统如图(a)所示，引入加速度反馈后试求：

(1)图(a)所示系统的阻尼比 ζ、超调量 $\sigma(\%)$、调节时间 t_s、上升时间 t_r 和延迟时间 t_d；

(2)要使图(b)所示系统的阻尼比 $\zeta=0.707$，h 应取何值？计算(1)中所要求的性能指标；

(3)讨论速度反馈的作用及其对系统稳态误差和动态性能的影响。

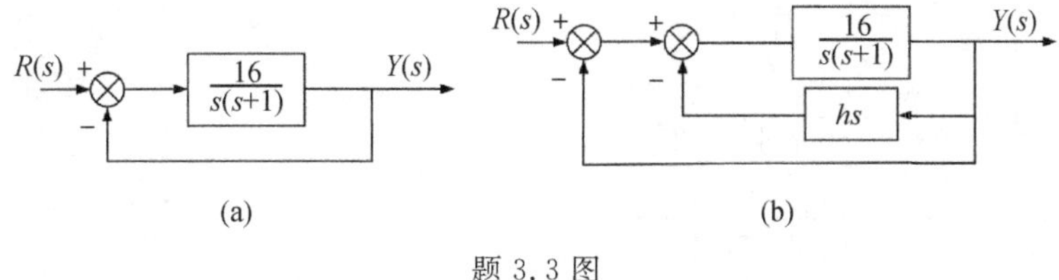

题 3.3 图

3.4　典型二阶系统的单位阶跃响应为

$$y(t)=1-1.25e^{-1.2t}\sin(1.6t+0.927)$$

试求系统的超调量 $\sigma(\%)$、峰值时间 t_p 和调节时间 t_s。

3.5　如图(a)所示的系统，其单位阶跃响应曲线如图(b)所示，试确定系统参数 K_1、K_2 和 a。

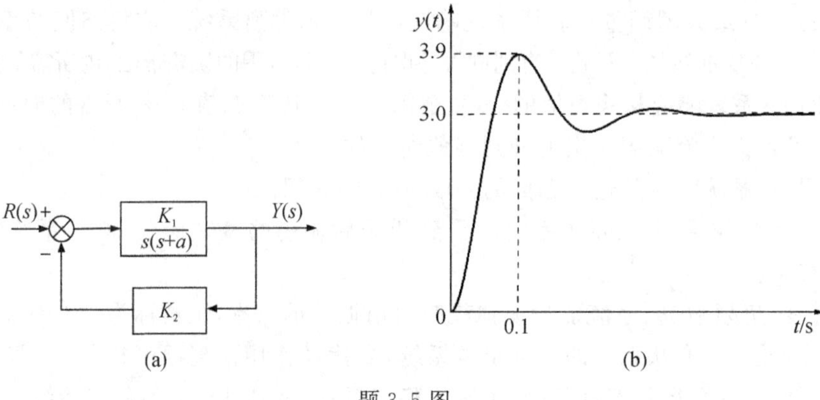

题 3.5 图

3.6　系统结构如图所示，已知单位阶跃响应的超调量 $\sigma\% = 16.3(\%)$，峰值时间 $t_p = 1\ s$。

(1)求系统开环传递函数 $G(s)$；

(2)求系统闭环传递函数 $W(s)$；

(3)确定系统的参数 K 及 τ_s。

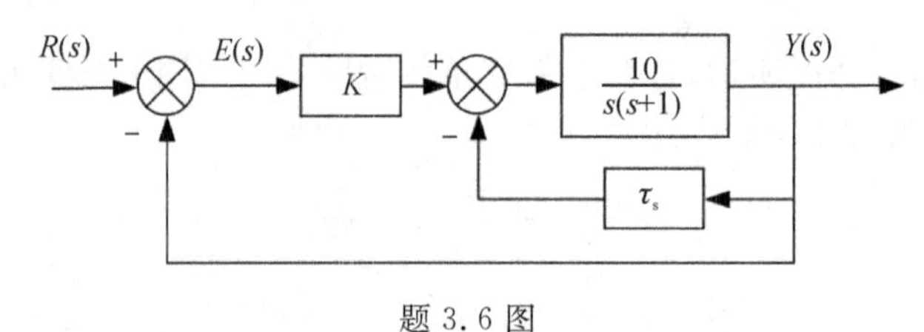

题 3.6 图

3.7　系统闭环传递函数为

$$W(s) = \frac{90(s+1.4)}{(s+3)(s+1.5)(s^2+s+4)}$$

试将其降阶为二阶系统，并检验其稳态增益是否有变化。

3.8　判断下列闭环系统的稳定性：

(1) $W(s) = \dfrac{s-1}{(s+1)(s^2+4)}$；

(2) $W(s) = \dfrac{1}{s^4+2s^3+s^2+4s+2}$；

(3) $W(s) = \dfrac{10}{s^4+2s^3+6s^2+8s+8}$；

(4) $W(s) = \dfrac{7}{s^3-2s^2+s+1}$；

(5) $W(s) = \dfrac{1}{s^6+3s^5+5s^4+9s^3+8s^2+6s+4}$。

3.9　单位负反馈系统的开环传递函数为

$$G(s) = \frac{K(s+1)}{s(2s+1)(Ts+1)}$$

试确定使闭环系统稳定时参数 K 和 T 之间的关系。

3.10　存在一系统如图所示，试回答：

(1) K 取何值时系统稳定；

(2)若要使闭环特征方程的根全部位于 $s = -1$ 垂线的左边，求 K 的取值范围。

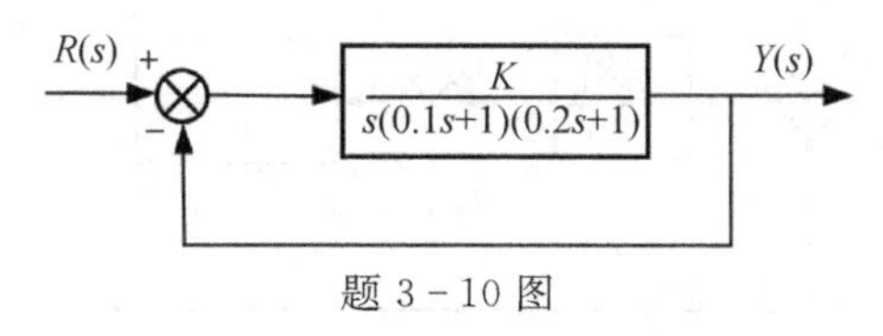

题 3-10 图

3.11　已知反馈系统的前向通路传递函数为 $G(s) = \dfrac{10}{s(s-1)}$，负反馈通路传递函数为 $H(s) = 1 + K_h s$，试确定闭环系统临界稳定时 K_h 的值。

3.12　试求下列系统的型数，无差度，开环增益，误差系数 K_p、K_v、K_a。系统开环传递函数分别为

(1) $G(s)H(s) = \dfrac{150}{(s+1)(s+10)(s+20)}$；

(2) $G(s)H(s) = \dfrac{10(s+1)}{s^2(s+5)(s+6)}$；

(3) $G(s)H(s) = \dfrac{10(s+1)(s+2)}{s^3(s+5)(s+6)}$。

3.13　已知某单位负反馈系统的开环传递函数为 $G(s) = \dfrac{10}{s(0.1s+1)(0.5s+1)}$，试求下列输入信号时系统的稳态误差，并观察稳态误差之间的关系。

(1) $r(t) = 1(t)$；

(2) $r(t) = 4t$；

(3) $r(t) = t^2$；

(4) $r(t) = 1(t) + 4t + t^2$。

3.14　系统如图所示，已知 $R(s) = \dfrac{4s+6}{s^2}$、$D(s) = -\dfrac{1}{s}$。

(1)试求系统的稳态误差；

(2)要想减小扰动 $D(s)$ 产生的误差，应该提高哪一个比例系数？

(3)若将积分环节移到扰动作用点之前，系统稳态误差如何变化？

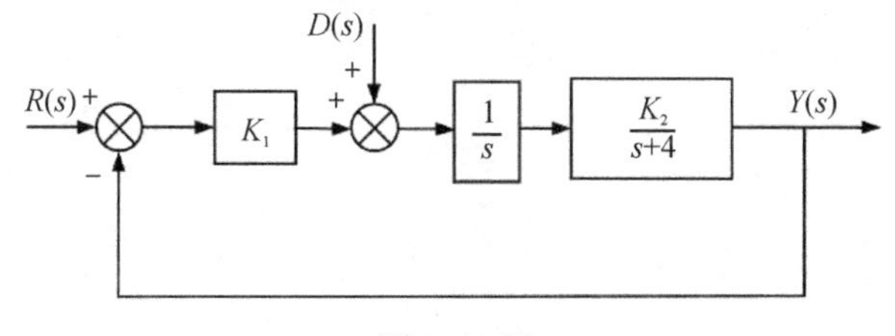

题 3.14 图

3.15　设一单位负反馈系统，满足如下条件：

(1)跟踪单位斜坡输入时系统的稳态误差为 2；

(2)系统为三阶系统，其中一对复数闭环极点为 $-1 \pm j$。

试求解该系统的开环传递函数。

3.16　系统如图所示，求局部反馈加入前、后系统的位置误差系数 K_p、速度误差系数 K_v、加速度误差系数 K_a。

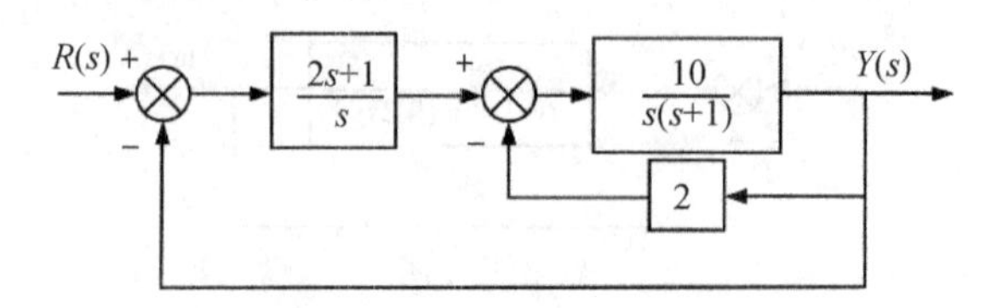

题 3.16 图

3.17　用温度计测量容器内的水温，发现需要 1min 才能指示出实际水温的 98%。假设温度计测温过程为一阶惯性环节，试求解：

(1)该温度计的时间常数；

(2)若此时对水加热使水温以 10 ℃/min 的速度线性变化，此时温度计的示数误差为多少？

3.18　利用 MATLAB 验证题 3.5 的单位阶跃响应结果，并求其单位脉冲响应和单位速度响应。

3.19　利用 MATLAB 求题 3.10 的特征根，并验证其稳定性。

3.20　利用 MATLAB 求开环传递函数为 $G(s)=\dfrac{2s^3+s^2+1}{s^4+s^3+3s^2+7s+1}$ 的单位负反馈系统的闭环传递函数，计算特征方程的根并判断系统的稳定性。

3.21　利用 MATLAB/Simulink 搭建例 3.2 的弹簧阻尼系统，尝试改变弹性系数 k、阻尼系数 f 和小球质量 m 并观察这些参数对系统的影响。

第 4 章　线性系统的根轨迹法

通过上一章的讨论可以知道，闭环系统的稳定性，完全由其闭环极点（即特征方程的特征根）在 s 平面上的分布情况来决定，系统的动态性能也与闭环极点在 s 平面上的位置密切相关。因此，在分析研究控制系统的性能时，确定闭环极点在 s 平面上的位置就显得特别重要，尤其在设计控制系统时，希望通过调整开环极点、零点使闭环极点、零点处在 s 平面上所期望的位置。而闭环极点的位置与系统参数有关，当系统的参数已经确定时，欲知闭环极点在 s 平面上的位置，就要求解闭环系统的特征方程。当特征方程阶次较高，尤其系统参数变化时，需要多次求解特征方程，计算相当麻烦，而且还看不出系统参数变化对闭环极点分布影响的趋势，这对分析、设计控制系统是很不方便的。

本章主要介绍根轨迹法的基本概念、绘制根轨迹的基本法则、根轨迹的绘制、利用根轨迹分析系统性能，以及 MATLAB 在绘制根轨迹中的应用。

小故事

根轨迹设计是 1948 年由 W. R · 伊文思（Walter R. Evans）提出的，当时他在北美航空（现在是波音公司的一部分）的自动导航部门从事飞机和导弹的指导和控制工作。他遇到的很多问题都涉及不稳定或者临界稳定的动态系统，这些问题很难用频域方法来解决，因此他建议回归到大约 70 年前麦克斯韦和劳斯关于特征方程的研究上。然而，与代数问题的处理方法不同，伊文思提出将其视为一个在 s 复平面上的图形化问题，此外，他对航天飞行控制器的动态响应特性也很感兴趣。为了了解系统的动态行为，他希望能够求出闭环特征方程的根，因此提出了一些方法和规则，允许根轨迹随着特征方程参数的改变而改变。他的方法适用于根轨迹设计和稳定性分析，时至今日仍然是一个重要的方法。在本章中我们会了解到，伊文思的方法还涉及找出点的轨迹，使该点同其他极点和零点的角度之和是一个定值。为了协助测量和计算，伊文思发明了根轨迹仪，该装置可以用于角度测量和快速执行加法和减法运算，在一个相当复杂的设计问题中，一个熟练的控制工程师只用几秒钟就可以评估角度是否达到了设计标准。

4.1　根轨迹的基本概念

根轨迹法是分析和设计线性定常控制系统的图解方法，使用十分简便，特别在进行多回路系统的分析时，根轨迹法比其他方法更为方便，因此在工程实践中获得了广泛应用。本节主要介绍根轨迹定义、根轨迹与系统特性及根轨迹的基本条件。

4.1.1　根轨迹定义

根轨迹是指开环系统的某一参数（如开环增益 K）从零变化到无穷大时，闭环特征方程的特征根在复平面上变化的轨迹。下面结合图 4.1 所示的二阶系统的例子介绍有关根轨迹的基本概念。

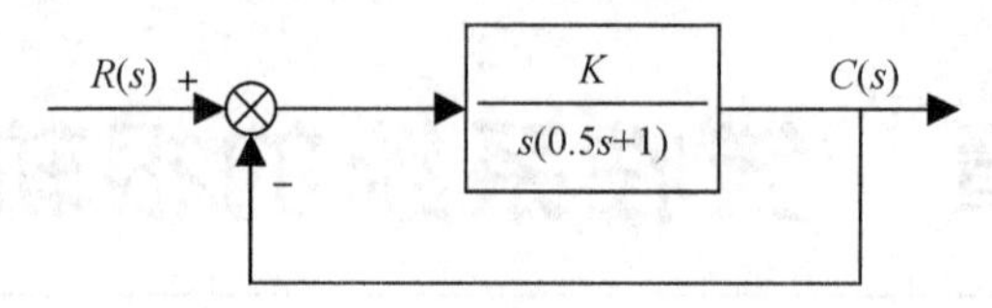

图 4.1 控制系统框图

由图 4.1 可得系统的开环传递函数为

$$G(s)=\frac{K}{s(0.5s+1)} \tag{4.1}$$

系统的闭环传递函数为

$$G(s)=\frac{\dfrac{K}{s(0.5s+1)}}{1+\dfrac{K}{s(0.5s+1)}}=\frac{2K}{s^2+2s+2K} \tag{4.2}$$

闭环系统的特征方程为

$$s^2+2s+2K=0 \tag{4.3}$$

所以,闭环系统的特征根(闭环极点)为

$$s_{1,2}=-1\pm\sqrt{1-2K} \tag{4.4}$$

根据式(4.4)可以看出两个特征根的值随增益 K 值的不同而变化,s_1、s_2 与 K 值的对应关系如表 4.1 所示。将这些随增益 K 变化的特征根点绘于图 4.2 上并连成曲线,就得到以 K 为变量的根轨迹图。

表 4.1 不同 K 值下闭环系统的特征根

s_1 及 s_2	$K=0$	$K=0.32$	$K=0.5$	$K=1$	$K=5$	$K=\infty$
s_1	0	-0.4	-1	$-1+j$	$-1+3j$	$-1+\infty j$
s_2	-2	-1.6	-1	$-1-j$	$-1-3j$	$-1-\infty j$

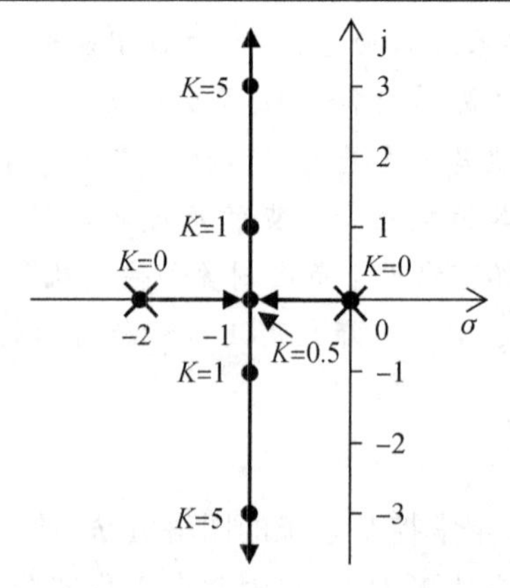

图 4.2 二阶系统的根轨迹示意图

4.1.2 根轨迹与系统特性

根据图 4.1 的系统绘制的二阶系统闭环极点随增益 K 变化的轨迹如图 4.2 所示,该图即系统的根轨迹示意图,直观全面地描述了参数 K 对闭环特征根分布的影响,可据此分析系统性能如下。

稳定性：当 K 从 $0\to\infty$ 时，根轨迹不会越过虚轴进入右半 s 平面，因此当 $K>0$ 时该系统都是稳定的。

稳态性能：开环系统在原点有一个极点，所以系统属于Ⅰ型系统，根轨迹对应的 K 值就是以该点为闭环极点时系统的速度误差系数。

动态性能：当 $0<K<0.5$ 时，闭环极点位于实轴上，系统为过阻尼系统，单位阶跃响应为非周期过程。当 $K=0.5$ 时，闭环两个实极点重合，系统为临界阻尼系统，单位阶跃响应为非周期过程；当 $K>0.5$ 时，闭环极点为共轭复极点，系统为欠阻尼系统，单位阶跃响应为阻尼振荡过程，且超调量将随 K 值的增大而增大，但调节时间不变。

4.1.3　根轨迹的基本条件

图 4.3 所示是一个典型的闭环控制系统，$G(s)$ 为前向通路传递函数，$G(s)H(s)$ 为开环传递函数。

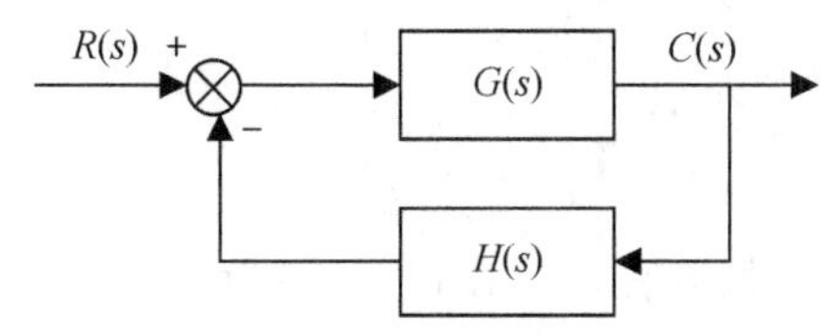

图 4.3　典型闭环控制系统

图 4.3 所示系统的闭环传递函数为

$$W(s)=\frac{G(s)}{1+G(s)H(s)} \tag{4.5}$$

令闭环传递函数的分母为零，得闭环系统的特征方程为

$$1+G(s)H(s)=0 \tag{4.6}$$

一般情况下，前向通路传递函数 $G(s)$ 和反馈通路传递函数 $H(s)$ 可分别表示为

$$G(s)=K_G\frac{(\tau_1 s+1)(\tau_2^2 s^2+2\xi_1\tau_2 s+1)\cdots}{(T_1 s+1)(T_2^2 s^2+2\xi_2 T_2 s+1)\cdots}=K_G^*\frac{\prod_{i=1}^{f}(s+z_i)}{\prod_{j=1}^{q}(s+p_j)} \tag{4.7}$$

式中，K_G 为前向通路增益、K_G^* 为前向通道根轨迹增益，它们之间满足如下关系：

$$K_G^*=K_G\frac{\tau_1\tau_2^2\cdots}{T_1 T_2^2\cdots} \tag{4.8}$$

以及

$$H(s)=K_H^*\frac{\prod_{i=1}^{l}(s+z_i)}{\prod_{j=1}^{h}(s+p_j)} \tag{4.9}$$

式中，K_H^* 为反馈通道根轨迹增益。

于是，典型闭环控制系统所示的开环传递函数可以表示为

$$G(s)H(s)=K\frac{\prod_{i=1}^{f}(s+z_i)\prod_{j=1}^{l}(s+z_j)}{\prod_{i=1}^{q}(s+p_i)\prod_{j=1}^{h}(s+p_j)} \tag{4.10}$$

对于由 m 个开环零点和 n 个开环极点组成的系统，必有 $f+l=m$ 和 $q+h=n$。若用开环传递函数进行讨论，则满足 $G(s)H(s)=-1$ 的点就是闭环系统特征方程的根。即满足 $G(s)H(s)=-1$ 的 s 值必定是根轨迹上的点，故称 $G(s)H(s)=-1$ 为根轨迹方程。

若令

$$G(s)H(s)=K\frac{\prod_{i=1}^{m}(s+z_i)}{\prod_{j=1}^{n}(s+p_j)} \tag{4.11}$$

式中，K 称为开环系统根轨迹增益，则式(4.12)为根轨迹方程：

$$K\frac{\prod_{i=1}^{m}(s+z_i)}{\prod_{j=1}^{n}(s+p_j)}=-1 \tag{4.12}$$

由于 $G(s)H(s)=-1$ 为复数方程，式(4.12)可写为

$$K\frac{\prod_{i=1}^{m}|s+z_i|}{\prod_{j=1}^{n}|s+p_j|}=1 \tag{4.13}$$

$$\angle\sum_{i=1}^{m}(s+z_i)-\angle\sum_{j=1}^{n}(s+p_j)=\pm(2k+1)\pi, k=0,1,2\cdots \tag{4.14}$$

式(4.13)和式(4.14)分别称为满足根轨迹方程的幅值条件和相角条件。

其中相角条件是，零点到根轨迹上的某点的向量的相角之和减去极点到根轨迹上的某点的向量的相角之和等于 π 的奇数倍，因此也称满足上述条件的根轨迹为 π 等相角根轨迹。

根据上述两个条件，可以完全确定 s 平面上的根轨迹和根轨迹上对应的 K 值。应当指出，相角条件是确定 s 平面上的根轨迹的充分必要条件。这就是说，绘制根轨迹图时，只需要使用相角条件；当需要确定根轨迹上各点的 K 值时，才使用幅值条件。

4.2　绘制根轨迹图的基本规则

本节讨论系统开环增益 K(也称根轨迹增益 K)从零增大到无穷大时绘制控制系统根轨迹图的一些基本法则，熟练地掌握这些法则，可以方便快速地绘制系统的根轨迹。

1. 规则一　确定绘制根轨迹图的参数方程

根据控制系统的闭环传递函数得到根轨迹的基本方程(即特征方程)为

$$1+G(s)H(s)=0 \tag{4.15}$$

式中，$G(s)H(s)$为系统的开环传递函数。将所关心的参数进行变化，即将变量 K(根轨迹增益)化为乘积因子的形式，则 $G(s)H(s)$可以转化为零极点形式：

$$G(s)H(s)=\frac{K\prod_{j=1}^{m}(s+z_j)}{\prod_{i=1}^{n}(s+p_i)} \tag{4.16}$$

将式(4.16)代入式(4.15)可以得到下式：

$$1+\frac{K\prod_{j=1}^{m}(s+z_j)}{\prod_{i=1}^{n}(s+p_i)}=0 \tag{4.17}$$

以下规则都是按照式(4.17)所示的形式进行讨论的，其他形式的传递函数及变量 K 可以转化为式(4.17)所示的根轨迹的基本方程，然后再执行以下规则。

2. 规则二　根轨迹的起点和终点及分支数

系统的闭环特征方程(4.17)可转化为

$$\prod_{i=1}^{n}(s+p_i)+K\prod_{j=1}^{m}(s+z_j)=0 \tag{4.18}$$

当变量 K 由 $0\to\infty$ 变化时，特征方程中的任何一个根由起点连续地向其终点变化的轨迹称为根轨迹的一个分支。根轨迹的总分支条数为 n 条。

根轨迹的起点就是 $K=0$ 时特征方程根的位置。当 $K=0$ 时，特征方程(4.18)便变为

$$\prod_{i=1}^{n}(s+p_i)=0 \tag{4.19}$$

式(4.19)表明，根轨迹的起点 $s=-p_i\,(i=1,2,\cdots,n)$ 就是系统开环传递函数的极点。

根轨迹的终点就是 $K\to\infty$ 时特征方程根的极限位置，此时特征方程(4.18)可写为

$$\frac{\prod_{j=1}^{m}(s+z_j)}{\prod_{i=1}^{n}(s+p_i)}=-\frac{1}{K} \tag{4.20}$$

当 $K\to\infty$，即 $-1/K\to 0$，所以式(4.20)左端分子等于 0 时能满足根轨迹的基本方程，即有

$$\prod_{i=j}^{m}(s+z_j)=0 \tag{4.21}$$

式(4.21)表明，开环传递函数的零点 $s=-z_j\,(j=1,2,\cdots,m)$ 就是 m 条根轨迹分支的终点。当 $K\to\infty$、$n\geqslant m$ 时，$s\to\infty e^{j\varphi}$ 也能满足式(4.20)的根轨迹方程。当 $n\geqslant m$，根轨迹有 $(n-m)$ 条分支的终点在无限远处。如果把根轨迹在无限远处的终点称为无限零点，则根轨迹的终点有 m 个有限零点，$(n-m)$ 个无限零点。

综上所述，可以得到如下结论：根轨迹起始于开环极点，终止于开环零点，其分支数等于开环(闭环)极点数；当 $n>m$ 时，有 m 条分支终止在 m 个有限零点上，有 $n-m$ 条分支终止在 $n-m$ 个无限零点上。特别需要注意的是，在绘制根轨迹图时，不要将终止在无限零点上的根轨迹分支漏掉。

3. 规则三　根轨迹在实轴上的分布

根轨迹在实轴上总是分布在两个相邻的开环实零、极点之间，且该线段右边开环实零、极

点的总数为奇数。也就是说，在实轴上任取一点 s_t，若该点右方实轴上开环极点数和零点数之和为奇数，则该点 s_t 是根轨迹上的一个点，该点所在的线段就是一条根轨迹。

下面用相角条件来说明这个规则。设系统的开环零、极点的分布如图 4.4 所示，在实轴上任取一试验点 s_t，连接所有的开环零点和极点。由图 4.4 可以看出，位于 s_t 点右方实轴上的每一个开环极点和零点指向该点的矢量方向，它们的相角为 π（也可表示为 $-\pi$）；而位于 s_t 点左方实轴上的每一个开环极点和零点指向该点的矢量方向，由于其与实轴的指向一致，因而它们的相角均为 0。一对共轭极点（或共轭零点）指向试验点 s_t 的矢量方向的相角为 2π，因而它不会影响实轴上根轨迹的确定，所以，实轴上根轨迹的确定完全取决于试验点 s_t 右方实轴上开环极点和零点数之和的数目。由根轨迹的相角条件式(4.14)得

$$\sum_{j=1}^{m}\angle(s_t+z_j)-\sum_{i=1}^{n}\angle(s_t+p_i)=(m_t+n_t)\pi=\pm(2k+1)180^\circ,k=0,1,2,\cdots \tag{4.22}$$

式中：m_t 为试验点 s_t 右方实轴上的开环零点数；n_t 为试验点 s_t 右方实轴上的开环极点数。由此式可知，只要当 (m_t+n_t) 为奇数，此试验点 s_t 就满足根轨迹的相角条件，表示该点是根轨迹上的一个点。

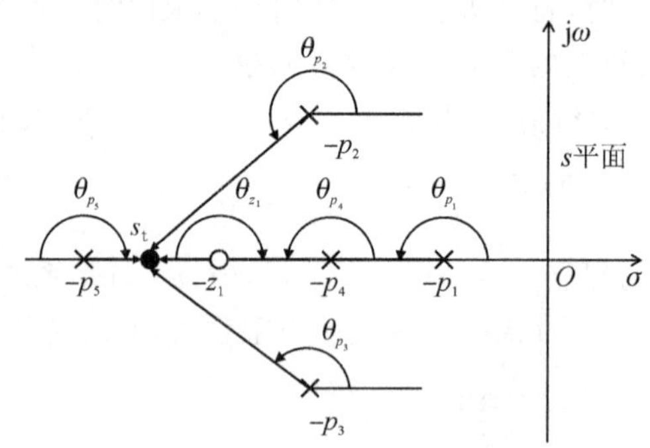

图 4.4　实轴上根轨迹的分布

4. 规则四　根轨迹的对称性

闭环特征方程的根只有实根和复根两种，实根位于实轴上，而每对复根必共轭，由于根轨迹是根的集合，因此根轨迹对称于实轴。

利用这一性质，在绘制根轨迹图时，只需画出上半 s 平面的根轨迹，而下半平面的根轨迹可根据对称性原理得出。

5. 规则五　根轨迹的渐近线

若开环零点数 m 小于开环极点数 n，则当系统的开环增益 $K\to\infty$ 时，根轨迹将沿某些直线趋向无限零点，这些直线就是根轨迹的渐近线。

当 $K\to\infty$ 时，$s\gg z_j$、p_i，若在 ∞ 处观察，所有的 z_j、p_i 将聚合成一个点，这个点就是渐近线的起点。由于对称性，该点 σ_a 应在实轴上，坐标应是 z_j、p_i 的几何中心点，即所谓“质心”，且应该近似满足根轨迹的幅相条件：

$$\lim_{K\to\infty}\left[1+\frac{K\prod_{j=1}^{m}(s+z_j)}{\prod_{i=1}^{n}(s+p_i)}\right]\approx\lim_{K\to\infty}\left[1+\frac{K\prod_{j=1}^{m}(s+\sigma_a)}{\prod_{i=1}^{n}(s+\sigma_a)}\right]=0 \tag{4.23}$$

1)渐近线的倾角

设试验点 s_t 在 s 平面的无限远处：$s_t\to\infty e^{j\varphi}$，当 $s\to s_t$ 时由于各个开环有限零点和极点之间的距离相对于它们到 s_t 点的距离小得多，对于式(4.16)，则各 $(s+z_j)$ 、$(s+p_i)$ 之间的差别很小，几乎重合在一起，因而，可以将从各个不同的开环零、极点指向 s_t 点的向量用从同一点 $(-\sigma_a)$ 处指向 s_t 点的向量来代替，即用 $(s+\sigma_a)$ 来代替 $(s+z_j)$ 、$(s+p_i)$，这样式(4.16)可以化为如下形式：

$$G(s)H(s)\approx\frac{K}{(s+\sigma_a)^{n-m}}=-1 \tag{4.24}$$

根据式(4.24)，可得

$$(s+\sigma_a)^{n-m}=-K=Ke^{\pm j(2k+1)\pi},\ k=0,1,2,\cdots \tag{4.25}$$

即

$$s+\sigma_a=K^{\frac{1}{n-m}}e^{j\theta_k} \tag{4.26}$$

式中，

$$\theta_k=\frac{\pm(2k+1)\pi}{n-m},\ k=0,1,2,\cdots,(n-m-1) \tag{4.27}$$

式(4.26)就是在 $s_t\to\infty e^{j\varphi}$ 的条件下导出的根轨迹方程，也就是根轨迹渐近线的方程。该方程描述的是 $(n-m)$ 条渐近线，θ_k 就是这些渐近线与实轴的倾角，渐近线共有 $(n-m)$ 条，当 k 从 0 增大到 $(n-m-1)$ 时，θ_k 可取 $(n-m)$ 个不同的值。

式(4.27)表示由 $(n-m)$ 个开环极点发出的根轨迹分支，当 $K\to\infty$ 时，按此式所示角度的渐近线将趋向无限远处，显然渐近线的条数等于趋向无限远处根轨迹的分支数，即为 $(n-m)$ 。

2)渐近线与实轴的交点

由式(4.26)，当 $K=0$ 时，有

$$s=-\sigma_a \tag{4.28}$$

这说明当 $K=0$ 时，$(n-m)$ 条根轨迹的渐近线将交于 $(-\sigma_a,0)$ 一点。

一方面，将式(4.24)的分母进一步展开有

$$G(s)H(s)=\frac{K}{s^{n-m}+(n-m)\sigma_a s^{n-m-1}+\cdots} \tag{4.29}$$

另一方面，将式(4.16)所示开环传递函数的零、极点形式展开为多项式形式：

$$G(s)H(s)=\frac{K\left(s^m+\sum_{j=1}^{m}z_j s^{m-1}+\cdots+\prod_{j=1}^{m}z_j\right)}{s^n+\sum_{i=1}^{n}p_i s^{n-1}+\cdots+\prod_{i=1}^{n}p_i} \tag{4.30}$$

由式(4.30)可得

$$G(s)H(s)=\frac{K}{s^{n-m}+\left(\sum_{i=1}^{n}p_i-\sum_{j=1}^{m}z_j\right)s^{n-m-1}+\cdots} \tag{4.31}$$

当 $s \to \infty e^{j\varphi}$，式(4.31)可近似表示为

$$G(s)H(s) \approx \frac{K}{s^{n-m} + \left(\sum_{i=1}^{n} p_i - \sum_{j=1}^{m} z_j\right) s^{n-m-1}} \tag{4.32}$$

比较式(4.29)和式(4.32)，可得

$$\sigma_a = -\frac{\sum_{i=1}^{n} p_i - \sum_{j=1}^{m} z_j}{n-m} \tag{4.33}$$

由于开环零点和极点为复数时，总是以共轭复数出现，当式(4.33)分子上的各项相加时，共轭复数的虚部互相抵消，所以 σ_a 一定是实数，即各条渐近线的交点必定位于实轴上。

综上所述，当系统 $n \gg m$ 时，根轨迹的渐近线共有 $(n-m)$ 条，各条根轨迹的渐近线与实轴的倾角为

$$\theta_k = \frac{\pm(2k+1)\pi}{n-m},\ k = 0,1,2,\cdots,(n-m-1) \tag{4.34}$$

根轨迹的渐近线交于实轴上一点，交点为

$$-\sigma_a = -\frac{\sum_{i=1}^{n}(-p_i) - \sum_{j=1}^{m}(-z_j)}{n-m} \tag{4.35}$$

例 4.1　设一单位负反馈系统如图 4.5 所示，试绘制该系统的根轨迹图。

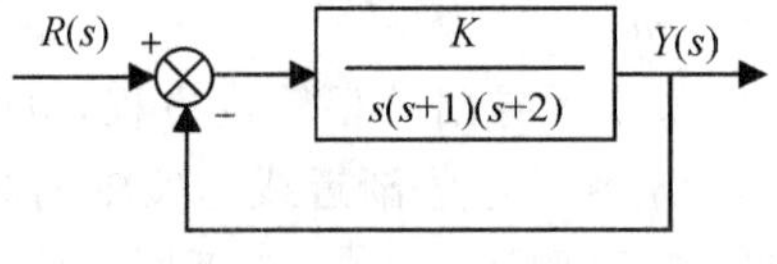

图 4.5　系统结构图

【解】　由规则一可知，给出的控制系统满足绘制根轨迹图的形式要求。

系统的开环传递函数为

$$G(s)H(s) = \frac{K}{s(s+1)(s+2)}$$

由规则二可知，系统的起点为开环极点，分别为 0、-1、-2，由于没有开环零点，根轨迹没有有限零点，仅有无限零点，3 条根轨迹的分支均沿着渐近线趋向无限远处。

由规则三可知，根轨迹在实轴上的分布为 $(-\infty,-2)$ 和 $(-1,0)$ 。

由规则四可知，有两条根轨迹对称于实轴。

由规则五可知，根轨迹的渐近线与正实轴的夹角分别为

$$\theta_k = \pm\frac{(2k+1)\pi}{3-0} = \begin{cases} \pm\dfrac{\pi}{3}, k=0 \\ \pm\pi, k=1 \\ \pm\dfrac{5\pi}{3}, k=2 \end{cases}$$

这里公式取的是正号(若公式取负号，根轨迹渐近线与正实轴的夹角位置是相同的)。渐近线与实轴的交点为

$$-\sigma_a = \frac{(0-1-2)-0}{3-0} = -1$$

系统的根轨迹如图 4.6 所示，

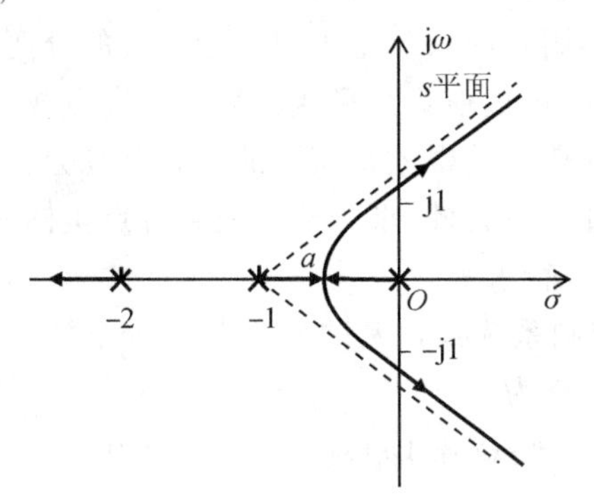

图 4.6　系统根轨迹图

由图 4.6 可以看出，根轨迹的一条分支从 $s=-2$ 点出发，沿着负实轴移动，最后止于 $-\infty$ 远处。另两条分支分别从 $s=0$、-1 出发，随着 K 的增大，彼此沿着实轴相向移动，因而它们必然会在实轴上相交，然后分离进入复平面，这个交点 a 称为根轨迹的分离点。不难看出，在分离点处，特征方程式有双重实根，根据这一特点便可计算根轨迹的分离点。当增益 K 进一步增大时，根轨迹分支从实轴分离而走向复平面，并沿着相角 $\pi/3$ 、$5\pi/3$ 的两条渐近线指向对称于实轴并趋向于无限远。

6. 规则六　根轨迹的分离点和会合点

两条以上根轨迹分支的交点称为根轨迹的会合点。当根轨迹分支在实轴上相交后走向复平面时，该相交点称为根轨迹分离点。

令 $A(s)=\prod_{i=1}^{n}(s+p_i)$、$B(s)=\prod_{j=1}^{m}(s+z_j)$，则系统开环传递函数(4.16)可以写为

$$G(s)H(s)=\frac{KB(s)}{A(s)} \tag{4.36}$$

由代数方程解的性质可知，特征方程出现重根的条件是 s 必须满足下列方程：

$$F(s)=A(s)+KB(s)=0 \tag{4.37}$$

$$F'(s)=A'(s)+KB'(s)=0 \tag{4.38}$$

消去上述两式中的 K，得

$$A(s)B'(s)-A'(s)B(s)=0 \tag{4.39}$$

根据式(4.39)可以确定根轨迹的分离点或会合点的坐标及相应的 K 值。

根轨迹分离点或会合点的坐标也可用方程 $\mathrm{d}K/\mathrm{d}s=0$ 来求取，对此说明如下。根据式(4.37)可得

$$K=-\frac{A(s)}{B(s)} \tag{4.40}$$

对上式求导，得

$$\frac{\mathrm{d}K}{\mathrm{d}s}=\frac{A(s)B'(s)-A'(s)B(s)}{[B(s)]^2} \tag{4.41}$$

由于在根轨迹的分离点和会合点处，上式右方的分子应等于零，于是有

$$\frac{\mathrm{d}K}{\mathrm{d}s}=0 \tag{4.42}$$

综上所述，将开环传递函数写成式(4.36)的形式，就可用方程(4.39)求出根轨迹的分离点或会合点；或根据式(4.40)，再用式(4.42)也可求出根轨迹的分离点或会合点。

应当指出的是，特征方程出现重根只是形成根轨迹分离点或会合点的必要条件，但不是充分条件。只有位于根轨迹上的那些重根才是实际的分离点或会合点，所以，分离点或会合点求解后需要判断是否位于根轨迹上。另外，求分离点或会合点坐标时，有时需要求解高阶代数方程，在阶次较高时可用试探法进行求解。

例 4.2　求图 4.5 所示控制系统根轨迹的分离点。

【解】　系统的闭环特征方程为

$$s(s+1)(s+2)+K=0$$

则

$$K=-s(s+1)(s+2)$$

对上式求导，得方程

$$\frac{\mathrm{d}K}{\mathrm{d}s}=-(3s^2+6s+2)=0$$

解方程得 $s_1=-0.423$、$s_2=-1.577$。

根据根轨迹在实轴上的分布可知，$s_1=-0.423$ 是根轨迹的实际分离点，如图 4.6 中的 a 点，相应得 $K=0.385$ 。而 $s_2=-1.577$ 不是根轨迹上的点，应当舍去。

7. 规则七　根轨迹的出射角和入射角

根轨迹离开开环复数极点处的切线与实轴正方向的夹角，称为根轨迹的出射角。根轨迹进入开环复数零点处的切线与实轴正方向的夹角，称为根轨迹的入射角。计算根轨迹的出射角和入射角的目的在于了解开环复数极点或零点附近根轨迹的变化趋势和走向，便于绘制根轨迹图。

计算根轨迹的出射角和入射角可由根轨迹的相角条件式(4.14)来确定。根轨迹在第 a 个开环复数极点 $-p_a$ 处的出射角为

$$\theta_{p_a}=\mp(2k+1)\pi+\sum_{j=1}^{m}\theta_{z_j}-\sum_{\substack{i=1\\i\neq a}}^{n}\theta_{p_i} \tag{4.43}$$

式中，

$$\theta_{p_i}=\angle(-p_a+p_i),\quad i=1,2,\cdots,n(i\neq a) \tag{4.44}$$

$$\theta_{z_j}=\angle(-p_a+z_j),\quad i=1,2,\cdots,m \tag{4.45}$$

根轨迹在第 b 个开环复数零点 $-z_b$ 处的入射角为

$$\theta_{z_b}=\pm(2k+1)\pi+\sum_{i=1}^{n}\theta_{p_i}-\sum_{\substack{j=1\\j\neq b}}^{m}\theta_{z_j} \tag{4.46}$$

式中，

$$\theta_{p_i}=\angle(-z_b+p_i),\ i=1,2,\cdots,n \tag{4.47}$$

$$\theta_{z_j}=\angle(-z_b+z_j),\ j=1,2,\cdots,m(j\neq b) \tag{4.48}$$

例 4.3　控制系统的特征方程为

$$1+\frac{Ks(s+4)}{s^2+2s+2}=0$$

求根轨迹在实轴上的会合点和复数极点的出射角。

【解】 系统的开环零点为 $z_1=0$、$z_2=-4$，开环极点为 $p_1=-1+\mathrm{j}$、$p_2=-1+\mathrm{j}$。

由特征方程得

$$K=-\frac{s^2+2s+2}{s(s+4)}$$

$$\frac{\mathrm{d}K}{\mathrm{d}s}=-\frac{(2s+2)(s^2+4s)-(s^2+2s+2)(2s+4)}{s^2\,(s+4)^2}=\frac{-2s^3+4s+8}{s^2\,(s+4)^2}=0$$

有

$$-2s^3+4s+8=0$$

解得 $s_1=1-\sqrt{5}=-1.236$（在根轨迹上，是会合点），$s_2=1+\sqrt{5}=-3.236$（不在根轨迹上，不是会合点，舍去）。

由式(4.43)，极点 p_1 的出射角为

$$\theta_{p_1}=-\pi+\theta_{z_1}+\theta_{z_2}-\theta_{p_2}=-2.034\ (\mathrm{rad})$$

极点 p_2 的出射角与 p_1 的出射角是关于实轴对称的，应为 2.034 rad。

8. 规则八　根轨迹与虚轴的交点

因为闭环系统的正特征根不稳定，所以根轨迹若穿过虚轴进入 s 右半平面，系统将不稳定。同时，为了判断系统的稳定范围，需要确定根轨迹与虚轴的交点。

根轨迹与虚轴的交点可以由以下两种方法确定：

(1)用劳斯稳定判据求临界稳定的增益 K 值，并将其代入特征方程，可求得根轨迹与虚轴的交点；

(2)令特征方程的 $s=\mathrm{j}\omega$，并代入特征方程，解得的 ω 即为根轨迹与虚轴的交点。

这两种方法均需求解代数方程，其中用劳斯稳定判据求解时往往可以得到阶次较低的辅助方程，因而计算较简单方便一些。

例 4.4　求图 4.5 系统结构图所示控制系统根轨迹与虚轴的交点。

【解】 系统的特征方程为

$$s^3+3s^2+2s+K=0$$

列劳斯表：

$$\begin{array}{lll} s^3 & 1 & 2 \\ s^2 & 3 & K \\ s^1 & -\dfrac{K-6}{3} & \\ s^0 & K & \end{array}$$

临界稳定时

$$\frac{6-K}{K}=0$$

得临界稳定增益 $K=6$，再代入辅助方程

$$3s^2+6=0$$

解得与虚轴的交点：$s=\pm\,\mathrm{j}1.414$。

这里再采用解方程的方法来求根轨迹与虚轴的交点。将 $s=\mathrm{j}\omega$ 代入特征方程，得

$$-3\omega^2+K+\mathrm{j}\omega(2-\omega^2)=0$$

令上式左边实部和虚部分别等于零，有

$$-3\omega^2+K=0$$

$$\omega(2-\omega^2)=0$$

联立求解上述两式，得 $\omega=\pm1.414$、$K=6$，两种方法的结果是相同的。

9. 规则九　根之和与根之积

零、极点形式的开环传递函数可以展开为多项式形式：

$$G(s)H(s)=\frac{K\sum_{i=j}^{m}(s+z_j)}{\sum_{i=1}^{n}(s+p_i)}=\frac{K\left(s^m+\sum_{i=j}^{m}z_js^{m-1}+\cdots+\prod_{i=j}^{m}z_j\right)}{s^n+\sum_{i=1}^{n}p_is^{n-1}+\cdots+\prod_{i=1}^{n}p_i} \tag{4.49}$$

当 $n-m\geqslant2$ 时，将式(4.49)代入式(4.15)，系统的闭环特征方程可写为

$$s^n+\sum_{i=1}^{n}p_is^{n-1}+\cdots+\prod_{i=1}^{n}p_i+K\left(s^m+\sum_{i=j}^{m}z_js^{m-1}+\cdots+\prod_{i=j}^{m}z_j\right)=0 \tag{4.50}$$

设式(4.50)的闭环特征根为 $-p_{c_i}$ $(i=1,2,\cdots,n)$，则

$$\prod_{i=1}^{n}(s+p_{c_i})=s^n+\sum_{i=1}^{n}p_{c_i}s^{n-1}+\cdots+\prod_{i=1}^{n}p_{c_i}=0 \tag{4.51}$$

对比式(4.50)和式(4.51)可得

$$\sum_{i=1}^{n}p_{c_i}=\sum_{i=1}^{n}p_i \tag{4.52}$$

$$\prod_{i=1}^{n}p_{c_i}=K\prod_{j=1}^{m}z_j+\prod_{i=1}^{n}p_i \tag{4.53}$$

当 K 由 $0\to\infty$ 变化时，虽然 n 个闭环特征根会随之变化，但它们的和却恒等于 n 个开环极点之和。如果一部分根轨迹分支随着 K 的增大而向左移动，则另一部分根轨迹分支必将随着 K 的增大而向右移动，以保持开环极点之和不变。利用这一性质可以估计根轨迹分支的变化趋势。

为了便于查找及应用，现将这 9 条基本规则归纳于表 4.2 中。典型传递函数及其根轨迹图如表 4-3 所示。

表 4.2　绘制根轨迹图的基本规则

序号	名称	规则
1	确定绘制根轨迹图的参数方程	$G(s)H(s)=\dfrac{K\prod_{j=1}^{m}(s+z_j)}{\prod_{i=1}^{n}(s+p_i)}$
2	根轨迹的起点和终点及分支数	分支数等于开环极点数，根轨迹起点是 n 个开环极点，终点是 m 个有限开环零点和 $(n-m)$ 个无限零点
3	根轨迹在实轴上的分布	分布在两个相邻的开环实零、极点之间，且该线段右边开环实零、极点的总数为奇数
4	根轨迹的对称性	根轨迹对称于实轴

续表

序号	名称	规则
5	根轨迹的渐近线	条数：$n-m$ 倾角：$\theta_k = \dfrac{\pm(2k+1)\pi}{n-m},\ k=0,1,2,\cdots,(n-m-1)$ 交点：$-\sigma_a = -\dfrac{\sum\limits_{i=1}^{n}(-p_i)-\sum\limits_{j=1}^{m}(-z_j)}{n-m}$
6	根轨迹的分离点和会合点	$A(s)B'(s)-A'(s)B(s)=0$ 或 $\dfrac{\mathrm{d}K}{\mathrm{d}s}=0$ 的根
7	根轨迹的出射角和入射角	出射角：$\theta_{p_a} = \mp(2k+1)\pi+\sum\limits_{j=1}^{m}\theta_{z_j}-\sum\limits_{\substack{i=1\\ i\neq a}}^{n}\theta_{p_i}$ 入射角：$\theta_{z_b} = \pm(2k+1)\pi+\sum\limits_{i=1}^{n}\theta_{p_i}-\sum\limits_{\substack{j=1\\ j\neq b}}^{m}\theta_{z_j}$
8	根轨迹与虚轴的交点	1. 用劳斯稳定判据求临界稳定时的特征值 2. 令 $s=\mathrm{j}\omega$，代入特征方程让其实部和虚部分别等于零，求 ω
9	根之和与根之积	根之和：$\sum\limits_{i=1}^{n}p_{c_i}=\sum\limits_{i=1}^{n}p_i$ 根之积：$\prod\limits_{i=1}^{n}p_{c_i}=\prod\limits_{i=1}^{n}p_i+K\prod\limits_{j=1}^{m}z_j$

表 4.3 典型传递函数及其根轨迹图

传递函数 $G(s)$	根轨迹图
1. $\dfrac{K}{\tau_1 s+1}\ (0<\tau_1)$	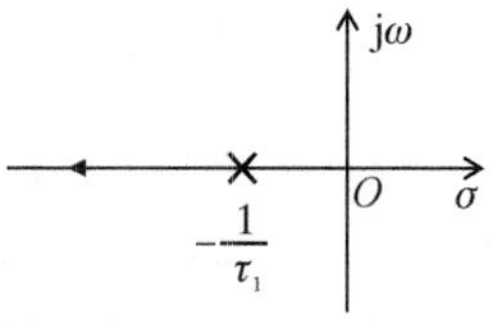 $\mathrm{j}\omega$, O, σ, $-\dfrac{1}{\tau_1}$
2. $\dfrac{K}{(\tau_1 s+1)(\tau_2 s+1)}\ (0<\tau_2<\tau_1)$	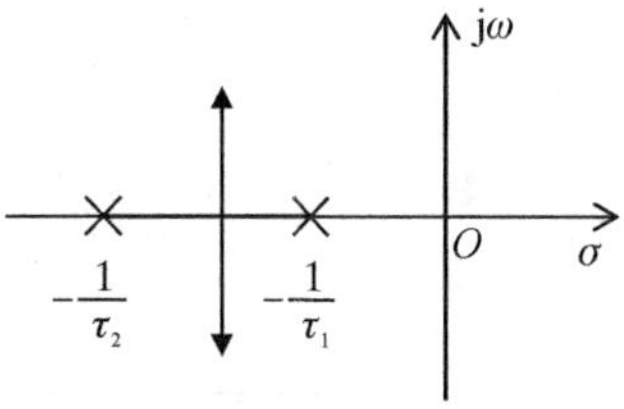 $\mathrm{j}\omega$, O, σ, $-\dfrac{1}{\tau_2}$, $-\dfrac{1}{\tau_1}$
3. $\dfrac{K}{(\tau_1 s+1)(\tau_2 s+1)(\tau_3 s+1)}\ (0<\tau_3<\tau_2<\tau_1)$	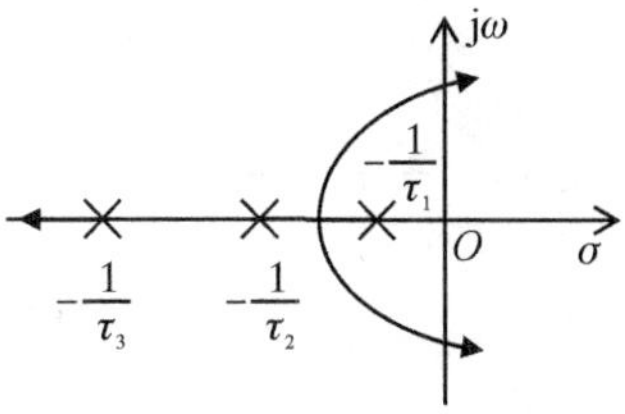 $\mathrm{j}\omega$, O, σ, $-\dfrac{1}{\tau_1}$, $-\dfrac{1}{\tau_3}$, $-\dfrac{1}{\tau_2}$

续表

传递函数 $G(s)$	根轨迹图
4. $\frac{K}{s}$	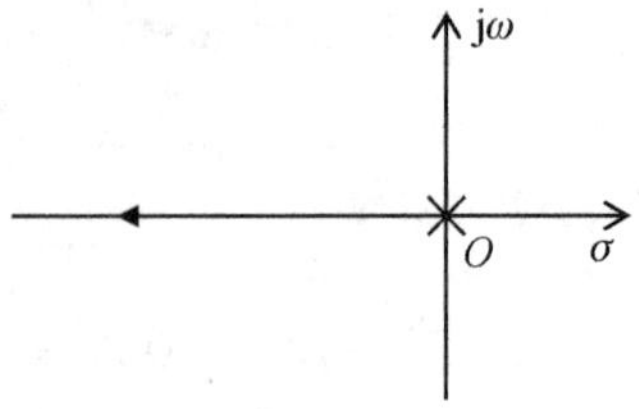
5. $\frac{K}{s(\tau_1 s+1)}$ $(0<\tau_1)$	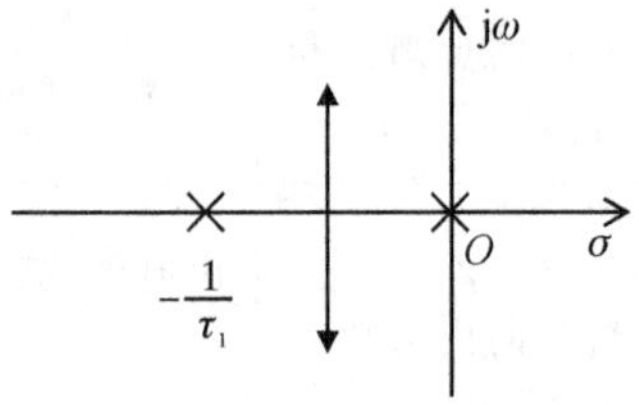
6. $\frac{K}{s(\tau_1 s+1)(\tau_2 s+1)}$ $(0<\tau_2<\tau_1)$	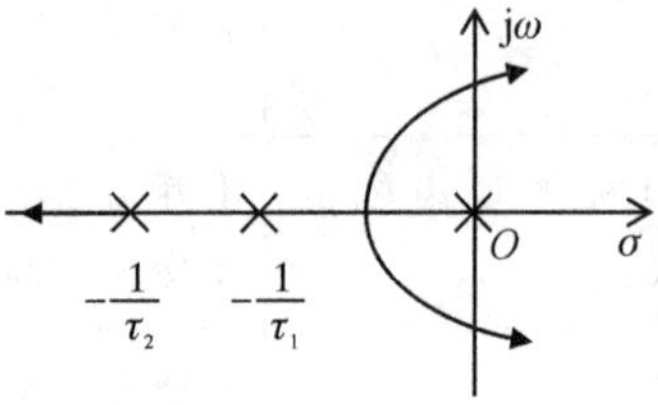
7. $\frac{K(\tau_a s+1)}{s(\tau_1 s+1)(\tau_2 s+1)}$ $(0<\tau_2<\tau_a<\tau_1)$	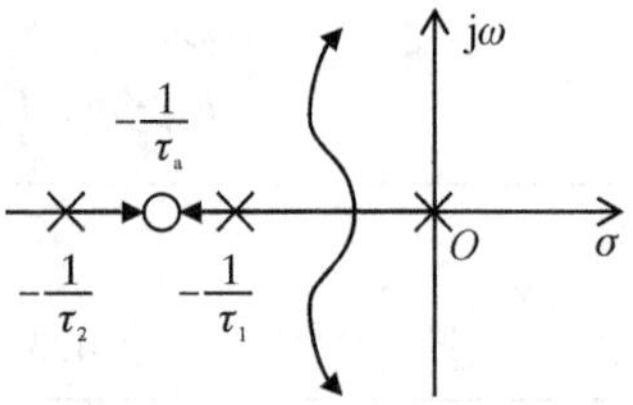
8. $\frac{K}{s^2}$	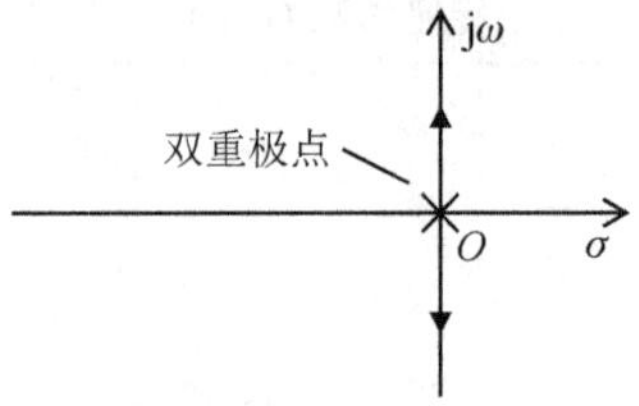
9. $\frac{K}{s^2(s\tau_1+1)}$ $(0<\tau_1)$	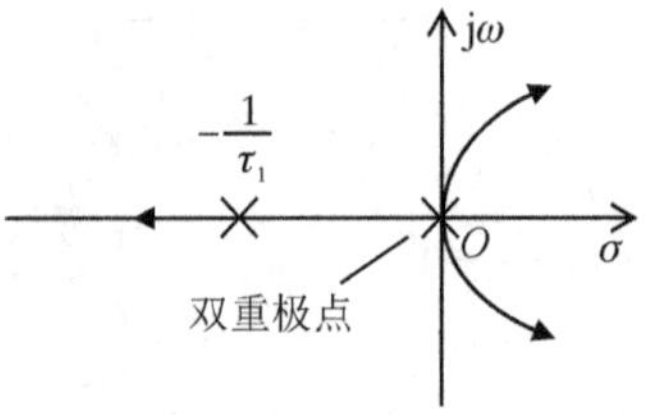
10. $\frac{K(\tau_a s+1)}{s^2(\tau_1 s+1)}$ $(0<\tau_1<\tau_a)$	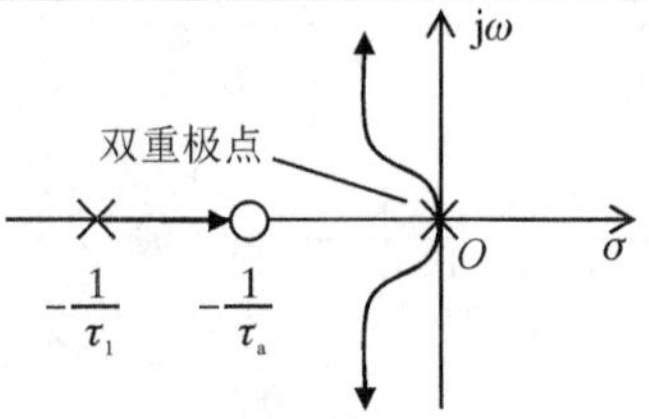

续表

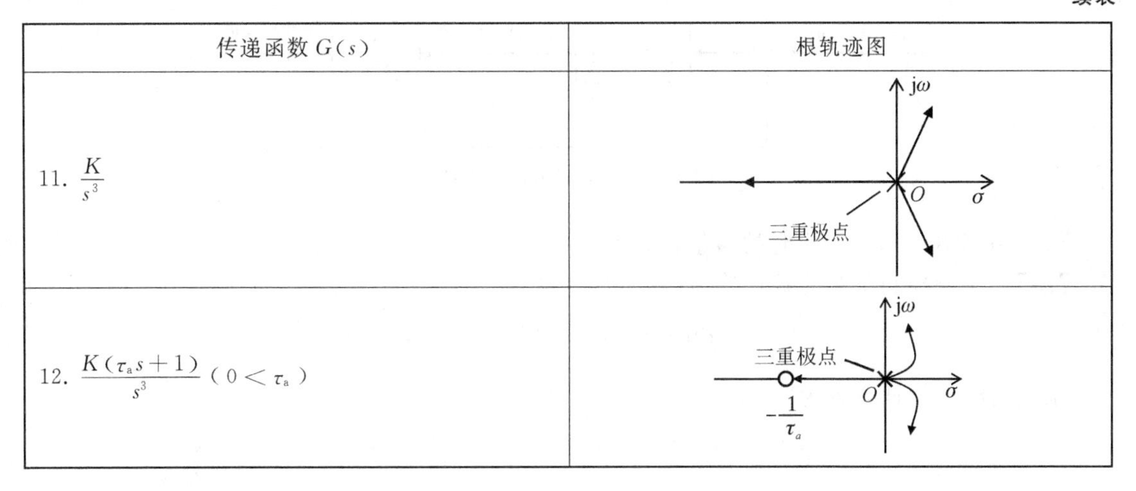

传递函数 $G(s)$	根轨迹图
11. $\dfrac{K}{s^3}$	jω　O　σ　三重极点
12. $\dfrac{K(\tau_a s+1)}{s^3}$ $(0<\tau_a)$	jω　三重极点　O　σ　$-\dfrac{1}{\tau_a}$

4.3　参量根轨迹

以上所述的根轨迹都是以根轨迹增益 K 作为可变参量的，这在实际系统中是最常见的。但是，在实际系统中，除了增益 K 以外，常常还要研究系统其他参数变化对闭环特征根的影响。这里，把不是以 K 为变量、非负反馈系统的根轨迹称为广义根轨迹。

4.3.1　一个可变参量根轨迹的绘制

假定系统的可变参量是某一时间常数 T，由于其位于开环传递函数分子或分母的因式中，因而就不能简单地用根轨迹增益 K 为参变量的方法直接绘制系统的根轨迹，而是需要按照根轨迹基本绘制规则中的规则一，对根轨迹方程的形式进行必要处理。根据系统闭环特征方程，用闭环特征方程中不含有参量 T 的各项去除该方程，使原方程变为

$$1+TG_1(s)H_1(s)=0 \tag{4.54}$$

式中，$TG_1(s)H_1(s)$ 为系统的等效开环传递函数，所处的位置与之前所述的开环传递函数中 K 所处的位置相当，这样就可按绘制以 K 为参量根轨迹图同样的方法来绘制以 T 为参量的根轨迹图。此方程可以进一步转化为零点、极点形式，即

$$1+\frac{T\prod\limits_{i=j}^{m}(s+z_j)}{\prod\limits_{i=1}^{n}(s+p_i)}=0 \tag{4.55}$$

这样就可以按上一节介绍的根轨迹图基本绘制规则二～九绘出系统的根轨迹图。以下通过一个例子来说明。

例 4.5　以过程工业流量控制系统为例，理想情况下，流量设定值和流量测量值一致，流量控制器输入为 0，给水调节阀开度不变，给水流量不变，流量维持在设定值。如果由于系统内部参数变化等扰动的影响，使流量偏离设定值，则流量偏差不为 0，流量控制器输出也不等于 0，流量控制器输出给水调节阀开度，通过控制给水调节阀的开度调节给水流量，使得给水流量维持在设定值。根据以上工作原理，流量控制系统的原理方块图如图 4.7 所示，流量控制器为 PI 控制器，传递函数形式为 $C(s)=K(1+T/s)$，给水调节阀开度与流量的传递函数为

$G(s)=1/(s+2)$,单位负反馈 $H(s)=1$。

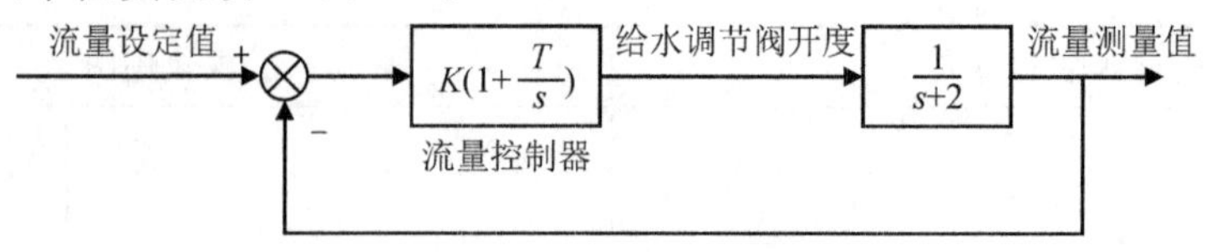

图 4.7 典型流量控制系统

试绘制当 $K=1$,T 变化时的参量根轨迹。

【解】 流量控制系统的开环传递函数为

$$G(s)H(s)=\frac{(s+T)}{s(s+2)}$$

系统的闭环特征方程为

$$1+G(s)H(s)=1+\frac{(s+T)}{s(s+2)}=0$$

$$s^2+3s+T=0$$

$$1+\frac{T}{s^2+3s}=0$$

系统等效开环传递函数可化为

$$G_1(s)H_1(s)=\frac{T}{s(s+3)}$$

①根轨迹的分支起点和终点。

$p_1=0$、$p_2=3$,极点分别为 0、−3,故根轨迹起点为 0、−3。

$n=2$、$m=0$,$n-m=2$,故根轨迹有 2 条分支,其终点都为无穷远处。

②实轴上根轨迹的分布为 $(-3,0)$。

③根轨迹的渐近线。

渐近线与实轴的交点为

$$-\sigma_a=-\frac{0+3}{2-0}=-\frac{3}{2}$$

渐近线与实轴的夹角为

$$\theta_k=\frac{\pm(2k+1)\pi}{n-m}=\pm\frac{\pi}{2}$$

④分离点和汇合点。

$$T=-s(s+3)$$

$$\frac{\mathrm{d}T}{\mathrm{d}s}=-(2s+3)=0$$

所以分离点为

$$s=-\frac{3}{2}$$

⑤与虚轴的交点

$$D(s)=s(s+3)+T=s^2+3s+T=0$$

方法一:令特征方程实部为 0,求相应的 T 值

将 $s=\mathrm{j}\omega$ 代入特征方程得

$$(\mathrm{j}\omega)^2+3(\mathrm{j}\omega)+T=0$$

$$(\mathrm{j}\omega)^2+3(\mathrm{j}\omega)+T=-\omega^2+3\omega\mathrm{j}+T=(T-\omega^2)+3\mathrm{j}\omega$$

$$\begin{cases}3\mathrm{j}\omega=0\\T-\omega^2=0\end{cases},\quad\begin{cases}\omega=0\\T=0\end{cases}$$

所以根轨迹与虚轴的交点为 0 点。

方法二：利用劳斯稳定判据

列劳斯表：

$$\begin{array}{ccc}s^2 & 1 & T\\ s^1 & 3 & 0\\ s^0 & \dfrac{-\begin{vmatrix}1 & T\\3 & 0\end{vmatrix}}{3} & 0\end{array}$$

$$T=0$$

所以根轨迹与虚轴的交点为 0 点。

系统的根轨迹图如图 4.8 所示。

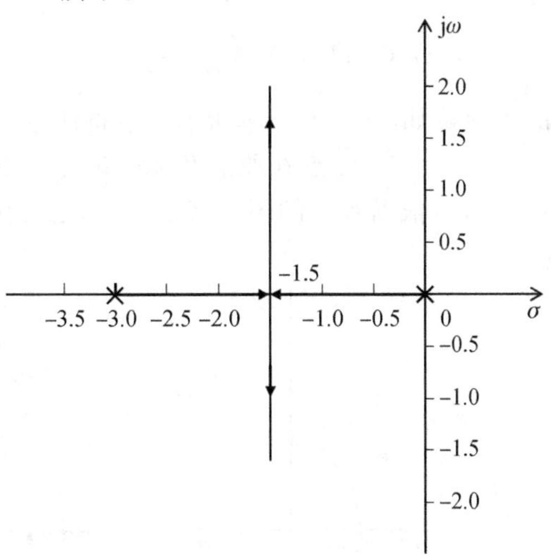

图 4.8　流量控制系统根轨迹图

4.3.2　多个可变参量根轨迹的绘制

在某些场合，需要研究几个参量同时变化对系统性能的影响。例如在设计一个校正装置的传递函数含有几个零、极点时，就需要研究这些零、极点取不同值时对系统性能的影响。这时就需要绘制几个参量同时变化时的根轨迹，这样所作出的根轨迹将是一组曲线，称为根轨迹簇。以下通过一个例子来说明根轨迹簇的绘制方法。

例 4.6　单位反馈控制系统如图 4.9 所示，试绘制以 K 和 a 为参变量的根轨迹簇。

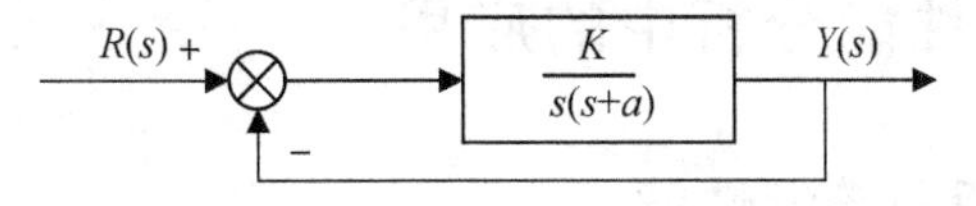

图 4.9　单位反馈控制系统

【解】 系统的闭环特征方程为

$$s^2 + as + K = 0$$

先作 $a=0$、K 变化时的根轨迹图，这时上式变为

$$s^2 + K = 0$$

即

$$1 + \frac{K}{s^2} = 0$$

这时的等效开环传递函数为

$$G_1(s)H_1(s) = \frac{K}{s^2}$$

这样，当 $a=0$，以 K 为参量时的根轨迹如图 4.10 (a)所示。

再作 K 取不同值，以 a 为参量的根轨迹图。由闭环特征方程得

$$1 + \frac{as}{s^2 + K} = 0$$

这时的等效开环传递函数为

$$G_2(s)H_2(s) = \frac{as}{s^2 + K}$$

当 $K=4$ 时，a 为参量的根轨迹如图 4.10 (b) 所示。值得注意的是，这个根轨迹的起点是图 4.10(a)根轨迹上 $K=4$ 的点，即 $\pm 2\mathrm{j}$，终点在原点及无穷远处。当 K 取不同值时，a 变化时的根轨迹如图 4.10(c)所示。同样，依据系统的闭环特征方程，也可作出 a 取不同的固定值，K 从 $0\sim\infty$ 变化时的根轨迹簇。

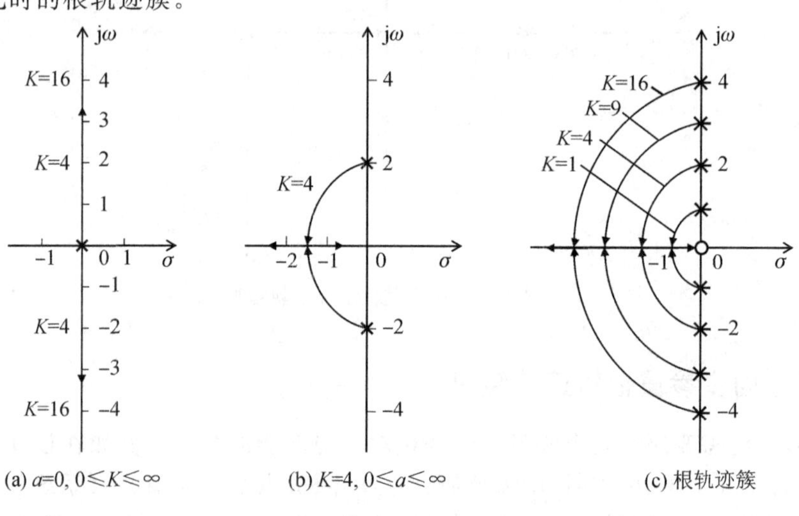

图 4.10　根轨迹图

4.4　根轨迹在系统性能分析中的应用

4.4.1　利用根轨迹分析系统的性能

利用根轨迹分析控制系统的稳定性，比仅仅知道一组闭环极点分析系统的性能要全面得

多。例如,当 K 在$(0,\infty)$内取值时,如果 n 条根轨迹全部位于 s 平面的左半平面,就意味着不管 K 取何值,闭环系统均是稳定的。反之,只要有一条根轨迹全部位于 s 平面的右半平面,就意味着不管 K 取何值闭环系统都是不稳定的。在这种情况下,如果开环零、极点是系统固有的,要使系统稳定就必须设计调节装置,人为地增加开环零、极点来改变系统的结构。

大多数情况下,没有任何一条根轨迹全部位于 s 平面的右半平面,但会有一条或多条穿越虚轴到达右半 s 平面,这说明闭环系统的稳定是有条件的。知道了根轨迹与虚轴相交时的 K 值,就可以确定稳定条件,进而确定合适的 K 值范围。

例 4.7　求图 4.7 所示控制系统稳定时 T 值的范围,系统无超调量时 T 值的范围,以及系统调节时间与 T 的关系。

【解】　控制系统的根轨迹如图 4.8 所示,系统有 2 条根轨迹,都位于 s 平面的左半平面,所以系统的稳定范围为 $0<T<\infty$ 。

当闭环极点全部位于实轴上时,系统没有超调量,当闭环极点距离实轴的距离越远,系统超调量越大。由图 4.8 可得,当 $s=-1.5$ 时,$T=2.25$,即闭环极点全部位于实轴上时,T 的取值范围为 $0<T\leqslant 2.25$ 。当 $0<T\leqslant 2.25$ 时,系统无超调量,当 $T>2.25$ 时,系统存在超调量,随着 T 的增大,系统超调量越大。

调节时间主要取决于最靠近虚轴的闭环复数极点的实部绝对值;如果实数极点距离虚轴最近,并且没有实数零点,则调节时间主要取决于该实数的模值。当 $0<T<2.25$ 时,随着 T 的增大,闭环极点距离虚轴越来越远,系统调节时间越小;当 $T>2.25$ 时,系统调节时间需要结合超调量具体进行分析,但是系统的调节时间均小于 $0<T<2.25$ 时系统的调节时间。

4.4.2　利用闭环主导极点近似分析系统的性能

例 4.8　单位负反馈控制系统的开环传递函数为

$$G(s)H(s)=\frac{K}{s(s+1)(s+2)}$$

试用根轨迹法确定系统在欠阻尼稳定时的根轨迹增益 K 的范围,并计算阻尼系数 $\zeta=0.5$ 时的 K 值及相应的闭环极点,估算此时系统的动态性能指标。

【解】　绘制系统的根轨迹如图 4.11 所示,其中分离点 a 的坐标为 -0.423,对应的 $K=0.385$;根轨迹与虚轴相交时的 $K=6$,经过 a 后,随着增益 K 的增加,系统将出现共轭复根,因此,系统在欠阻尼下稳定的开环增益 K 的范围为 $0.385<K<6$ 。

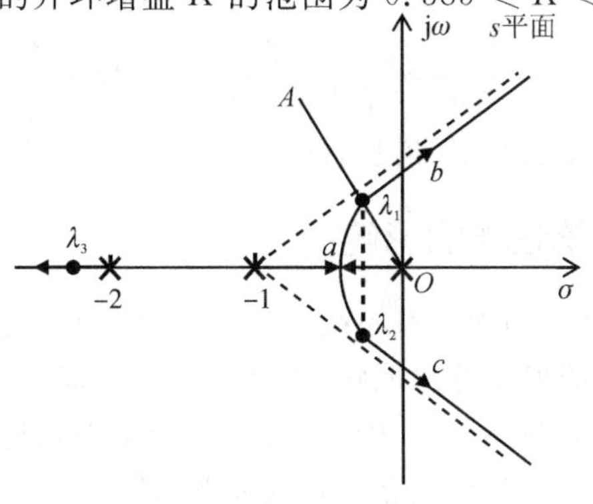

图 4.11　系统根轨迹

为了确定满足阻尼系数$\zeta=0.5$条件时系统的3个闭环极点，首先做出$\zeta=0.5$的等阻尼线OA，其与负实轴的夹角为

$$\beta=\arccos\zeta=60^\circ$$

如图4.11所示，等阻尼线OA与根轨迹的交点即为相应的闭环极点，设相应的两个共轭复数闭环极点分别为

$$\lambda_1=-\zeta\omega_n+j\omega_n\sqrt{1-\zeta^2}=-0.5\omega_n+j0.866\omega_n$$

$$\lambda_2=-\zeta\omega_n+j\omega_n\sqrt{1-\zeta^2}=-0.5\omega_n-j0.866\omega_n$$

设系统的第三个实根为λ_3，则闭环特征方程可表示为

$$(s-\lambda_1)(s-\lambda_2)(s-\lambda_3)=s^3+(\omega_n-\lambda_3)s^2+(\omega_n^2-\lambda_3\omega_n)s-\lambda_3\omega_n^2=0 \tag{4.56}$$

由系统的开环传递函数可得系统的闭环特征方程为

$$s^3+3s^2+2s+K=0 \tag{4.57}$$

根据式(4.56)和式(4.57)有

$$\omega_n-\lambda_3=3$$

$$\omega_n^2-\lambda_3\omega_n=2$$

$$-\lambda_3\omega_n^2=K$$

解得

$$\omega_n=0.667,\quad \lambda_3=-2.333,\quad K=1.04$$

故$\zeta=0.5$相应的闭环极点为

$$\lambda_1=-0.33+j0.58,\quad \lambda_2=-0.33-j0.58,\quad \lambda_3=-2.33$$

在所求得的3个闭环极点中，λ_3至虚轴的距离与λ_1（或λ_2）至虚轴的距离之比为$\frac{2.33}{0.33}\approx 7$。

可见λ_1、λ_2是系统的主导闭环极点，于是，可由λ_1、λ_2所构成的二阶系统来估算原三阶系统的动态性能指标。相应的二阶系统闭环传递函数为

$$W'(s)=\frac{0.33^2+0.58^2}{(s+0.33-j0.58)(s+0.33+j0.58)}=\frac{0.667^2}{s^2+0.667s+0.667^2}$$

则系统的超调量为

$$\sigma(\%)=e^{-0.5\times3.14/\sqrt{1+0.5^2}}\times100\%=16.3\%$$

调节时间($\Delta=0.02$)为

$$t_s=\frac{4}{\zeta\omega_n}=\frac{4}{0.5\times0.667}=12\ \text{s}$$

这些性能指标也可通过MATLAB仿真软件直接获得，下一节将介绍这方面的内容。

4.4.3 开环零、极点对系统性能的影响

影响系统稳定性和动态性能的因素有系统开环增益和开环零点、开环极点的位置。因为开环零点、极点的分布决定系统根轨迹的形状，如果系统的性能不尽如人意，可以通过调整控制器的结构和参数，改变相应的开环零点、极点的位置，调整根轨迹的形状，改善系统的性能。下面结合具体例子讨论开环零点、开环极点对系统性能的影响。

例4.9　三个单位负反馈控制系统的开环传递函数为

(1) $G(s)H(s)=\dfrac{T}{s(s+3)}$，$0<T$

(2) $G(s)H(s)=\dfrac{T(s+1)}{s(s+3)}$，$0<T$

(3) $G(s)H(s)=\dfrac{T}{s(s+3)(s+1)}$，$0<T$

试绘制三个系统的根轨迹图，并分析比较它们之间的关系。

【解】 该例题是以系统(1)为参照，在此基础上，系统(2)和系统(3)分别增加了开环零点和开环极点。系统(1)、系统(2)和系统(3)的根轨迹图分别如图 4.12(a)、图 4.12(b)和图 4.12(c)所示。

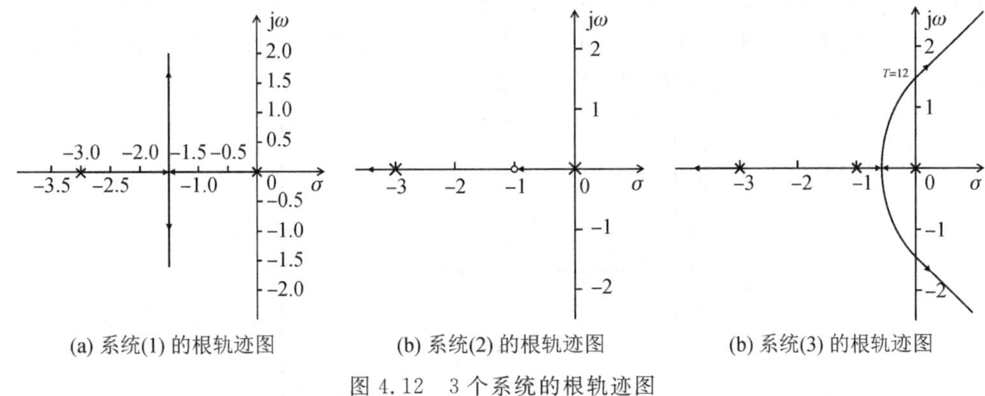

(a) 系统(1) 的根轨迹图　(b) 系统(2) 的根轨迹图　(b) 系统(3) 的根轨迹图

图 4.12　3 个系统的根轨迹图

从 3 个系统的根轨迹图可以看出，系统(1)和系统(2)始终是稳定的，但是随着根轨迹增益的增大，系统(2)的超调量为 0，而系统(1)的超调量增大。这说明增加合适的位于虚轴左侧的开环零点，可以使系统的根轨迹向左偏移，既可以增加系统的稳定裕度又可以提高系统响应的快速性，改善了系统的动态性能。

系统(3)相对于系统(1)增加了位于虚轴左侧的开环极点，这时系统只有在 $T<12$ 时才是稳定的，与系统(1)相比，给开环系统增加位于虚轴左侧的开环极点，将使系统的根轨迹向右偏移，一般会使系统的稳定性降低，不利于改善系统的动态性能，而且开环负实极点离虚轴越近，这种作用越显著。

4.5　MATLAB 在绘制根轨迹中的应用

对于比较复杂的系统，手工绘制根轨迹图是一项非常复杂的工作。采用 MATLAB 仿真软件可以快速、精确、方便地绘制出系统的根轨迹图，但不能因此就仅仅依赖 MATLAB 而忽略手工绘制根轨迹图的必要性。通过手工绘制根轨迹图可以深刻认识根轨迹的基本概念，其是全面理解和应用根轨迹分析方法的重要途径。

利用 MATLAB 绘制根轨迹图的基本命令是 rlocus( )。命令 sgrid 和 zgrid 分别是在连续和离散系统根轨迹图上绘制等阻尼系数和等自然角频率的栅格，其他有关命令及其应用可查阅 MATLAB 的帮助文件(help)。用 MATLAB 绘制根轨迹图同样要注意系统的传递函数形式。

例 4.10　已知连续系统的开环传递函数为

$$G(s)H(s)=\frac{K(4s^2+5s+1)}{s^2+s+3}$$

试绘制系统的根轨迹图。

【解】 在 MATLAB 命令窗口输入的命令如下：

```
>> num=[4 5 1];
>> den=[1 1 3];
>> rlocus(num,den);
```

也可以直接输入如下一个命令：

```
rlocus([4 5 1],[1 1 3]);
```

得到系统的根轨迹图如图 4.13 所示。在计算机上两条不同颜色的迹线(图 4.13 中不同形式的线,下同)代表两条根轨迹,图中的“○”代表开环零点,“×”代表开环极点。将鼠标置于根轨迹上任意位置,点击右键,就得到图中的结果:

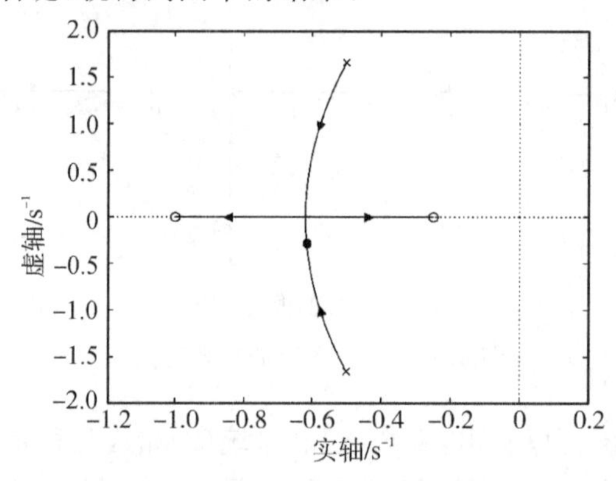

图 4.13 系统的根轨迹图

系统名称:sys

该点增益=3.55

该闭环极点的位置:(−0.617,−0.225i)

该点的阻尼系数:0.939

单位阶跃的超调量:0.0184 %

无阻尼振荡角频率:0.657 rad/s

这些都表明了闭环系统在该点的系统性能。

例题 4.11 系统的开环传递函数为

$$G(s)H(s)=\frac{K(2s^2+1s+1)}{s(s^2+4s+3)}$$

试绘制系统的根轨迹,确定当系统的阻尼系数$\zeta=0.6$时系统闭环极点的位置,并分析系统的性能。

【解】 在 MATLAB 命令窗口输入的命令如下:

```
>> num=[2 1 1];
>> den=[1 4 3 0];
>> rlocus(num,den);
>> grid;
```

```
>> [k,p]=rlocfind(num,den)
```

执行上述命令后，获得的根轨图迹如图 4.14 所示。上述命令行中的最后一行使根轨迹图上出现了可移动十字光标。将光标的交点对准根轨迹与等阻尼系数线相交处(可将此图局部放大来操作)，可以求出该点的极点坐标值和对应的系统增益 K，分别保留在数组 k 和 p 中，结果为

```
k = 2.1905
p = -7.7475 + 0.0000i
    -0.3167 + 0.4271i
    -0.3167 - 0.4271i
```

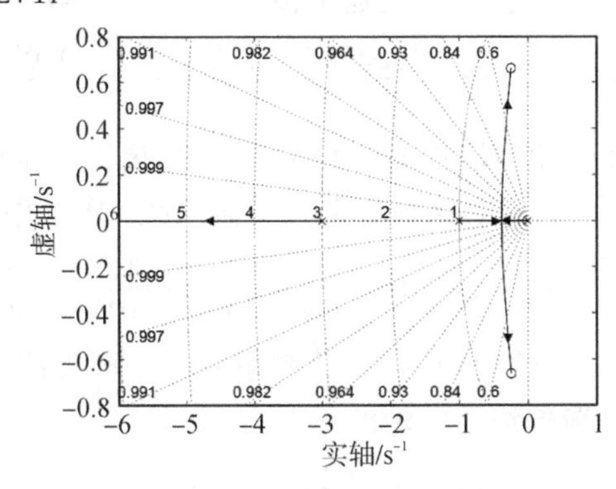

图 4.14　系统的根轨迹图

可见，当系统开环增益 $K=2.1905$ 时，闭环系统的三个极点分别为一个实数极点和一对共轭复数极点。实数极点距虚轴的距离是复数极点距虚轴距离的 10 倍以上，且复数极点附近无闭环零点，因此系统的动态性能主要由这对主导极点的二阶系统决定，此时的$\zeta=0.6$。在根轨迹图上直接获得的系统的主要性能指标为，单位阶跃的超调量：9.75%，无阻尼自由振荡角频率：0.532 rad/s。通过 MATLAB 绘制的根轨迹图可以直接获得系统单位阶跃的超调量、无阻尼自由振荡角频率等系统特性。

4.6　水箱液位系统根轨迹设计示例

前面的章节中设计了水位控制器，本节将用根轨迹法来分析设计控制器的参数。这里采用 PID 控制器来代替原来的控制器，以便得到系统所期望的系统动态响应，为此建立新的数学模型并选择合适的控制器，最后对参数进行优化设计并分析系统的性能。

PID 控制器的传递函数为

$$G_c(s)=K_P+\frac{K_I}{s}+K_D s \tag{4.58}$$

因为被控对象输入流量与输出液位的关系 $G_3(s)$ 为一个积分环节，所以取 $K_I=0$，这样就变成了 PD 控制器，其传递函数为

$$G_c(s)=K_P+K_D s \tag{4.59}$$

本例的设计目标是确定 K_P 和 K_D 的取值，以使系统满足设计参数要求。控制系统的框图如图 4.15 所示，系统的闭环传递函数为

$$W(s)=\frac{Y(s)}{R(s)}=\frac{G_c(s)G_1(s)G_2(s)G_3(s)}{1+G_c(s)G_1(s)G_2(s)G_3(s)H(s)} \tag{4.60}$$

式中，$H(s)=1$。

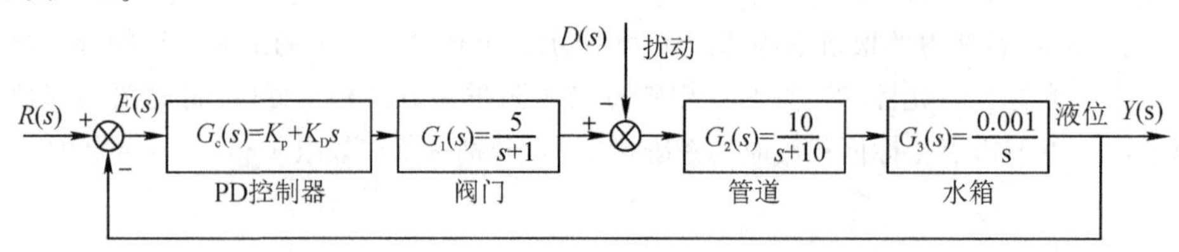

图 4.15　带 PD 控制器的液位控制系统

为了得到参数变化时的根轨迹，将前向通道传递函数 $G_c(s)G_1(s)G_2(s)G_3(s)$ 写成

$$G_c(s)G_1(s)G_2(s)G_3(s)=\frac{0.05(K_P+K_Ds)}{s(s+1)(s+10)}=\frac{0.05K_D(s+z)}{s(s+1)(s+10)} \tag{4.61}$$

式中，$z=K_P/K_D$。于是可以先用 K_P 来选择开环零点 z 的位置，再画出 K_D 变化时的根轨迹图。

观察式(4.61)，首先取 $z=1$，可将系统降阶为二阶系统，于是式(4.61)变为

$$G_c(s)G_1(s)G_2(s)G_3(s)=\frac{0.05K_D(s+1)}{s(s+1)(s+10)}=\frac{0.05k_D}{s(s+10)} \tag{4.62}$$

式(4.61)的极点比零点多 2 个，因而根轨迹图中有两条渐近线，如图 4.16 所示。渐近线与实轴的交角为 $\theta_k=\pm 90°$，渐近线与实轴的交点为

$$\sigma_a=\frac{-10}{2}=-5$$

于是可以得到如图 4.16 所示的近似根轨迹图。设计时可以利用 MATLAB 来确定与不同的特征根对应的 K_D 值，如图 4.16 所示。可以看出当 K_D 小于 500 时，系统超调量为 0，随着 K_D 的增大，系统调节时间减小，但是实际工业过程中由于受到执行机构速度的限制，增益不能过大。本书中没有考虑执行机构的速度限制，最终选取的 K_D 为 500、K_P 为 500，利用 MATLAB 还可以得到系统的实际响应值。系统的阶跃响应曲线如图 4.17 所示，其分析计算结果列于表 4.4 中，从表中可以看出，所设计的系统满足了所有涉及的规格要求。所给出的 1.18 s 调节时间是系统“实际”达到终值所需的时间。

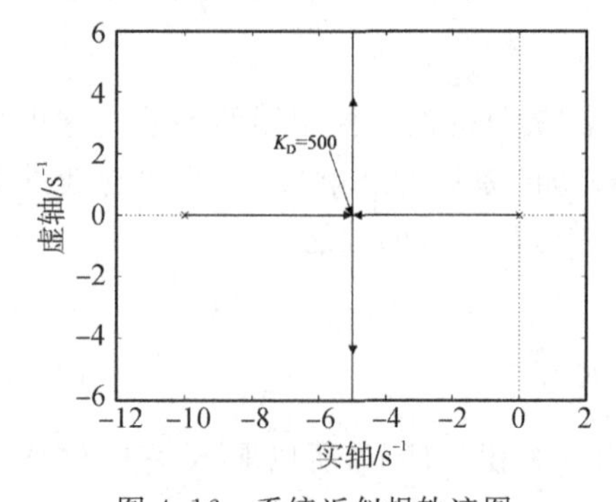

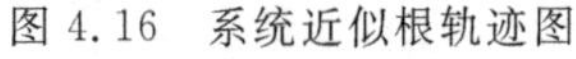
图 4.16　系统近似根轨迹图

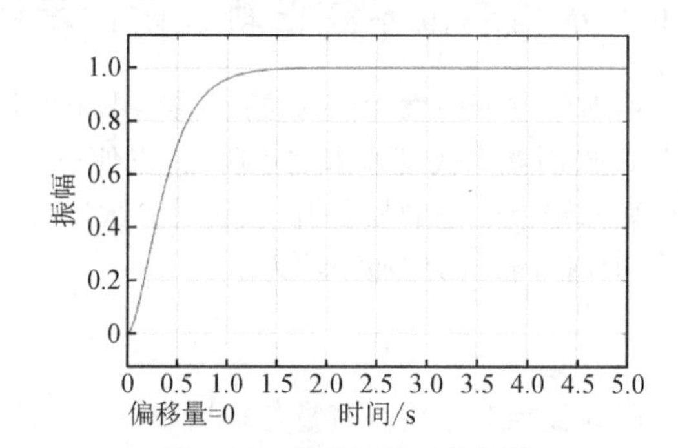

图 4.17　系统阶跃响应曲线

表 4.4　液位控制系统的设计规格要求和实际性能指标

性能指标	预期值	实际值
超调量	<5%	0
调节时间	<5 s	1.18 s

4.7　小结

闭环控制系统的稳定性和动态性能与闭环特征方程根的位置密切相关。本章详细介绍了根轨迹的基本概念、根轨迹的绘制方法及根轨迹法在控制系统性能分析中的应用。

根轨迹法是一种图解方法,可以避免繁重的计算工作,工程上使用比较方便。根轨迹法特别适用于分析当某一个参数变化时,系统性能的变化趋势。

根轨迹法的基本思路:在已知系统开环零、极点分布的情况下,依据绘制根轨迹图的基本法则绘出系统的根轨迹图;分析系统性能随参数的变化趋势;在根轨迹图上可确定出满足系统性能要求的闭环极点位置;可利用闭环主导极点的概念,对控制系统性能进行定性分析和定量估算。

绘制根轨迹图是用根轨迹法分析系统的基础。牢固掌握并熟练应用绘制根轨迹图的基本规则,就可绘制出根轨迹的大致形状并分析系统性能。借助于 MATLAB,可以使控制系统的根轨迹分析变得更加灵活、方便、高效。

在控制系统中适当增加一些开环零、极点,就可以改变根轨迹的形状,从而达到改善系统性能的目的。一般情况下,适当地增加位于虚轴左侧位置的开环零点可以使根轨迹左移,有利于改善系统的相对稳定性和动态性能;相反地,单纯加入开环极点,则根轨迹右移,不利于系统的相对稳定性和动态性能。

4.8　关键术语概念

根轨迹:开环系统的某一参数(如开环增益 K)从零变化到无穷大时,闭环特征方程的特征根在复平面上变化的轨迹。

根轨迹增益:将开环传递函数写成开环零极点的形式,即

$$G(s)H(s)=K\frac{\prod_{j=1}^{m}(s+z_j)}{\prod_{i=1}^{m}(s+p_i)},n\geqslant m$$

式中,K 称为开环系统的根轨迹增益。

入射角:根轨迹进入开环复数零点处的切线与实轴正方向的夹角。

出射角:根轨迹离开开环复数极点处的切线与实轴正方向的夹角。

参量根轨迹:以非开环增益为可变参数绘制的根轨迹称为参量根轨迹,以区别于以开环增益 K 为可变参数绘制的常规根轨迹。

根轨迹的渐近线:当系统 $n\geqslant m$ 时,应有 $(n-m)$ 条根轨迹分支在 $K\to\infty$ 时沿一些直线趋向无限零点,这些直线称为根轨迹的渐近线。

4.9　习题

4.1　设单位反馈控制系统的开环传递函数为

$$G(s)=\frac{K(3s+1)}{s(2s+1)}$$

试绘出根轨迹增益 K 从零增加到无穷大时的闭环根轨迹图。

4.2　已知系统开环零、极点的分布如图所示，试概略地绘制系统的根轨迹图。

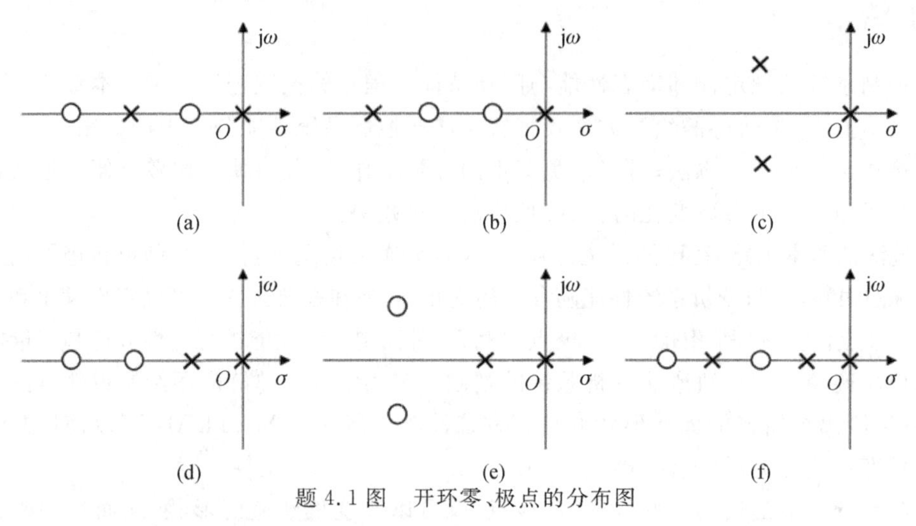

题 4.1 图　开环零、极点的分布图

4.3　设单位负反馈控制系统的开环传递函数如下，要求：

(1)确定 $G(s)=\dfrac{K}{s(s+1)(s+10)}$ 产生纯虚根的开环增益；

(2)确定 $G(s)=\dfrac{K(s+z)}{s^2(s+10)(s+20)}$ 产生纯虚根为 $\pm$j 的 z 值和 K 值；

(3)概略绘出 $G(s)=\dfrac{K}{s(s+1)(s+3.5)(s+3+\mathrm{j}2)(s+3-\mathrm{j}2)}$ 的闭环根轨迹图(要求确定根轨迹的分离点、出射角，以及二者与虚轴的交点)。

4.4　系统开环传递函数为

$$G(s)H(s)=\frac{K}{s(s+3)(s^2+2s+2)}$$

绘出其概略根轨迹图。(1) 求渐近线倾角 θ_k 与实轴交点的坐标 σ_a；(2) 确定复数极点处的出射角；(3) 确定根轨迹与虚轴的交点及相应的 K 值。

4.5　已知单位负反馈系统的开环传递函数为

$$G(s)H(s)=\frac{K}{s(0.05s^2+0.4s+1)}$$

试绘制 K 由 $0\to\infty$ 变化时系统的根轨迹图，并确定使系统稳定的 K 值范围。

4.6　某单位负反馈系统的开环传递函数为

$$G(s)H(s)=\frac{K}{s(s+2)(s+4)}$$

(1)试绘制 K 由 $0\to\infty$ 变化时系统的根轨迹图，并确定根轨迹分离点的坐标；

(2)确定系统呈阻尼振荡动态响应的 K 值范围；

(3)求系统产生持续等幅振荡的 K 值和振荡频率；

(4)求主导复数极点具有阻尼系数为 0.5 时的 K 值。

4.7　单位负反馈系统的开环传递函数为

$$G(s)H(s)=\frac{K}{s^2(s+1)}$$

(1)绘出其概略根轨迹图，并分析能否取合适的 K 值使闭环系统稳定；

(2)用根轨迹图证明，如果在负实轴上增加一个开环零点 $z_1=-1/2$，可使该系统稳定。

4.8　单位负反馈系统的开环传递函数为

$$G(s)H(s)=\frac{K}{s(s+0.5)(s^2+0.6s+10)}$$

(1)绘出其概略根轨迹图，并确定根轨迹与虚轴的交点；

(2)用 MATLAB 绘制该系统的根轨迹图。

4.9　某随动控制系统的开环传递函数为

$$G(s)H(s)=\frac{(s+a)}{4s^2(s+1)}$$

试绘制以 a 为参量的根轨迹图($0<a<\infty$)。

4.10　已知单位负反馈系统的开环传递函数为

$$G(s)=\frac{K(s+1)(s+3)}{s^3}$$

(1)绘出 K 由 $0\to\infty$ 变化时系统的根轨迹图；

(2)计算使系统稳定的 K 值范围；

(3)计算系统对于斜坡输入的稳态误差。

4.11　设控制系统开环传递函数为

$$G(s)=\frac{K(s+1)}{s^2(s+2)(s+4)}$$

试分别绘出单位正反馈系统和单位负反馈系统的根轨迹图，并指出它们的稳定情况有何不同。

4.12　设系统开环传递函数如下：

(1) $G(s)=\dfrac{20}{(s+4)(s+b)}$；

(2) $G(s)=\dfrac{30(s+b)}{s(s+10)}$。

试绘出 b 从 $0\to\infty$ 的根轨迹图。

4.13　设单位反馈系统的开环传递函数为

$$G(s)=\frac{K(s+b)}{s(s+1)}$$

试证明：复数根轨迹部分是以 $(-2,j0)$ 为圆心，以 $\sqrt{2}$ 为半径的一个圆。

4.14　设系统的开环传递函数为

$$G(s)H(s)=\frac{K(s+0.375+0.3307j)(s+0.375-0.3307j)}{s(s+1.4343)(s+0.2324)}$$

(1)在 MATLAB 中绘制系统的根轨迹图；

(2)用 rlocfind 命令确定当系统的阻尼系数为 0.84 时系统闭环极点的位置；

(3)在图上直接获取阻尼系数为 0.84 时系统的主要性能指标，进一步计算系统的调节时间($\Delta=0.02$)。

4.15 应用 MATLAB 中的函数 rltool，研究参数 a 从 0 变化到 10 时 $1+G(s)H(s)$ 的根轨迹的变化情况，其中，

$$G(s)H(s)=\frac{(s+a)}{s(s+1)(s^2+8s+52)}$$

特别注意 a 为 2.5～3.5 的情况。证明：当 a 在什么范围时，特征方程会出现重根。

第5章 线性系统的频率分析

从工程角度看，传统直接从微分方程求解控制系统运动函数的方法复杂且没有必要，需要一种工程研究方法，该方法要求：有明确的物理意义，计算量不太大；容易分析系统各个部分对总体的影响，判明主要因素；可以通过图形直观地表示系统的主要性能。本章要讲的频率分析方法就具备以上特点，是一种很好的工程分析和设计方法。

本章首先介绍频率特性的基本概念，说明微分方程、传递函数和频率特性三者之间的关系；然后介绍频率特性的三种图形表示方式，并针对典型环节进行分析和绘制；接着对系统开环对数频率特性曲线和系统开环幅相频率特性曲线的绘制方法进行详细的说明；接着介绍基于频率特性的系统稳定性分析方法，对奈奎斯特稳定判据进行推导和说明，并介绍相对稳定的概念；接着介绍频率分析系统的性能指标，包含稳态特性和动态特性；最后介绍利用MATLAB进行频率分析的方法。

 小故事

伯德图是由贝尔实验室的荷兰裔科学家亨德里克·韦德·波德(Hendrik Wade Bode)在1930年提出的，他用简单但准确的方法绘制增益及相位的图，因此他研发的图也就称为波德图，也称伯德图或波特图。

提出奈奎斯特稳定判据的哈里·奈奎斯特(Harry Nyquist)同样也曾在贝尔实验室任职，奈奎斯特图的命名也是源于这位瑞典裔美国科学家的名字。奈奎斯特图是通过手绘的方式将系统的频率响应通过其幅频特性和相频特性表示在极坐标中的图形，是在20世纪30年代发展起来的经典工程分析方法。

5.1 频率特性的基本概念

频率分析方法，也称频域分析方法，基本思想是将输入信号表示为不同频率正弦信号的合成信号。系统的频率特性反映正弦信号作用下系统响应的性能，如图5.1所示。频率分析方法的使用可以克服直接用微分方程研究系统的困难，不用求解系统的微分方程，而是通过作出系统频率特性的图形，通过频率与时域之间的对应关系来分析系统的性能，可以解决许多理论和工程问题。

以图5.2所示的RL串联电路为例建立频率特性的基本概念，输入电压u为正弦信号：

$$u = U\sin\omega t \tag{5.1}$$

式中，U为电压最大幅值；ω为电压变化频率。

输出为电路中的电流i，在稳态时，该电路输出量也是正弦波，与输入量之间有以下关系：同频、变幅、移相，即频率与输入信号的频率相同，幅值有一定的衰减，相位有一定的延迟。

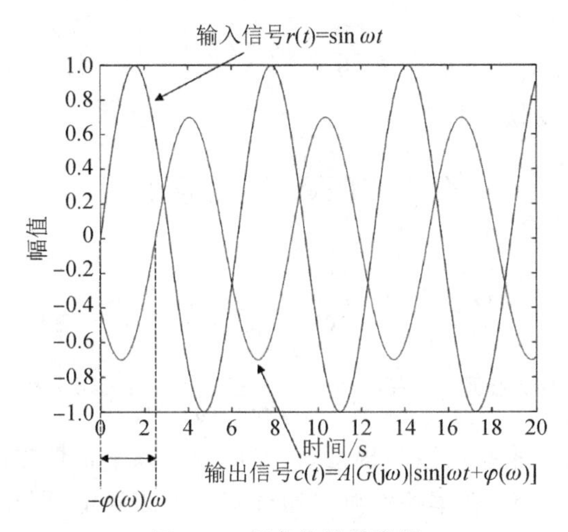

图 5.1　频率特性示意图

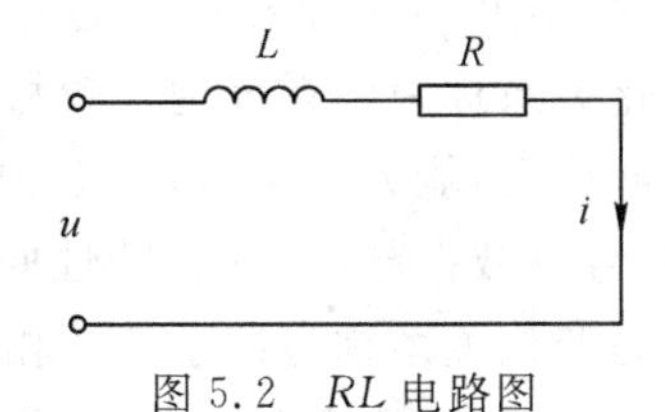

图 5.2　*RL* 电路图

由于 u 和 i 均为同频正弦信号，可用复数的形式表示：

$$u(t) = U\mathrm{e}^{\mathrm{j}\omega t} \tag{5.2}$$

电路的复阻抗为

$$Z = R + \mathrm{j}\omega L \tag{5.3}$$

电流可以表示为

$$i(t) = \frac{u(t)}{Z} = \frac{u(t)}{R + \mathrm{j}\omega L} = \frac{U}{\sqrt{R^2 + (\omega L)^2}}\mathrm{e}^{\mathrm{j}(\omega t + \varphi)} \tag{5.4}$$

式中，

$$\varphi = -\arctan\frac{\omega L}{R} \tag{5.5}$$

则输出量电流与输入量电压之比为

$$\frac{i(t)}{u(t)} = \frac{1}{R + \mathrm{j}\omega L} = \frac{1}{\sqrt{R^2 + (\omega L)^2}}\mathrm{e}^{\mathrm{j}\varphi} \tag{5.6}$$

该比值为输出量相对输入量的幅值变化和相位变化，称为幅值比和相位差，幅值和相角都随频率变化。该比值表示的是电路在不同频率下传递正弦信号的性能，称为电路的频率特性，记为 $G(\mathrm{j}\omega)$。

在该电路中，频率特性可写为

$$G(\mathrm{j}\omega) = \frac{1}{\sqrt{R^2 + (\omega L)^2}}\mathrm{e}^{\mathrm{j}\varphi} = A(\omega)\mathrm{e}^{\mathrm{j}\varphi(\omega)} \tag{5.7}$$

考虑到 *RL* 电路的输入量和输出量之间的关系可由微分方程表述：

$$L\frac{\mathrm{d}i}{\mathrm{d}t}+Ri=u \tag{5.8}$$

对该微分方程取拉氏变换，得

$$G(s)=\frac{I(s)}{U(s)}=\frac{1}{(Ls+R)} \tag{5.9}$$

取 $s=\mathrm{j}\omega$，则有

$$G(\mathrm{j}\omega)=\frac{1}{\sqrt{R^2+(\omega L)^2}}\mathrm{e}^{-\mathrm{j}\arctan\frac{\omega L}{R}} \tag{5.10}$$

比较式(5.7)和式(5.10)可知，$A(\omega)=\frac{1}{\sqrt{R^2+(\omega L)^2}}$、$\varphi(\omega)=-\arctan\frac{\omega L}{R}$ 分别对应着 $G(\mathrm{j}\omega)$ 的幅值和相角，反映了系统的数学模型、传递函数和频率特性之间的关系。

对于稳定的线性定常系统，频率特性可以通过实验方法确定，即在系统的输入端施加不同频率的正弦信号，然后测量系统输出的稳态响应，再根据幅值比和相位差作系统的频率特性曲线。以该 RL 电路为例，幅值 $A(\omega)$ 和相角 $\varphi(\omega)$ 是频率 ω 的函数，幅值是稳态正弦输出量与正弦输入量的幅值之比，随频率的变化关系称为该系统的幅频特性，如图 5.3(a)所示，表示电路对不同频率正弦信号的稳态衰减(或放大)能力。从图 5.3(a)中可以看出，该系统在低频段对信号的通过性较好，而频率越高，信号衰减得越多，这种特性叫作“低通滤波器特性”。相角是输出量与输入量的相位差，随频率的变化关系称为该系统的相频特性，如图 5.3(b)所示，表示电路对不同频率正弦信号的移相能力。从图 5.3(b)中可以看出，频率为零的直流分量可以无延迟地通过该电路，频率越高，输出量比输入量的延迟越多，这种相位延迟会对系统的稳定性和瞬态性能带来不利的影响。

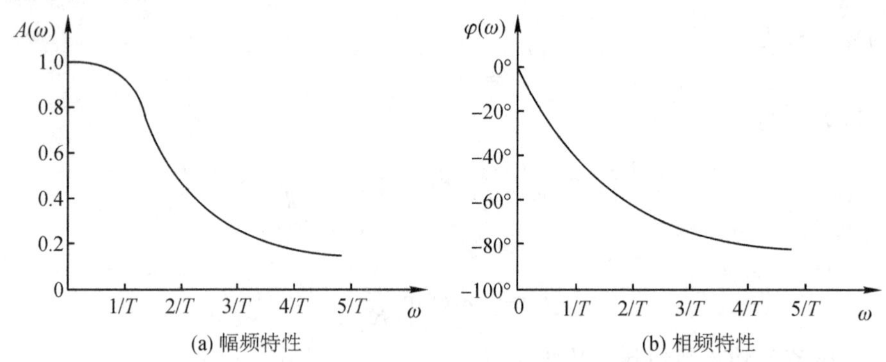

图 5.3　RL 电路的频率特性示意图

上述频率特性的定义既适用于稳定系统，也适用于不稳定系统。对于不稳定系统，输出响应稳态分量中含有由系统传递函数的不稳定极点产生的呈发散或振荡发散的分量，所以不稳定系统的频率特性不能通过实验方法确定。

在线性定常系统的传递函数为零的初始条件下，输出量和输入量的拉氏变换之比

$$G(s)=\frac{C(s)}{R(s)} \tag{5.11}$$

上式的反变换式为

$$g(t)=\frac{1}{2\pi}\int_{\sigma-\mathrm{j}\beta}^{\sigma+\mathrm{j}\beta}G(s)\mathrm{e}^{st}\mathrm{d}s \tag{5.12}$$

式中，σ 位于 $G(s)$ 的收敛域内，若系统稳定，则 σ 可以取为零。如果 $r(t)$ 的傅里叶变换存在，可令 $s=\mathrm{j}\omega$，则

$$g(t)=\frac{1}{2\pi}\int_{-\infty}^{\infty}G(\mathrm{j}\omega)\mathrm{e}^{\mathrm{j}\omega t}\,\mathrm{d}\omega=\frac{1}{2\pi}\int_{-\infty}^{\infty}\frac{C(\mathrm{j}\omega)}{R(\mathrm{j}\omega)}\mathrm{e}^{\mathrm{j}\omega t}\,\mathrm{d}\omega \tag{5.13}$$

因而

$$G(\mathrm{j}\omega)=\frac{C(\mathrm{j}\omega)}{R(\mathrm{j}\omega)}=G(s)\big|_{s=\mathrm{j}\omega} \tag{5.14}$$

由此可知，稳定系统的频率特性等于输出量和输入量的傅里叶变换之比，而这正是频率特性的物理意义。频率特性与微分方程和传递函数一样，也表征了系统的运动规律，是系统频率分析的理论依据。系统三种描述方法的关系可用图 5.4 说明。

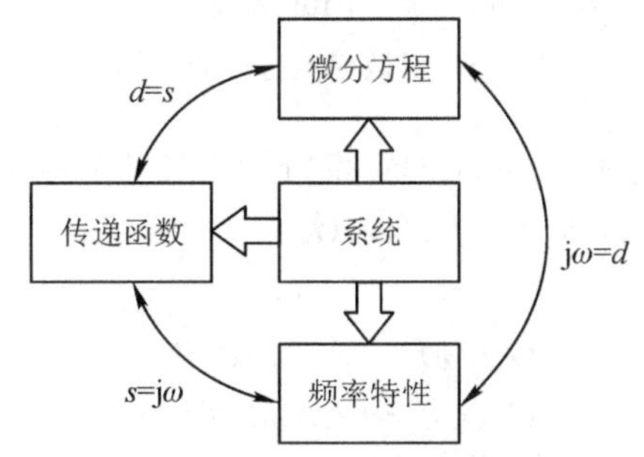

图 5.4　频率特性、传递函数和微分方程三种系统描述方法之间的关系

5.2　典型环节的频率特性

当系统的传递函数较复杂时，其频率特性也是复杂的，不方便直接进行分析。在实际应用中，通常采用图形表示法对系统的特性进行直观展示。而复杂的系统都是由多种典型环节组成的，因此，掌握典型环节的频率特性就可以由此分析复杂系统的频率特性。

5.2.1　概述

在工程分析和设计中，通常把系统的频率特性画成曲线，再运用图解法进行特性分析。系统的频率特性，通常由三种图形表示。

1. 对数频率特性图

对数频率特性图即伯德图(Bode diagram)，包括对数幅频特性和相频特性两条曲线。对数幅频特性曲线是 $G(\mathrm{j}\omega)$ 幅值的对数值 $20\lg A(\omega)$ 和频率 ω 之间的关系曲线，为方便作图，通常画在对数坐标图上，纵坐标单位是分贝(dB)。相频特性曲线是相角 $\varphi(\omega)$ 与频率 ω 之间的关系曲线，横坐标为 ω，纵坐标表示相频特性的函数值，单位为度(°)。

进行绘图时，必须掌握线性分度和对数分度的概念，如图 5.5 所示，在线性分度中，当变量增大 1 时，坐标间距离变化一个单位长度；而在对数分度中，当变量增加 10 倍时，称为十倍频程(dec)，坐标间距离变化一个单位长度。

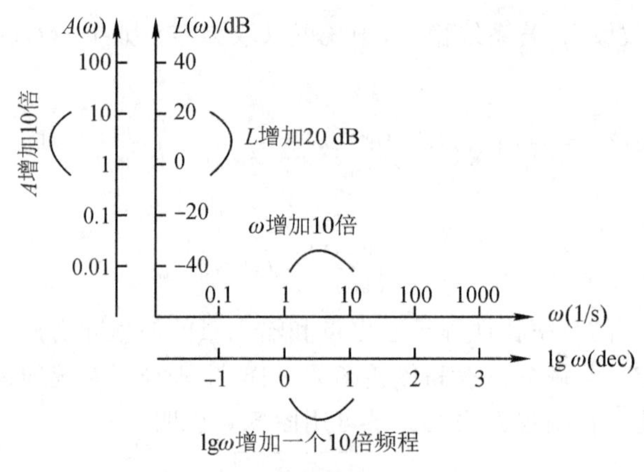

图 5.5　对数幅频特性的坐标

当系统由许多环节串联组成时,系统的频率特性为各环节频率特性的乘积:

$$G(j\omega)=G_1(j\omega)G_2(j\omega)\cdots G_n(j\omega) \tag{5.15}$$

式中,

$$G_1(j\omega)=A_1(\omega)e^{j\varphi_1(\omega)}$$
$$G_2(j\omega)=A_2(\omega)e^{j\varphi_2(\omega)}$$
$$G_n(j\omega)=A_n(\omega)e^{j\varphi_n(\omega)}$$

在绘制系统的对数幅频特性曲线时,有

$$A(\omega)=A_1(\omega)A_2(\omega)\cdots A_n(\omega) \tag{5.16}$$

$$\begin{aligned}L(\omega)&=20\lg A(\omega)\\&=20\lg A_1(\omega)+20\lg A_2(\omega)+\cdots+20\lg A_n(\omega)\\&=L_1(\omega)+L_2(\omega)+\cdots+L_n(\omega)\end{aligned} \tag{5.17}$$

$$\varphi(\omega)=\varphi_1(\omega)+\varphi_2(\omega)+\cdots+\varphi_n(\omega) \tag{5.18}$$

因此可以得出结论:由多个环节串联的系统的开环传递函数,其对数幅频特性和相频特性分别等于各环节的对数幅频特性之和及相频特性之和。因此,在进行对数坐标图绘制时,可先作出各环节的对数频率特性曲线,然后将各环节的曲线进行叠加以获得系统的对数频率特性曲线。

使用伯德图研究频率特性的优点:采用对数刻度,将低频段相对展宽了,同时将高频段压缩了,因此对数坐标图既展宽了视野,又便于研究低频段的特性。

动态补偿设计可以完全基于伯德图完成,伯德图可以通过实验的方法完成绘制,不需要提前了解对象的传递函数。

2. 幅相频率特性图

幅相频率特性图即极坐标图,也称奈奎斯特图(Nyquist diagram)。系统的幅相频率特性 $G(j\omega)$,可以表示成模与幅角的形式,也可以表示成实部和虚部的形式,即式(5.19)或式(5.20):

$$G(j\omega)=A(\omega)e^{j\varphi(\omega)} \tag{5.19}$$

或

$$G(j\omega)=\mathrm{Re}[G(j\omega)]+j\mathrm{Im}[G(j\omega)] \tag{5.20}$$

可以用向量来表示某一频率 ω 下的 $G(\mathrm{j}\omega)$，其中，向量的模为 $A(\omega)$，向量相对于极坐标的转角是 $\varphi(\omega)$，取逆时针方向为相角正方向，如图 5.6 (a)所示。使极坐标与直角坐标系重合，如图 5.6(b)所示，极点放置于直角坐标系原点，极坐标轴与直角坐标轴的实轴重合，$G(\mathrm{j}\omega)$的向量表示实轴上的投影大小 $P(\omega)$即为 $\mathrm{Re}[G(\mathrm{j}\omega)]$，虚轴上的投影大小 $Q(\omega)$即为 $\mathrm{Im}[G(\mathrm{j}\omega)]$。

$A(\omega)$和 $\varphi(\omega)$是频率 ω 的函数，当 ω 从零至无穷大变化时，频率特性的幅值和相角均随之变化。矢量端点在复平面画出的轨迹即 $G(\mathrm{j}\omega)$的极坐标曲线或奈奎斯特曲线，如图 5.6(c)所示，在幅相曲线中，一般用箭头表示频率增大的方向。由于幅频特性为频率为 ω 的偶函数，相频特性为频率为 ω 的奇函数，则 ω 从零变化到正无穷和 ω 从零变化到负无穷的幅相曲线关于实轴对称，因此一般只需要绘制 ω 从零变化到正无穷的曲线。

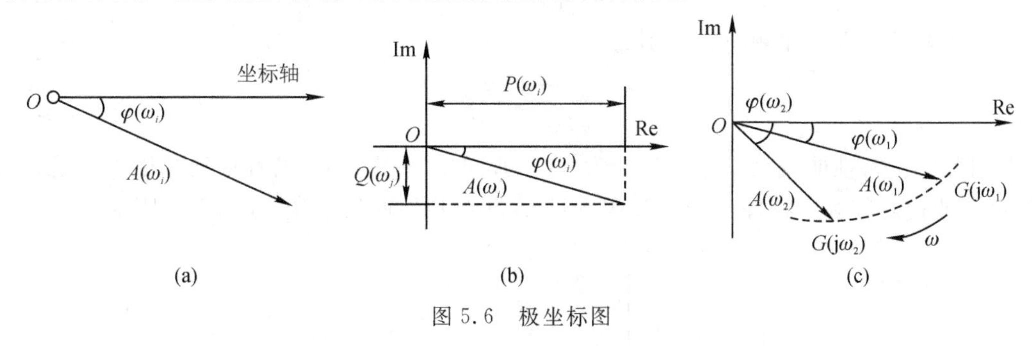

图 5.6　极坐标图

使用奈奎斯特图研究频率特性的优缺点：优点是在一张图上就可以较容易地获得全部频率范围内的频率特性，利用图形可以较容易地对系统进行定性分析；缺点是不能明显地表示出各个环节对系统的影响和作用。

3. 对数幅相图

对数幅相图又称尼科尔斯图(Nichols chart)。对数幅相图是以角频率 ω 为参数绘制的，其将对数幅频特性图和相频特性图组合成一张图，如图 5.7 所示，纵坐标表示对数幅值(dB)，横坐标表示相应的相角(°)，均为线性分度。

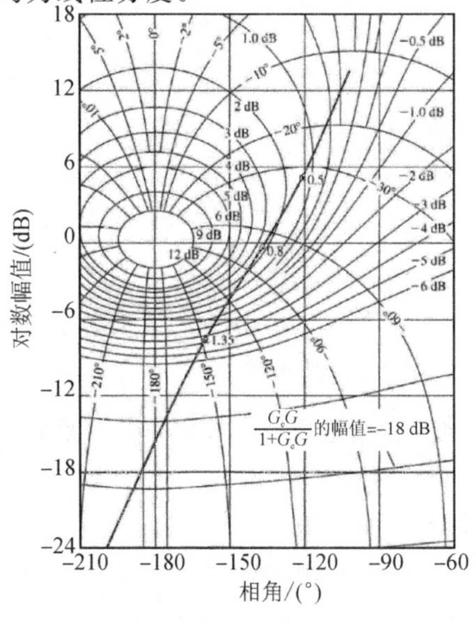

图 5.7　尼科尔斯图

5.2.2　典型环节的频率特性曲线的绘制及分析

系统通常比较复杂，但总结起来可由一些典型环节组成，这些典型环节可以归纳为六种：比例环节、积分环节、惯性环节、振荡环节、微分环节、延迟环节。

1. 比例环节

比例环节的传递函数为

$$G(s) = K \tag{5.21}$$

频率特性为

$$G(\mathrm{j}\omega) = K \tag{5.22}$$

其对数幅频特性和相频特性分别为

$$L(\omega) = 20\lg|K| \tag{5.23}$$

$$\varphi(\omega) = 0^\circ \tag{5.24}$$

其对数幅频特性曲线是一条纵坐标为 $20\lg|K|$ 的水平线，相频特性曲线与横坐标重合，改变 K 值只能使对数幅频特性曲线上升或下降，而相频特性曲线不变，如图 5.8 所示。

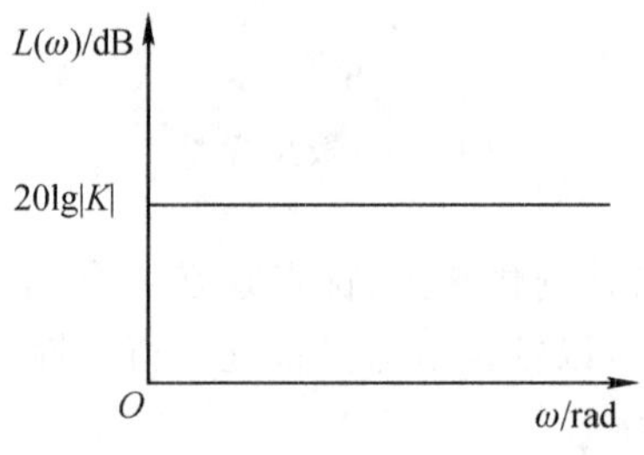

图 5.8　比例环节的频率特性图

2. 积分环节

积分环节的传递函数为

$$G(s) = \frac{1}{s} \tag{5.25}$$

其频率特性为

$$G(\mathrm{j}\omega) = \frac{1}{\mathrm{j}\omega} = \frac{1}{\omega}\mathrm{e}^{-\mathrm{j}\frac{\pi}{2}} \tag{5.26}$$

其中，

$$A(\omega) = \frac{1}{\omega} \tag{5.27}$$

$$\varphi(\omega) = -\frac{\pi}{2} \tag{5.28}$$

积分环节的幅值与 ω 成反比，相角恒为 -90°，其极坐标图为一与负虚轴重合的直线，如图 5.9 所示。

对数幅频特性和相频特性分别为

$$L(\omega) = 20\lg A(\omega) = -20\lg\omega \tag{5.29}$$

$$\varphi(\omega) = -90^\circ \tag{5.30}$$

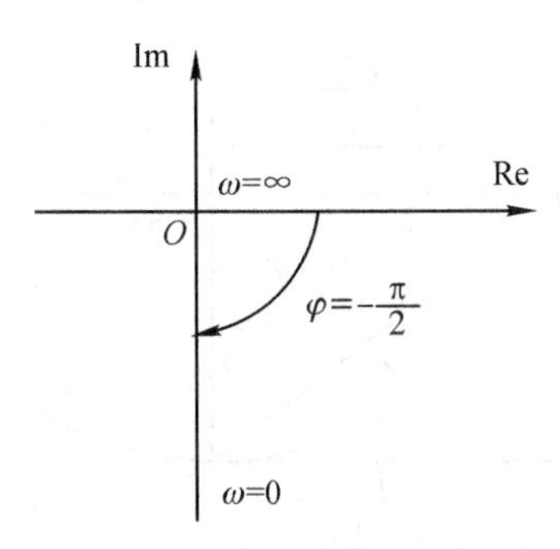

图 5.9　积分环节的极坐标图

如图 5.10 所示，其对数幅频特性的频率 ω 每增大 10 倍，幅值下降 20 dB，故积分环节的对数幅频特性曲线的斜率为 -20 dB/dec。当 $\omega=1$ 时，$L(\omega)=0$ dB，对数幅频特性与该点相交。相频特性与 ω 无关，为一条纵坐标为 $-90°$ 的水平线。

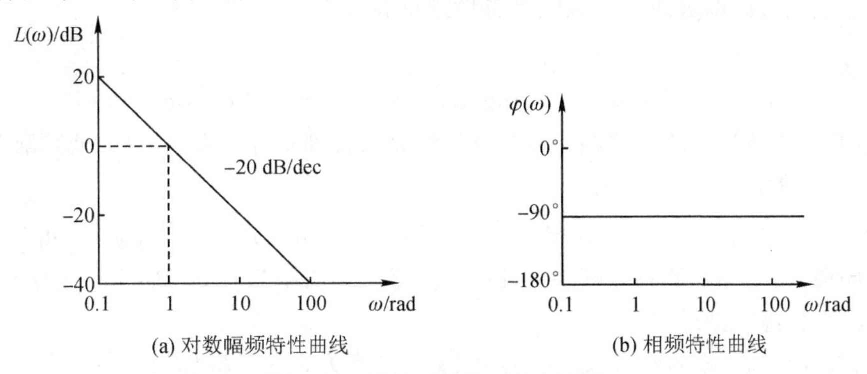

图 5.10　积分环节的对数坐标图

3. 惯性环节

惯性环节的传递函数为

$$G(s)=\frac{1}{1+Ts} \tag{5.31}$$

其频率特性为

$$G(\mathrm{j}\omega)=\frac{1}{1+\mathrm{j}\omega T}=\frac{1}{1+\omega^2T^2}-\mathrm{j}\frac{\omega T}{1+\omega^2T^2}=\frac{1}{\sqrt{1+\omega^2T^2}}\mathrm{e}^{\mathrm{j}\varphi(\omega)} \tag{5.32}$$

其中，

$$\varphi(\omega)=-\arctan\omega T$$

惯性环节的极坐标图是一个半圆，如图 5.11 所示。根据式(5.32)可以推得

$$\mathrm{Re}[G(\mathrm{j}\omega)]=\frac{1}{1+\omega^2T^2} \tag{5.33}$$

$$\mathrm{Im}[G(\mathrm{j}\omega)]=\frac{-\omega T}{1+\omega^2T^2} \tag{5.34}$$

$$\left(\mathrm{Re}[G(\mathrm{j}\omega)]-\frac{1}{2}\right)^2+(\mathrm{Im}[G(\mathrm{j}\omega)])^2=\left(\frac{1}{2}\right)^2 \tag{5.35}$$

式(5.35)是一个圆的方程，圆心坐标为(1/2,j0)，半径为 1/2。

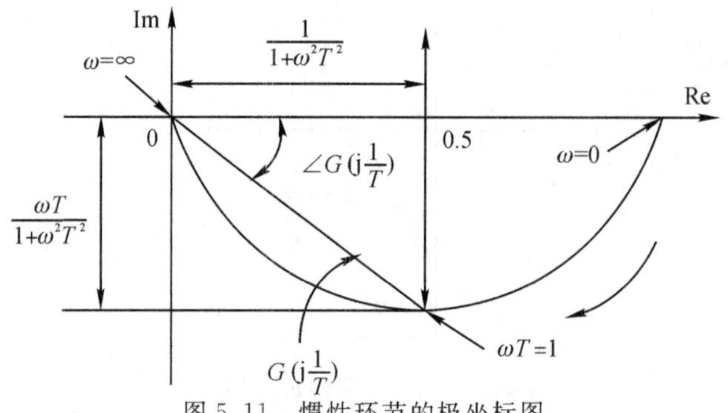

图 5.11 惯性环节的极坐标图

惯性环节的对数幅频特性为

$$L(\omega)=20\lg A(\omega)=-20\lg\sqrt{1+(\omega T)^2} \tag{5.36}$$

为简化作图,使用分段渐近线对对数幅频特性进行表示。

当 $\omega T\ll 1$ 或 $\omega\ll 1/T$ 时,有

$$L(\omega)=20\lg A(\omega)=-20\lg\sqrt{1+(\omega T)^2}\approx -20\lg 1\ \text{dB}=0\ \text{dB}$$

因此,在低频段,惯性环节的对数幅频特性渐近线是与横轴重合的直线,也称低频渐近线。

当 $\omega T\gg 1$ 或 $\omega\gg 1/T$ 时,有

$$L(\omega)=20\lg A(\omega)=-20\lg\sqrt{1+(\omega T)^2}\approx -20\lg\omega T=-20\lg\omega-20\lg T$$

因此,在高频段,惯性环节的对数幅频特性渐近线是一条斜率为 -20 dB/dec,与横轴交于 $\omega=1/T$ 的直线,也称高频渐近线。

低频渐近线与高频渐近线相交于一点,该交点频率为 $\omega=1/T$,称为转角频率。

绘制渐近线对数幅频特性曲线,首先需求出转角频率 $\omega=1/T$,在 $\omega<1/T$ 时,作纵坐标为 0 dB 的水平线,在 $\omega>1/T$ 时,过横坐标轴上 $\omega=1/T$ 的点作一条斜率为 -20 dB/dec 的直线,如图 5.12 所示。

使用渐近线替代对数幅频特性曲线会产生误差,但总体误差不大,工程上可以直接使用渐近特性。惯性环节的准确对数幅频特性曲线与对数幅频特性渐近线误差的最大处在转角频率处,此误差可以表示为

$$-20\lg\sqrt{1+(\omega T)^2}-(-20\lg\omega T)=(-20\lg\sqrt{2}-0)\text{dB}=-3.01\ \text{dB}$$

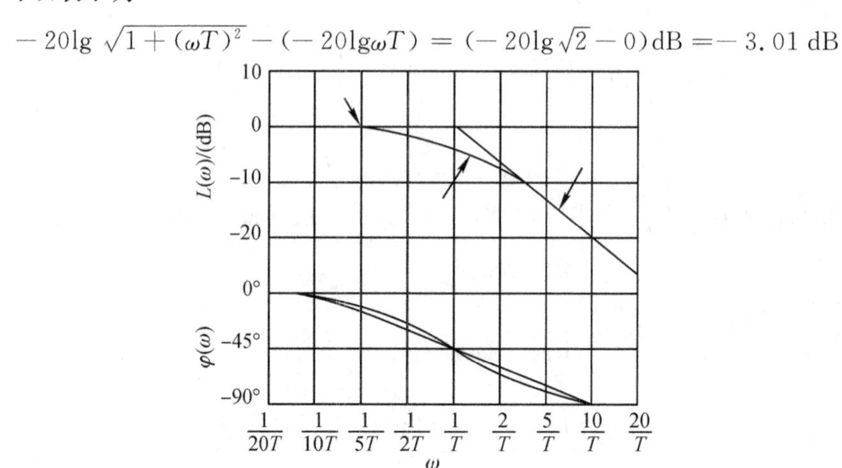

图 5.12 惯性环节的对数坐标图

惯性环节的相频特性为

$$\varphi(\omega) = -\arctan\omega T \tag{5.37}$$

为简化作图，也使用分段渐近线对相频特性进行表示。

已知转角频率为 $\omega=1/T$，以 10 倍频程进行分频，当 $\omega T<0.1$ 或 $\omega<0.1T$ 时，有

$$\varphi(\omega) \approx 0^\circ$$

因此，惯性环节相频特性的低频渐近线是与横轴重合的直线。

当 $\omega T>10$ 或 $\omega>10/T$ 时，有

$$\varphi(\omega) \approx -90^\circ$$

因此，惯性环节相频特性的高频渐近线是一条与纵轴相交于-90°，平行于横轴的直线。

在中频过渡段($0.1<\omega T<10$ 或 $0.1T<\omega<10/T$)，当 ω 为转角频率 $1/T$ 时，有

$$\varphi(\omega) = -45^\circ$$

因此，惯性环节相频特性的中频渐近线是一条连接点 $\omega=0.1/T$、$\varphi=0^\circ$ 和点 $\omega=10/T$、$\varphi=-90^\circ$ 的线段，并经过点 $\omega=1/T$、$\varphi=-45^\circ$。

对数幅频特性和相频特性的形状与时间常数 T 无关，当 T 改变时，二者的曲线只是随转角频率的改变而左右移动，而整条曲线的形状保持不变。

从对数频率特性可知，当正弦信号通过惯性环节后，其幅值衰减倍数和相位滞后量均随频率的增高而加大，因此惯性环节只能较好地复现缓慢变化的输入信号。

4. 振荡环节

振荡环节的传递函数为

$$G(s) = \frac{1}{T^2 s^2 + 2\zeta T s + 1} = \frac{\omega_n^2}{s^2 + 2\zeta\omega_n s + \omega_n^2}\ (0 \leqslant \zeta < 1) \tag{5.38}$$

频率特性为

$$G(j\omega) = \frac{1}{1 + 2\zeta(j\omega T) + (j\omega T)^2} = A(\omega)e^{j\varphi(\omega)} \tag{5.39}$$

其中，幅频特性为

$$A(\omega) = \frac{1}{\sqrt{(1-\omega^2T^2)^2 + (2\zeta\omega T)^2}} \tag{5.40}$$

相频特性为

$$\varphi(\omega) = -\arctan\left(\frac{2\zeta\omega T}{1-\omega^2T^2}\right) \tag{5.41}$$

根据上式可以推得

$$\mathrm{Re}[G(j\omega)] = \frac{1-\omega^2T^2}{(1-\omega^2T^2)^2 + (2\zeta\omega T)^2} \tag{5.42}$$

$$\mathrm{Im}[G(j\omega)] = \frac{-2\zeta\omega T}{(1-\omega^2T^2)^2 + (2\zeta\omega T)^2} \tag{5.43}$$

振荡环节的极坐标图如图 5.13 所示，其频率特性曲线开始于正实轴的(1,j0)点，顺时针经第四象限后交负虚轴于$(0,-j/2\zeta)$点，然后进入第三象限，在原点与负实轴相切并终止于坐标原点。极坐标图的形状与阻尼比ζ 有关，与 T 无关。曲线上离原点最远点 $\omega=\omega_r$ 称为谐振频率，$A(\omega_r)=M_r$ 称为谐振峰值。

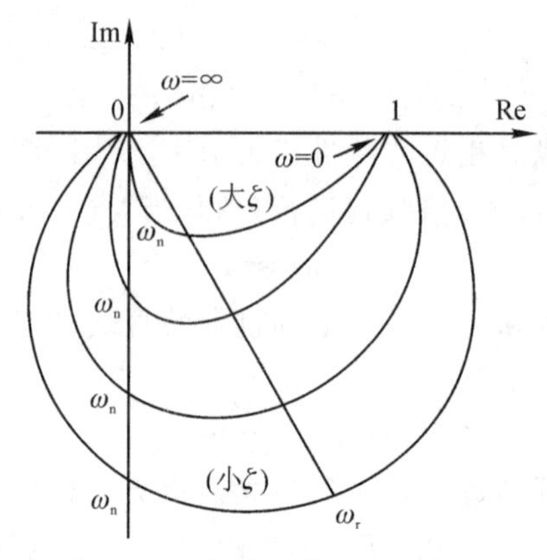

图 5.13　振荡环节的极坐标图

对数幅频特性为

$$L(\omega) = 20\lg A(\omega) = -20\lg\sqrt{(1-\omega^2T^2)^2+(2\zeta\omega T)^2} \tag{5.44}$$

分别在低频段和高频段作渐近线，当 $\omega T \ll 1$ 或 $\omega \ll 1/T$ 时，有

$$L(\omega) = 20\lg A(\omega) = -20\lg\sqrt{(1-\omega^2T^2)^2+(2\zeta\omega T)^2} \approx -20\lg 1\ dB = 0\ \mathrm{dB}$$

因此，在低频段，振荡环节的对数幅频特性渐近线是与横轴重合的直线。

当 $\omega T \gg 1$ 或 $\omega \gg 1/T$ 时，略去低次项及 1，有

$$L(\omega) \approx -20\lg\omega^2T^2 = -40\lg\omega T = -40\lg\omega + 40\lg T$$

因此，在高频段，振荡环节的对数幅频特性渐近线是一条斜率为 $-40\mathrm{dB/dec}$，与横轴交于 $\omega = 1/T$ 的直线，即低频渐近线与高频渐近线的转角频率均为 $1/T$。

使用渐近线替代对数幅频特性曲线在转角频率处会产生误差，误差大小与 ζ 值相关，ζ 越小，误差越大。如图 5.14 所示，当 ζ 较小时，对数幅频特性有一高峰，即谐振峰，出现谐振峰的频率即为谐振频率。

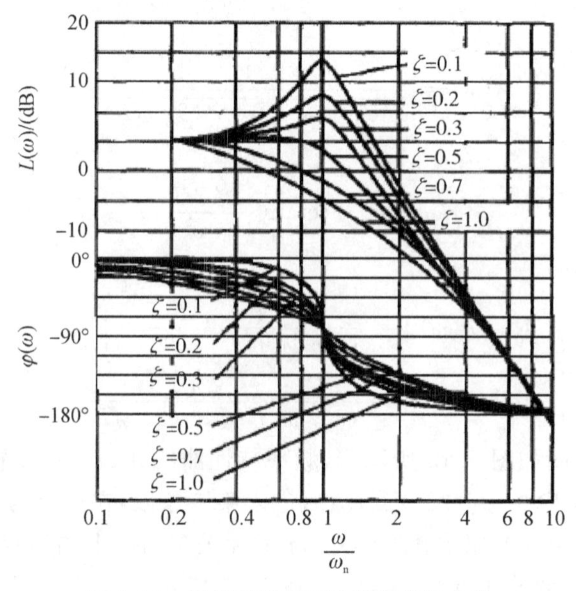

图 5.14　振荡环节的对数频率特性曲线

将

$$A(\omega)=\frac{1}{\sqrt{(1-\omega^2T^2)^2+(2\zeta\omega T)^2}} \tag{5.45}$$

对 ω 求导，并令导数为0，即

$$\frac{dA(\omega)}{d\omega}=-\frac{4T^4\omega^3+4\omega T^2(2\zeta^2-1)}{2\sqrt{[(1+\omega^2T^2)^2+(2\zeta\omega T)^2]^3}}=0 \tag{5.46}$$

得

$$\omega=\omega_r=\frac{1}{T}\sqrt{1-2\zeta^2} \tag{5.47}$$

其中 $0<\zeta<0.707$，代入式(5.45)求谐振峰值 M_r：

$$M_r=A(\omega_r)=\frac{1}{2\zeta\sqrt{1-\zeta^2}} \tag{5.48}$$

当 $\zeta>0.707$ 时，随着频率的增加，$A(\omega)$ 单调减小，所以在 $\zeta>0.707$ 后，对数幅频特性曲线不出现谐振峰。当 $\zeta\to 0$ 时，由式(5.48)可知，$M_r\to\infty$，此时阶跃响应等幅振荡，环节处于临界稳定状态。

振荡环节的准确对数幅频特性表达式减去对数幅频特性渐近线表达式可得转角频率的误差表达式：

$$-20\lg\sqrt{(1-\omega^2T^2)^2+(2\zeta\omega T)^2}-(-40\log\omega T)=-20\log 2\zeta\ (\mathrm{dB})$$

当 $0.4<\zeta<0.7$ 时，误差小于4 dB；当 ζ 值在(0.4,0.7)范围之外时，转角频率误差将增大，特别是在 $\zeta<0.4$ 时，误差的最大值随 ζ 的减小量显著增加。因此，在满足条件 $0.4<\zeta<0.7$ 时，工程上可直接使用对数频率特性渐近线，在此范围外，应使用准确的对数幅频特性曲线。

振荡环节的相频特性为

$$\varphi(\omega)=-\arctan\left(\frac{2\zeta\omega T}{1-\omega^2T^2}\right) \tag{5.49}$$

φ 是 ω 和 ζ 的函数，但不论为何值，都有

$$\omega=0,\varphi=0^\circ$$
$$\omega=1/T,\varphi=-90^\circ$$
$$\omega=\infty,\varphi=-180^\circ$$

同样在转角频率 $\omega=1/T$ 附近以10倍频程进行分频，当 $\omega T<0.1$ 或 $\omega<0.1T$ 时，有

$$\varphi(\omega)\approx 0^\circ$$

因此，低频段振荡环节的相频特性的渐近线是一条与横轴重合的直线。

当 $\omega T>10$ 或 $\omega>10/T$ 时，有

$$\varphi(\omega)\approx -180^\circ$$

因此，高频段振荡环节的相频特性的渐近线是一条与纵轴相交于 -180°，平行于横轴的直线。

在中频过渡段($0.1<\omega T<10$ 或 $0.1T<\omega<10/T$)，当 ω 为转角频率 $1/T$ 时，有

$$\varphi(\omega)=-45^\circ$$

因此，中频段振荡环节的相频特性的渐近线是一条连接 $\omega=0.1/T$、$\varphi=0^\circ$ 和 $\omega=10/T$、$\varphi=-180^\circ$ 的线段，并经过点 $\omega=1/T$、$\varphi=-90^\circ$。

由图 5.14 可知，相频特性对于 $\omega=1/T$、$\varphi=-90°$的点是斜对称的。

5. 微分环节

纯微分环节、一阶微分环节、二阶微分环节都属于微分环节，以纯微分环节为例，纯微分环节的传递函数为

$$G(s)=s \tag{5.50}$$

其频率特性为

$$G(\mathrm{j}\omega)=\mathrm{j}\omega=\omega \mathrm{e}^{\mathrm{j}\frac{\pi}{2}} \tag{5.51}$$

$$A(\omega)=\omega \tag{5.52}$$

$$\varphi(\omega)=\frac{\pi}{2} \tag{5.53}$$

微分环节的幅值为 ω、相角恒为 90°，极坐标图为一与正虚轴重合的直线。

其对数幅频特性为

$$L(\omega)=20\lg A(\omega)=20\lg\omega \tag{5.54}$$

其对数幅频特性曲线为一条经过横轴 $\omega=1$ 处，斜率为 20 dB/dec 的直线；其相频特性曲线为恒等于 90°的直线。

可以看出，微分环节与积分环节的频率特性较为相似，二者的对数频率特性关于横轴对称。具体的一些微分环节与积分环节、惯性环节、振荡环节均有相似联系，传递函数互为倒数，如表 5.1 所示。

表 5.1　一些环节传递函数的关系

环节	传递函数	环节	传递函数
纯微分环节	s	积分环节	$1/s$
一阶微分环节	$Ts+1$	惯性环节	$1/(Ts+1)$
二阶微分环节	$T^2s^2+2\zeta s+1$ $T>0,0<\zeta<1$	振荡环节	$1/(T^2s^2+2\zeta s+1)$ $T>0,0<\zeta<1$

设两个环节的传递函数为 $G_1(s)$、$G_2(s)$，且有

$$G_1(s)=\frac{1}{G_2(s)} \tag{5.55}$$

两个环节的频率特性为

$$G_1(\mathrm{j}\omega)=A_1(\omega)\mathrm{e}^{\mathrm{j}\varphi_1(\omega)} \tag{5.56}$$

$$G_2(\mathrm{j}\omega)=A_2(\omega)\mathrm{e}^{\mathrm{j}\varphi_2(\omega)} \tag{5.57}$$

显然

$$A_1(\omega)=\frac{1}{A_2(\omega)} \tag{5.58}$$

$$L_1(\omega)=-L_2(\omega) \tag{5.59}$$

$$\varphi_1(\omega)=-\varphi_2(\omega) \tag{5.60}$$

因此，只需要把积分环节、惯性环节、振荡环节的对数频率特性曲线上下倒过来，就可得到各微分环节的对数频率特性曲线，如图 5.15 所示。

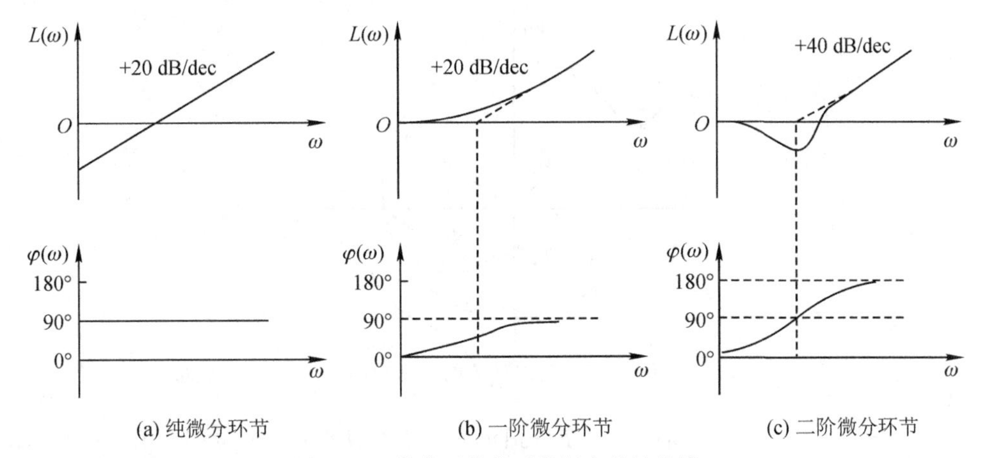

图5.15 微分环节的对数频率特性曲线

根据图5.15可以看出，微分环节具有高通滤波器的特性，对高频信号比较敏感。

这三种微分环节的极坐标图由其频率特性可以得出，如图5.16所示，纯微分环节的极坐标图与正虚轴重合；一阶微分环节的频率特性为 $G(\mathrm{j}\omega)=1+\mathrm{j}\omega T$，所以极坐标图是实部为1且平行于正虚轴的直线；二阶微分环节的频率特性为 $G(\mathrm{j}\omega)=(1-T^2\omega^2)+\mathrm{j}2\zeta\omega T$，当 $\omega=0$ 时，$G(\mathrm{j}\omega)=1$，随着 ω 的增大，实部减少，虚部增大。

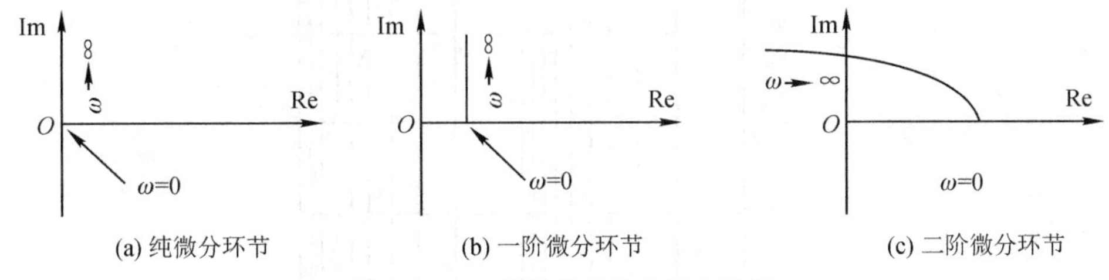

图5.16 三种微分环节的极坐标图

6. 延迟环节

延迟环节的传递函数为

$$G(s)=\mathrm{e}^{-Ts} \tag{5.61}$$

频率特性为

$$G(\mathrm{j}\omega)=\mathrm{e}^{-\mathrm{j}\omega T} \tag{5.62}$$

幅值为

$$A(\omega)=1 \tag{5.63}$$

相角为

$$\varphi(\omega)=-\omega T(\mathrm{rad})=-57.3\omega T(^\circ) \tag{5.64}$$

可见，当 ω 由 $0\to\infty$ 时，相角 φ 顺时针由 $0\to-\infty$，而幅值恒为1。延迟环节的极坐标图为单位圆，如图5.17所示。

延迟环节的对数幅频特性为

$$L(\omega)=20\lg 1=0 \tag{5.65}$$

相频特性为

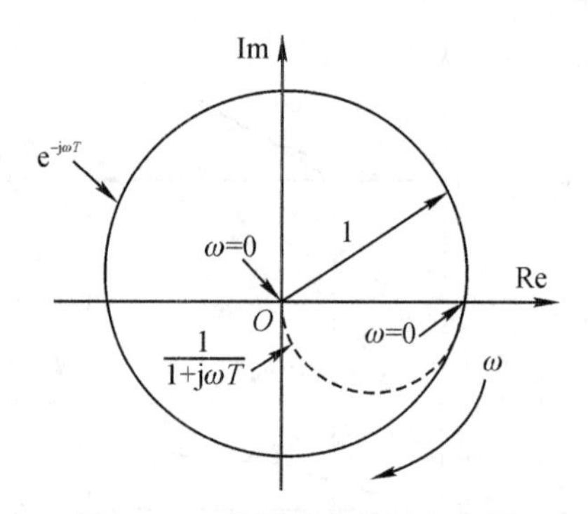

图 5.17　延迟环节的极坐标图

$$\varphi(\omega) = -\omega T(\text{rad}) = -57.3\omega T(°) \tag{5.66}$$

可知其对数幅频特性曲线是一条与横轴重合的直线，其相频特性曲线如图 5.18 所示。

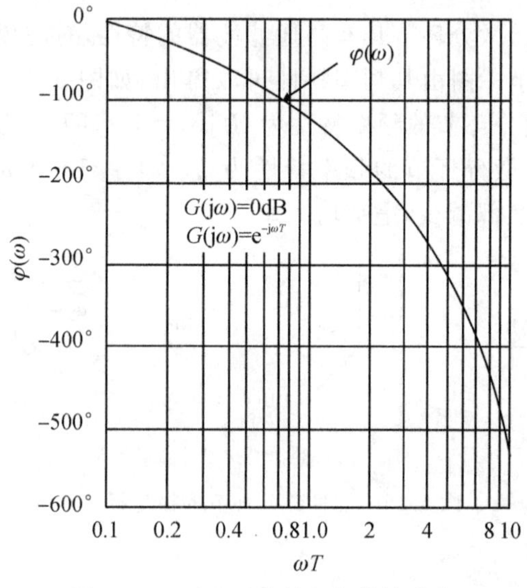

图 5.18　延迟环节的相频特性曲线

5.3　系统开环频率特性曲线的绘制

常见的系统开环频率特性曲线有两种，分别是开环对数频率特性曲线和幅相频率特性曲线，本节介绍这两种系统开环频率特性曲线的绘制方法。

5.3.1　系统开环对数频率特性曲线的绘制

系统开环传递函数由 n 个典型环节串联构成，开环频率特性可以写为

$$G(j\omega) = G_1(j\omega)G_2(j\omega)\cdots G_n(j\omega) = A_1(\omega)e^{j\varphi_1(\omega)}A_2(\omega)e^{j\varphi_2(\omega)}\cdots A_n(\omega)e^{j\varphi_n(\omega)} \tag{5.67}$$

则有

$$L(\omega) = 20\lg A(\omega) = 20\lg A_1(\omega) + 20\lg A_2(\omega) + \cdots + 20\lg A_n(\omega) \tag{5.68}$$

$$\varphi(\omega) = \varphi_1(\omega) + \varphi_2(\omega) + \cdots + \varphi_n(\omega) \tag{5.69}$$

由 n 个典型环节相串联的系统开环传递函数，其对数幅频特性和相频特性可以表示为各

典型环节的对数幅频特性之和及相频特性之和，因此可先作出各典型环节的对数频率特性曲线，然后采用叠加方法即可方便地绘制系统开环对数频率特性曲线。鉴于系统开环对数幅频特性渐近线在控制系统的分析和设计中具有十分重要的作用，以下着重介绍开环对数幅频特性渐进线的绘制方法，举例说明如下。

例 5.1　已知系统开环传递函数为

$$G(s) = \frac{10(s+3)}{s(s+2)(s^2+s+2)}$$

试绘制系统开环对数幅频特性曲线。

【解】　系统开环频率特性为

$$G(\mathrm{j}\omega) = \frac{10(3+\mathrm{j}\omega)}{(\mathrm{j}\omega)(2+\mathrm{j}\omega)[2+\mathrm{j}\omega+(\mathrm{j}\omega)^2]}$$

$$= \frac{7.5\left(1+\mathrm{j}\,\frac{\omega}{3}\right)}{(\mathrm{j}\omega)\left(1+\mathrm{j}\,\frac{\omega}{2}\right)\left[1+\mathrm{j}\,\frac{\omega}{2}+\frac{(\mathrm{j}\omega)^2}{2}\right]}$$

由上式可以看出，系统由 5 个典型环节组成。

比例环节：$G_1(\mathrm{j}\omega) = 7.5$

积分环节：$G_2(\mathrm{j}\omega) = \dfrac{1}{\mathrm{j}\omega}$

一阶微分环节：$G_3(\mathrm{j}\omega) = 1+\mathrm{j}\,\dfrac{\omega}{3}$

惯性环节：$G_4(\mathrm{j}\omega) = \dfrac{1}{1+\frac{\mathrm{j}\omega}{2}}$

振荡环节：$G_5(\mathrm{j}\omega) = \dfrac{1}{1+\frac{\mathrm{j}\omega}{2}+\frac{(\mathrm{j}\omega)^2}{2}}$

画出各环节的对数幅频特性曲线。

①比例环节：

$$L_1(\omega) = 20\lg 7.5\ \mathrm{dB} = 17.5\ \mathrm{dB}$$

其对数幅频特性曲线是纵坐标为 17.5 dB 的水平线，相频特性曲线为 $\varphi=0^\circ$的水平线，如图 5.19 中①所示。

②积分环节：其对数幅频特性曲线是一条经过横轴 $\omega=1$ 处、斜率为 -20 dB/dec 的直线，相频特性曲线为 $\varphi=-90^\circ$的水平线。如图 5.19 中②所示。

③一阶微分环节：转角频率为 $\omega_3=3$，对数幅频特性曲线在 $\omega<\omega_3$时为 0 dB 的水平线，在 $\omega>\omega_3$时为斜率为 20 dB/dec 的直线；相频特性曲线为 φ 从 0°变化到 90°的曲线，且关于 $\omega_3=3$、$\varphi=45^\circ$点斜对称。如图 5.19 中③所示。

④惯性环节：转角频率为 $\omega_2=2$，对数幅频特性曲线在 $\omega<\omega_2$时为 0 dB 的水平线，在 $\omega>\omega_2$时为斜率为 -20 dB/dec 的直线；相频特性曲线为 φ 从 0°变化到 -90°的曲线，且关于 $\omega_2=2$、$\varphi=-45^\circ$点斜对称，如图 5.19 中④所示。

⑤振荡环节：转角频率为 $\omega_1=\sqrt{2}$，阻尼比 $\zeta=\sqrt{2}/4=0.35$，对数幅频特性曲线在 $\omega<\omega_1$

时为 0 dB 的水平线，在 $\omega<\omega_2$ 时为斜率为 -40 dB/dec 的直线；相频特性曲线为 φ 从 0°变化到 $-180°$ 的曲线，且关于 $\omega_1=\sqrt{2}$、$\varphi=-90°$ 点斜对称，如图 5.19 中⑤所示。

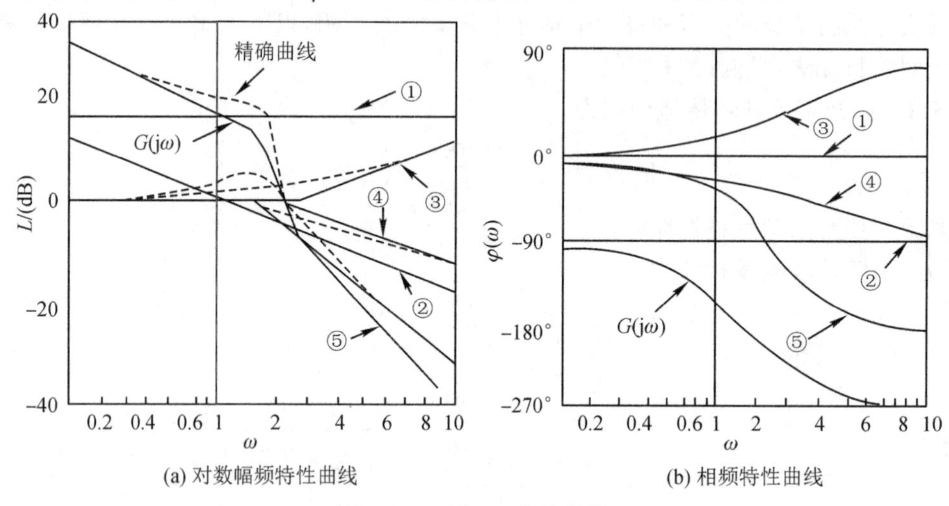

图 5.19　例 5.1 的伯德图

根据转角频率大小将以上对数幅频特性曲线的渐近线进行叠加，可得系统开环对数幅频特性曲线，如图 5.19 的 $G(j\omega)$ 所示，在 $\omega<\omega_1$ 时，对数幅频特性渐近线的斜率为 -20 dB/dec，在 $\omega_1<\omega<\omega_2$ 时，渐近线斜率变化了 -40 dB/dec，变为 -60 dB/dec；在 $\omega_2<\omega<\omega_3$ 时，渐近线斜率变化 -20 dB/dec，变为 -80 dB/dec；在 $\omega>\omega_3$ 时，渐近线斜率变化 20 dB/dec，变为 -60 dB/dec。

系统开环相频特性可由各基本环节的相频特性逐点相加求得。

根据上例，可以总结出以下绘制开环系统对数幅频特性曲线的步骤。

(1)对开环系统的传递函数进行典型环节分解；

(2)计算一阶环节、二阶环节的转角频率，并将其标注在对数坐标的 ω 轴上，最小的转角频率记为 $\omega_{\min}$。计算比例环节 $20\lg K$ 的 L 值。

(3)绘制 $\omega<\omega_{\min}$ 时的低频段渐近特性曲线。由于一阶环节和二阶环节的对数幅频特性渐近线在转角频率前为 0 dB/dec，在转角频率处斜率发生改变，故在 $\omega<\omega_{\min}$ 的频段内，开环系统对数幅频特性曲线的斜率取决于积分环节或微分环节的个数，如果有 n 个积分环节，则直线斜率为 $-20n$ dB/dec，反之如果有 n 个微分环节，则直线斜率为 $20n$ dB/dec。为获得低频段渐近线，还需确定该直线上的一点。可选取频率 $\omega=1$、$L=20\lg K$ 这一点，过该点绘制斜率为 $-20n$ dB/dec或 $20n$ dB/dec 的直线。

(4)绘制 $\omega>\omega_{\min}$ 频段的对数幅频特性渐近线。在 $\omega>\omega_{\min}$ 频段，每经过一个转角频率，系统开环对数幅频特性渐近线的斜率改变一次，变化的规律取决于该转角频率对应的典型环节的种类。遇到一阶微分环节时，渐近线斜率变化 $+20$ dB/dec；遇到二阶微分环节时，渐近线斜率变化 $+40$ dB/dec；遇到一阶惯性环节时，渐近线斜率变化 -20 dB/dec；遇到二阶振荡环节时，渐近线斜率变化 -40 dB/dec。

系统的相频特性曲线可以用各环节相频特性曲线叠加的方法绘制，但工程上往往用分析法计算各系统相频特性曲线上的几个点，然后连成曲线而成。

5.3.2　系统开环幅相频率特性曲线的绘制

根据系统开环频率特性的表达式，可以通过取点、计算和作图绘制系统开环幅相频率特性曲线（以下简称"幅相曲线"）。本节主要结合工程需要，着重介绍绘制概略开环幅相曲线的方法。

概略绘制开环幅相曲线应明确开环频率特性的三个重要因素。

(1)确定开环幅相曲线的起点($\omega=0^+$) 和终点($\omega=\infty$)。

(2)确定开环幅相特性曲线与实轴的交点。

设 ω_x 为开环幅相曲线与实轴相交时的频率，则 $G(\mathrm{j}\omega_x)H(\mathrm{j}\omega_x)$ 的虚部为

$$\mathrm{Im}[G(\mathrm{j}\omega_x)H(\mathrm{j}\omega_x)]=0$$

或

$$\varphi(\omega_x)=\angle G(\mathrm{j}\omega_x)H(\mathrm{j}\omega_x)=k\pi,\ k=0,\pm1,\pm2,\cdots$$

而开环频率特性曲线与实轴交点的坐标值为

$$\mathrm{Re}[G(\mathrm{j}\omega_x)H(\mathrm{j}\omega_x)]=G(\mathrm{j}\omega_x)H(\mathrm{j}\omega_x)$$

(3)确定开环幅相曲线的变化范围(象限、单调性)。开环系统典型环节分解和典型环节幅相曲线的特点是绘制概略开环幅相曲线的基础。

下面结合具体的系统对以上三个因素加以介绍。

例 5.2　某 0 型单位反馈系统的传递函数为

$$G(s)=\frac{K}{(T_1s+1)(T_2s+1)}\ (K、T_1、T_2>0)$$

试概略绘制系统的开环幅相曲线。

【解】　系统开环频率特性

$$G(\mathrm{j}\omega)=\frac{K[1-T_1T_2\omega^2-\mathrm{j}(T_1+T_2)\omega]}{(1+T_1^2\omega^2)(1+T_2^2\omega^2)}$$

由于惯性环节的角度变化为 $0°\sim-90°$，故该系统的开环幅相曲线：

起点：$A(0)=K$、$\varphi(0)=0°$

终点：$A(\infty)=0$、$\varphi(\infty)=2\times(-90°)=-180°$

令 $\mathrm{Im}[G(\mathrm{j}\omega_x)]=0$，得 $\omega_x=0$，即系统开环幅相曲线除在 $\omega=0$ 处外与实轴无其他交点。

由于惯性环节单调地从 0°变化至 −90°，故该系统幅相曲线的变化范围在第Ⅳ和第Ⅲ象限内，系统概略开环幅相曲线如图 5.20 实线所示。若设 $K<0$，由于该比例环节的相角恒为 −180°，故此时系统概略开环幅相曲线由原曲线绕原点顺时针旋转 −180°而得，如图 5.20 虚线所示。

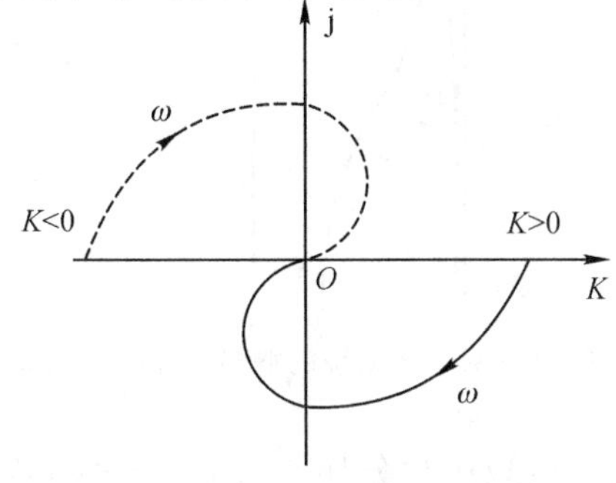

图 5.20　例 5.2 系统概略开环幅相曲线

例 5.3　设系统开环传递函数为

$$G(s)=\frac{K}{s(T_1s+1)(T_2s+1)}\ (K、T_1、T_2>0)$$

试绘制系统概略开环幅相曲线。

【解】　系统开环频率特性

$$G(j\omega)=\frac{K(1-jT_1\omega)(1-jT_2\omega)(-j)}{\omega(1+T_1^2\omega^2)(1+T_2^2\omega^2)}$$

$$=\frac{K[-(T_1+T_2)\omega+j(-1+T_1T_2\omega^2)]}{\omega(1+T_1^2\omega^2)(1+T_2^2\omega^2)}$$

幅值变化：　　　　　　$A(0^+)=\infty,\ A(\infty)=0$

典型环节的相角变化：$\angle\frac{1}{j\omega},\ -90^\circ\sim-90^\circ$

$$\angle\frac{1}{1+jT_1\omega},\ 0^\circ\sim-90^\circ$$

$$\angle\frac{1}{1+jT_2\omega},\ 0^\circ\sim-90^\circ$$

$$\angle K,\ 0^\circ\sim0^\circ$$

$$\angle\varphi(\omega),\ -90^\circ\sim-270^\circ$$

起点处：　　　　　　$\mathrm{Re}[G(j0_+)]=-K(T_1+T_2)$

$$\mathrm{Im}[G(j0_+)]=-\infty$$

与实轴的交点：令 $\mathrm{Im}[G(j\omega)]=0$，得 $\omega_x=\frac{1}{\sqrt{T_1T_2}}$，于是

$$G(j\omega)=\mathrm{Re}[G(j\omega)]=-\frac{KT_1T_2}{T_1+T_2}$$

由此作系统开环幅相曲线如图 5.21 中的曲线①所示，图中虚线为开环幅相曲线的低频渐近线。由于开环幅相曲线用于系统分析时不需要准确知道渐近线的位置，故一般根据 $\varphi(0_+)$ 取渐近线为坐标轴，图中曲线②为相应的开环概略幅相曲线。

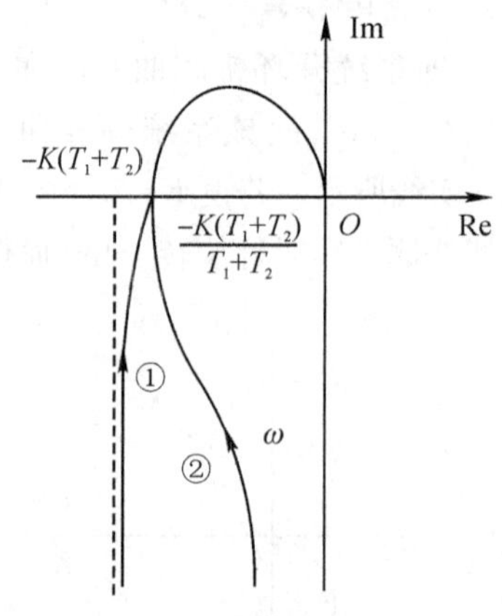

图 5.21　例 5.3 系统的概略开环幅相曲线

本例中系统型次即开环传递函数中积分环节的个数 $\nu=1$，若分别取 $\nu=2$、3 和 4，则根据积分环节的相角，可将图 5.21 曲线②分别绕原点旋转 -90°、-180° 和 -270°，即可得相应的开

环概略幅相曲线，如图 5.22 所示。

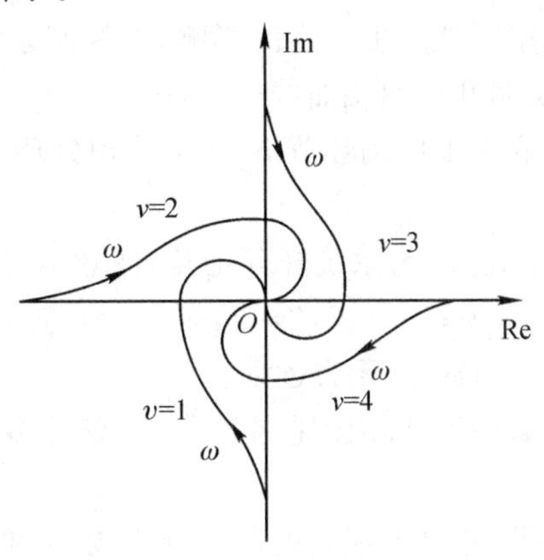

图 5.22　ν=1、2、3、4 时系统的开环概略幅相曲线

例 5.4　设系统开环传递函数为

$$G(s)=\frac{K(-\tau s+1)}{s(Ts+1)}\ (K、\tau、T>0)$$

试概略绘制系统的开环幅相曲线。

【解】　系统开环频率特性为

$$G(\mathrm{j}\omega)=\frac{K[-(T+\tau)\omega-\mathrm{j}(1-T\tau\omega^2)]}{\omega(1+T^2\omega^2)}$$

开环幅相曲线的起点：$A(0_+)=\infty$、$\varphi(0_+)=-90°$

终点：$A(\infty)=\infty$、$\varphi(\infty)=-270°$

与实轴的交点：令虚部为 0，解得

$$\omega_x=\frac{1}{\sqrt{T\tau}},\qquad G(\mathrm{j}\omega_x)=-K\tau$$

因为 $\varphi(\omega)$ 从 $-90°$ 单调减至 $-270°$，故幅相曲线在第Ⅲ和第Ⅱ象限之间变化，开环概略幅相曲线如图 5.23 所示。

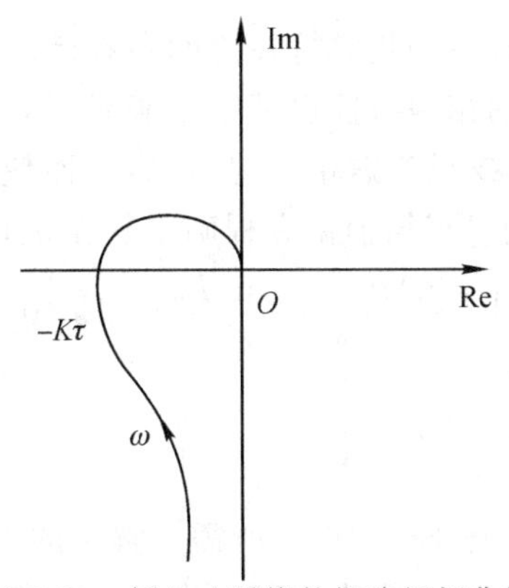

图 5.23　例 5.4 系统的概略幅相曲线

由上例可知，系统含有非最小相位一阶微分环节，所谓最小相位环节指的是没有开环右零点或极点的环节，反之称非最小相位环节。开环传递函数含有非最小相位环节的系统称为非

最小相位系统，而开环传递函数全部由最小相位环节构成的系统称为最小相位系统。非最小相位环节的存在将对系统的频率特性产生一定的影响，在控制系统分析中必须加以重视。

根据上述例子，可以总结绘制开环幅相曲线的方法。

(1)开环幅相曲线的起点，取决于比例环节 K 和系统积分环节的个数 ν(系统型次)：

$\nu<0$，起点为原点；

$\nu=0$，起点为实轴上的点 K 处(K 为系统开环增益，注意 K 有正负之分)；

$\nu>0$，设 $\nu=4k+i(k=0,1,2,\cdots;i=1,2,3,4)$，则 $K>0$ 时，起点为 $i\times(-90°)$ 的无穷远处；$K<0$ 时，起点为 $i\times(-90°)-180°$ 的无穷远处。

(2)开环幅相曲线的终点，取决于开环传递函数分子、分母多项式中最小相位环节和非最小相位环节的阶次和。

设系统开环传递函数的分子、分母多项式的阶次分别为 m 和 n，记除 K 外，分子多项式中最小相位环节的阶次和为 m_1，非最小相位环节的阶次和为 m_2，分母多项式中最小相位环节的阶次和为 n_1，非最小相位环节的阶次和为 n_2，该传递函数为

$$G(\mathrm{j}\omega)H(\mathrm{j}\omega)=\frac{K\prod_{j=1}^{m_1}(1+\mathrm{j}\omega T_{1j})\prod_{j=1}^{m_2}(1-\mathrm{j}\omega T_{2j})}{(\mathrm{j}\omega)^{\nu}\prod_{i=1}^{n_1-\nu}(1+\mathrm{j}\omega T_{1i})\prod_{i=1}^{n_2}(1-j\omega T_{2i})}$$

则有

$$m=m_1+m_2$$

$$n=n_1+n_2$$

$$\varphi(\infty)=\begin{cases}[(m_1-m_2)-(n_1-n_2)]\times 90°,\ K>0\\ [(m_1-m_2)-(n_1-n_2)]\times 90°-180°,\ K<0\end{cases}$$

特殊地，当开环系统为最小相位系统时，有

$$n=m,\ G(\mathrm{j}\infty)H(\mathrm{j}\infty)=K^*$$

$$n>m,\ G(\mathrm{j}\infty)H(\mathrm{j}\infty)=0\angle(n-m)\times(-90°)$$

式中，K^* 为系统开环根轨迹增益。

对最小相位系统来说，幅频特性和相频特性之间存在着唯一的对应关系，也就是说，如果确定了系统的幅频特性，则系统的相频特性也就唯一确定了，反之亦然。因此，在研究最小相位系统时，或只考虑增益的信息，或只考虑相位的信息，从而使总量得到简化。对最小相位系统，若已知其幅频特性 $M(\omega_1)$，则可根据伯德方程确定其在 ω_1 时的相角：

$$\varphi(\omega_1)=\frac{2\omega_1}{\pi}\int_0^{\infty}\frac{\ln M(\omega)-\ln M(\omega_1)}{\omega^2-\omega_1^2}\mathrm{d}\omega\ (0\leqslant\omega_1<\infty) \tag{5.70}$$

5.4 系统的稳定性分析

控制系统的闭环稳定性是系统分析和设计所需要解决的首要问题，在工程上，不仅需要用稳定判据判断出系统的绝对稳定性，还希望能确定出系统的稳定程度，对于不稳定系统，希望能指出如何改进使其稳定，包括系统参数和结构上的改变。而奈奎斯特稳定判据(简称奈氏判据)和对数频率稳定判据是常用的两种频域稳定判据，具有上述优点。频域稳定判据的特点是根据开环系统频率特性曲线判定系统的稳定性，因而使用比较方便。

5.4.1 奈奎斯特稳定判据的数学基础(映射定理)

1. 映射定理

复变函数中的幅角原理(也称映射定理)是奈奎斯特稳定判据的数学基础。

设 s 为复数变量，$F(s)$为一单值有理复变函数，其在 s 平面上的指定域内，除有限个点外，在其他点上均可解析，则对于 s 平面上指定域内的任意一点 s，通过复变函数 $F(s)$的映射关系，在 F 平面上必有一个点与之对应。

如图 5.24(a)所示，在 s 平面内任选一闭合曲线 C_s，且不通过 $F(s)$的任一零点或极点，即 C_s上所有点均在 $F(s)$的解析域内，在闭合曲线上任选一点 s_1，则在 F 平面内必有一点 F 与之对应。当从 s_1点出发，沿闭合曲线 C_s按任意选定方向运动一周后回到 s_1点，则在 F 平面上，每一个 s_i点都有一个对应 $F(s_i)$点，这些点的轨迹从 $F(s_1)$出发，经过 $F(s_2)$，$F(s_3)$，…后，回到 $F(s_1)$，形成一条闭合曲线 C_F，如图 5.24(b)所示，C_F的运动方向由 $F(s)$函数的性质决定。

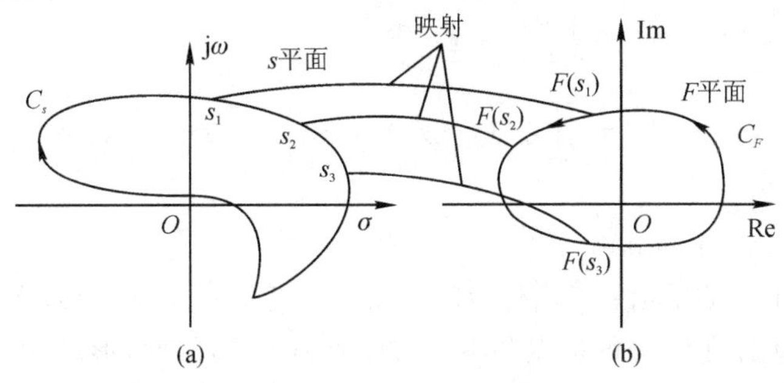

图 5.24　s 平面上封闭曲线 C_s通过 $F(s)$映射至 F 平面上曲线 C_F

对于某一 $F(s)$，其形式如下式所示：

$$F(s)=\frac{(s-z_1)(s-z_2)}{(s-p_1)(s-p_2)} \tag{5.71}$$

式中，z_1、z_2为 $F(s)$的零点；p_1、p_2为 $F(s)$的极点。

在 s 平面有一闭合曲线 Γ，Γ 包围 $F(s)$的零点 z_1和极点 p_1。当点 s 从闭合曲线 Γ 上任意一点 A 起，顺时针沿 Γ 运动一周，再回到起点，相应地，在 F 平面也会从点 $F(A)$起形成一条闭合曲线 Γ_F，如图 5-25(b)所示。

当复变量 s 沿 Γ 顺时针运动一周时，$F(s)$的相角是如何变化的？这就是幅角原理的研究内容。

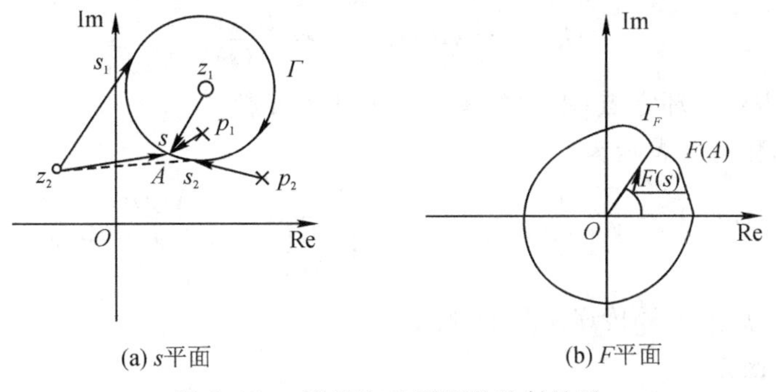

图 5.25　s 平面和 F 平面的映射关系

$F(s)$的相角变化可以表示为

$$\delta\angle F(s)=\oint_{\Gamma}\angle F(s)\mathrm{d}s \tag{5.72}$$

因为

$$\angle F(s)=\angle(s-z_1)+\angle(s-z_2)-\angle(s-p_1)-\angle(s-p_2)$$

则

$$\delta\angle F(s)=\delta\angle(s-z_1)+\delta\angle(s-z_2)-\delta\angle(s-p_1)-\delta\angle(s-p_2)$$

由于z_1和p_1被Γ包围,按照复平面向量的相角定义,逆时针旋转为正,顺时针旋转为负,则

$$\delta\angle(s-z_1)=\delta\angle(s-p_1)=-2\pi$$

对于零点z_2,由于z_2未被Γ包围,过z_2作两条直线与闭合曲线Γ相切,设s_1、s_2为切点,则在Γ的$\overset{\frown}{s_1s_2}$段,$s-z_2$的角度减小,在Γ的$\overset{\frown}{s_2s_1}$段,该角度增大,且有

$$\begin{aligned}\delta\angle(s-z_2)&=\oint_{\Gamma}\angle(s-z_2)\mathrm{d}s\\&=\oint_{\Gamma\overset{\frown}{s_1s_2}}\angle(s-z_2)\mathrm{d}s+\oint_{\Gamma\overset{\frown}{s_2s_1}}\angle(s-z_2)\mathrm{d}s=0\end{aligned}$$

同理可得$\delta\angle(s-p_2)=0$。

由上述结果可知,当点s沿s平面任意闭合曲线Γ运动一周时,$F(s)$绕F平面原点的圈数只和闭合曲线Γ所包围的$F(s)$的极点和零点的代数和相关,因而,形成如下映射定理。

设$F(s)$为一单值有理复变函数,在s平面上任意闭合曲线Γ包围$F(s)$的Z个零点和P个极点,则点s沿Γ顺时针运动一周时,点s映射到F平面的轨迹Γ_F顺时针包围原点的圈数为

$$N=Z-P$$

若N为负值,则表示Γ_F是逆时针包围原点的,当$N=0$时,表示Γ_F不包围原点。

2. 辅助函数 $F(s)$

控制系统的稳定性判定通过已知的开环传递函数来判断闭环系统的稳定性。为了方便应用映射定理,使用辅助函数$F(s)$将开环传递函数极点和闭环传递函数极点联系起来。

对于开环传递函数,可以表示为

$$G_{\mathrm{k}}(s)=G(s)H(s)=\frac{B(s)}{A(s)} \tag{5.73}$$

式中,$B(s)$的零点表示开环零点;$A(s)$的零点表示开环极点。

其闭环传递函数可以表示为

$$G_{\mathrm{b}}(s)=\frac{G(s)}{1+G(s)H(s)}=\frac{G(s)}{1+\frac{B(s)}{A(s)}}=\frac{A(s)G(s)}{A(s)+B(s)} \tag{5.74}$$

则$A(s)+B(s)$的零点为闭环传递函数的极点。

选择辅助复变函数:

$$F(s)=1+G(s)H(s)=1+\frac{B(s)}{A(s)}=\frac{A(s)+B(s)}{A(s)} \tag{5.75}$$

该辅助函数具有以下特点。

(1)$F(s)$的零点为闭环特征方程的根或闭环传递函数的极点。

(2)$F(s)$的极点为开环传递函数的极点。

(3)由于开环传递函数分母多项式的阶次一般大于或等于分子多项式的阶次,故 $F(s)$的零点数和极点数相同。

(4)该辅助函数 $F(s)$的解析式与开环传递函数 $G_k(s)$的解析式在结果上只相差常数1,即 s 沿闭合曲线 Γ 运动一周产生的两条闭合曲线 Γ_F 和 Γ_{GH} 可以通过将其中一条沿实轴平移一个单位长度获得,如图5.26所示。

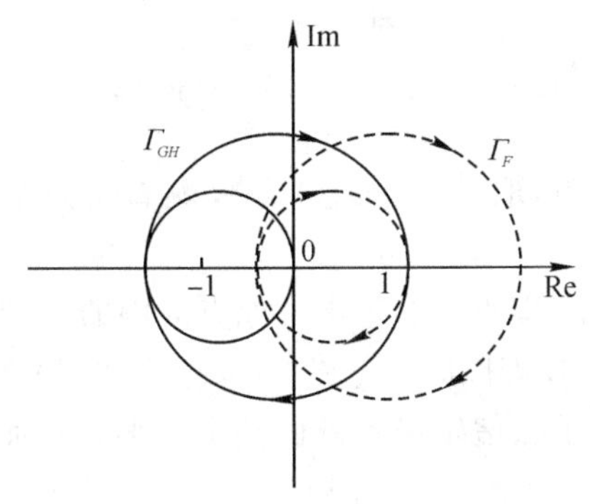

图5.26 Γ_F 和 Γ_{GH} 的几何关系

由 $F(s)$的特点可知,其零极点与闭环传递函数极点和开环传递函数极点直接相关,可通过映射定理获得 $F(s)$在右半平面的零极点数,再结合开环传递极点获得闭环传递函数极点的信息。同时,$F(s)$与开环传递函数 $G_k(s)$的图形可以通过平移进行转换,即闭合曲线 Γ_F 绕 F 平面原点的圈数等于闭合曲线 Γ_{GH} 可以包围 F 平面$(-1,j0)$点的圈数。在已知开环传递函数 $G_k(s)$的条件下,上述特性为映射定理的应用创造了条件。

3. 奈奎斯特轨迹的选择

系统稳定的充分条件是闭环极点全部位于左半 s 平面,因此只要判断出系统在右半 s 平面上无极点,就可知道系统的稳定性。也就是说,只需判定 $F(s)$在右半 s 平面有无零点就可知道闭环系统的稳定性。

结合映射定理,在 s 平面上,作闭合曲线 Γ 包围整个右半 s 平面,该闭合曲线由整个虚轴和无限大半径的右半圆组成,点 s 在此闭合曲线上顺时针移动,这样的曲线称为奈奎斯特轨迹,如图5.27所示。为使用映射定理,奈奎斯特轨迹不能通过 $F(s)$的零极点,根据 $F(s)$有无虚轴零极点可以将奈奎斯特轨迹的选取分为以下两种情况。

(1)若系统在虚轴上无极点,其奈奎斯特轨迹如图5.27所示,由两部分组成。

① $s=j\omega,\omega\in(-\infty,+\infty)$,即整条虚轴。

② $s=\infty e^{j\theta},\theta\in[-90°,90°]$,即以原点为圆心,跨过第Ⅰ和第Ⅳ象限的半径为无穷大的半圆。

(2)若系统在虚轴上有极点,为避开开环虚极点,需在原始的奈奎斯特轨迹的基础上加以扩展,假设系统在原点处有开环极点,则奈奎斯特轨迹如图5.28所示,可由四部分组成。

① $s=j\omega,\omega\in(-\infty,0^-)$,即点 s 沿负虚轴的负无穷远处运动到原点周围的 0^- 处。

② $s=\varepsilon e^{j\theta},\theta\in[-90°,+90°]$(其中 ε 为正无穷小量),即以原点为圆心,半径为无穷小的

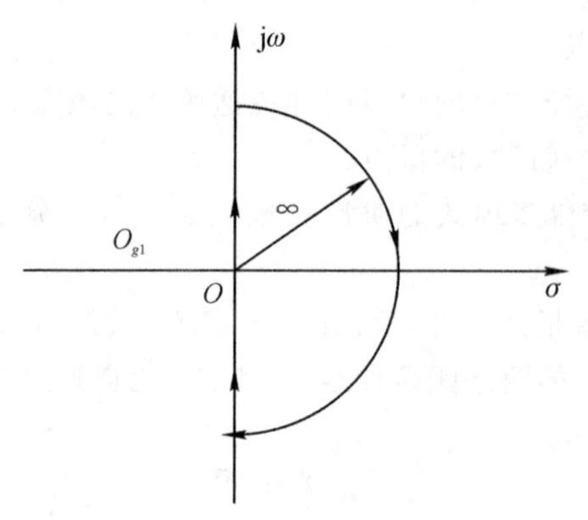

图 5.27　s 平面上的奈奎斯特轨迹

半圆。对于非原点处的开环极点，取 $s=\pm \mathrm{j}\omega_{\mathrm{n}}+\varepsilon \mathrm{e}^{\mathrm{j}\theta}$，其轨迹为以 $\pm \mathrm{j}\omega_{\mathrm{n}}$ 为圆心，半径为无穷小的半圆。

③ $s=\mathrm{j}\omega,\omega\in(0^{+},+\infty)$，即点 s 沿正虚轴原点周围的 0^{+} 处运动至正无穷远处。

④ $s=\infty \mathrm{e}^{\mathrm{j}\theta},\theta\in[-90°,90°]$，即以原点为圆心，跨过第Ⅰ和第Ⅳ象限的半径为无穷大的半圆。

这样的奈奎斯特轨迹包围了除虚轴极点外的整个右半 s 平面。

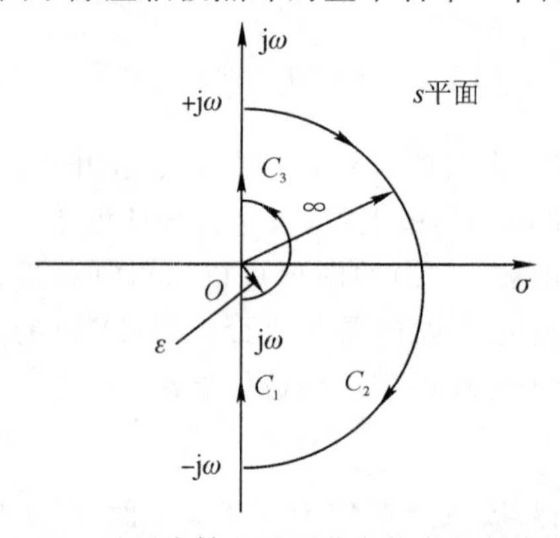

图 5.28　避开虚轴上开环节点的奈奎斯特轨迹

4. 闭合曲线 Γ_{GH} 的绘制

根据上文提到的辅助复变函数 $F(s)$ 的特性可知，$F(s)$ 的闭合曲线 Γ_F 绕 F 平面原点的圈数，可以通过计算闭合曲线 Γ_{GH} 包围 F 平面 $(-1,\mathrm{j}0)$ 点的圈数获得。同时，闭合曲线 Γ_{GH} 的绘制相对于辅助函数 $F(s)$ 的闭合曲线 Γ_F 的绘制更为简单。

由图 5.27 可知，s 平面的 Γ 关于实轴对称，鉴于开环传递函数 $G_{\mathrm{k}}(s)$ 为实系数有理分式函数，故闭合曲线 Γ_{GH} 也关于实轴对称，因此只需绘制 Γ_{GH} 在 $\mathrm{Im}s\geqslant 0$、$s\in\Gamma$ 对应的曲线段。按照 $\omega>0$ 绘制的 $G_{\mathrm{k}}(s)$ 半闭合曲线，也称为奈奎斯特曲线，再根据开环传递函数 $G_{\mathrm{k}}(s)$ 的性质补全该曲线。

若系统在虚轴上无极点，则

(1) Γ_{GH} 在 $s=\mathrm{j}\omega,\omega\in[0,+\infty)$ 时，对应的开环幅相曲线即奈奎斯特曲线。

(2) Γ_{GH} 在 $s=\infty \mathrm{e}^{\mathrm{j}\theta},\theta\in[0°,90°]$ 时，对应原点（$n>m$ 时）或 $(K^{*},\mathrm{j}0)$ 点（$n=m$ 时），K^{*} 为系统开环根轨迹增益。

若系统在虚轴上有极点，可分为两种情况：极点在虚轴原点处和极点在虚轴非原点处。

当开环系统含有积分环节时，设开环传递函数为

$$G(s)H(s)=\frac{1}{s^{\nu}}G_1(s)\quad(\nu>0,\ |G_1(\mathrm{j}0)|\neq\infty)\tag{5.76}$$

有

$$A(0_+)=\infty,\quad \varphi(0_+)=\nu\times(-90^\circ)+\angle G_1(\mathrm{j}0_+)$$

于是在原点附近，闭合曲线 Γ 为 $s=\varepsilon \mathrm{e}^{\mathrm{j}\theta}$，$\theta\in[0^\circ,+90^\circ]$，且有 $G_1(\varepsilon \mathrm{e}^{\mathrm{j}\theta})=G_1(\mathrm{j}0)$，故

$$G(s)H(s)\big|_{s=\varepsilon \mathrm{e}^{\mathrm{j}\theta}}\approx\infty \mathrm{e}^{\mathrm{j}(\nu\times(-\theta)+\angle G_1(\mathrm{j}0))}\tag{5.77}$$

式(5.77)对应的曲线为从 $G(\mathrm{j}0)H(\mathrm{j}0)$ 点起，半径为∞、圆心角为 $\nu\times(-\theta)$ 的圆弧，即从 $G(\mathrm{j}0_+)H(\mathrm{j}0_+)$ 点起顺时针作半径无穷大，圆心角为 $\nu\times90^\circ$ 的圆弧，如图 5.29 中的虚线所示。

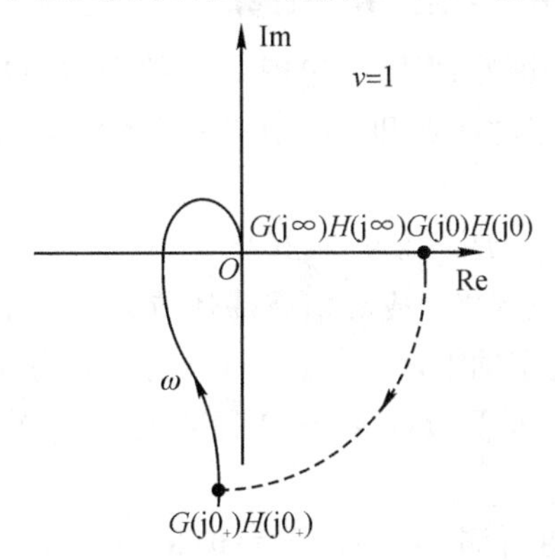

图 5.29　开环极点在虚轴原点上的 $F(s)$ 半闭合曲线

当开环系统含有等幅震荡环节时，此时虚轴上的开环极点不在原点处，设开环传递函数为

$$G(s)H(s)=\frac{1}{(s^2+\omega_n^2)^{\nu_1}}G_1(s)\quad(\nu_1>0,\ |G_1(\pm \mathrm{j}\omega_n)|\neq\infty)\tag{5.78}$$

该传递函数的极点在虚轴的 $\mathrm{j}\omega_n$ 处，考虑点 s 在 $\mathrm{j}\omega_n$ 附近沿 Γ 运动时，Γ_{GH} 的变化为

$$s=\mathrm{j}\omega_n+\varepsilon \mathrm{e}^{\mathrm{j}\theta},\quad \theta\in[-90^\circ,+90^\circ]\tag{5.79}$$

因为 ε 为无穷小量，所以在 $s=\mathrm{j}\omega_n$ 附近，开环传递函数可以写为

$$G(s)H(s)\big|_{s=\mathrm{j}\omega_n+\varepsilon \mathrm{e}^{\mathrm{j}\theta}}=\frac{1}{(2\mathrm{j}\omega_n\varepsilon \mathrm{e}^{\mathrm{j}\theta}+\varepsilon^2\mathrm{e}^{\mathrm{j}2\theta})^{\nu_1}}G_1(\mathrm{j}\omega_n+\varepsilon \mathrm{e}^{\mathrm{j}\theta})\approx\frac{\mathrm{e}^{-\mathrm{j}(\theta+90^\circ)\nu_1}}{(2\omega_n\varepsilon)^{\nu_1}}G_1(\mathrm{j}\omega_n)\tag{5.80}$$

因此，在 $s=\mathrm{j}\omega_n$ 附近时，有

$$\begin{cases}A(s)=\infty\\ \varphi(s)=\begin{cases}\angle G_1(\mathrm{j}\omega_n), & \theta=-90^\circ,\text{即 } s=\mathrm{j}\omega_{n-}\\ \angle G_1(\mathrm{j}\omega_n)-(\theta+90^\circ)\nu_1, & \theta\in(-90^\circ,+90^\circ)\\ \angle G_1(\mathrm{j}\omega_n)-\nu_1\times180^\circ, & \theta=90^\circ,\text{即 } s=\mathrm{j}\omega_{n+}\end{cases}\end{cases}$$

因此，点 s 在 $\mathrm{j}\omega_n$ 附近沿 Γ 运动时，对应的 Γ_{GH} 闭合曲线为半径无穷大，圆心角等于 $\nu_1\times180^\circ$ 的圆弧，即应从 $G(\mathrm{j}\omega_{n-})H(\mathrm{j}\omega_{n-})$ 点起顺时针作半径无穷大，圆心角为 $\nu_1\times180^\circ$ 的圆弧至 $G(\mathrm{j}\omega_{n+})H(\mathrm{j}\omega_{n+})$ 点，如图 5.30 中的虚线所示。上述分析表明，半闭合曲线 Γ_{GH} 由开环幅相曲线和根据开环虚轴极点所补作的无穷大半径的虚线圆弧两部分组成。

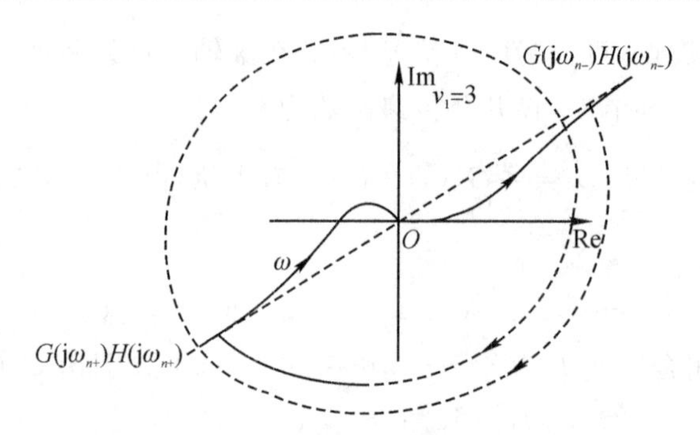

图 5.30　开环极点不在虚轴原点上的 $F(s)$ 半闭合曲线

5. 闭合曲线 Γ_{GH} 包围(−1,j0)点圈数 R 的计算

曲线 Γ_{GH} 包围(−1,j0)点的圈数即为 Γ_F 包围原点的圈数，设 N 为 Γ_{GH} 穿越(−1,j0)点左侧负实轴的次数，N_+ 表示正穿越的次数和(从上向下穿越)，N_- 表示负穿越的次数和(从下向上穿越)，则有

$$R = 2N = 2(N_+ - N_-) \tag{5.81}$$

在图 5.31 中，虚线为按系统型次 ν 或等幅震荡环节数 ν_1 补作的圆弧，点 A、B 为奈奎斯特曲线与负实轴的交点，按穿越负实轴上段(−∞,−1)的方向，分别有：

图(a)，A 点位于(−1,j0)点左侧，Γ_{GH} 从下向上穿越，为一次负穿越，故 $N_-=1$、$N_+=0$，$R=-2\ N_-=-2$。

图(b)，A 点位于(−1,j0)点右侧，$N_+ = N_- = 0$，$R=0$。

图(c)，A、B 点均位于(−1,j0)点左侧，而在 A 点处 Γ_{GH} 从下向上穿越，为一次负穿越；B 点处则 Γ_{GH} 从上向下穿越，为一次正穿越，故有 $N_+ = N_- = 1$，$R=0$。

图(d)，A、B 点均位于(−1,j0)点左侧，在 A 点处 Γ_{GH} 从下向上穿越，为一次负穿越；B 点处 Γ_{GH} 从上向下穿越至实轴并停止，为半次正穿越，故 $N_-=1$、$N_+=1/2$，$R=-1$。

图(e)，A、B 点均位于(−1,j0)点左侧，在 A 点对应 $\omega=0$，随着 ω 增大，Γ_{GH} 离开负实轴，为半次负穿越，而 B 点处为一次负穿越，故有 $N_-=3/2$、$N_+=0$，$R=-3$。

计算 R 的过程中应注意正确判断 Γ_{GH} 穿越(−1,j0)点左侧负实轴时的方向、半次穿越和虚线圆弧所产生的穿越次数。

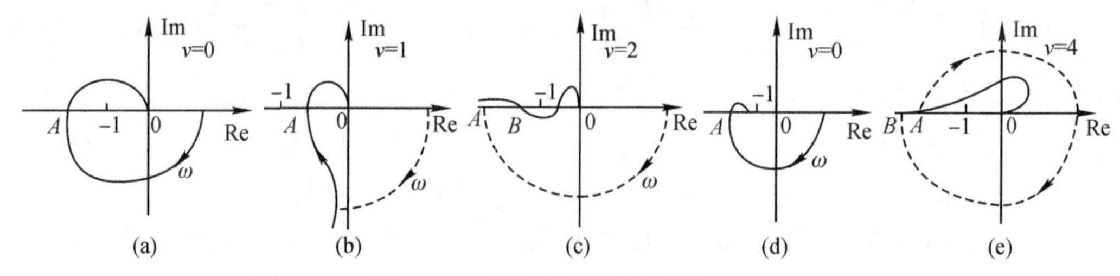

图 5.31　系统开环半闭合曲线 Γ_{GH}

5.4.2　奈奎斯特稳定判据

设奈奎斯特轨迹 Γ 包围 s 右半平面，在已知开环系统右半平面的极点数(不包括虚轴上的

极点)和半闭合曲线 Γ_{GH} 的情况下,根据映射定理和闭环稳定条件,可得奈奎斯特稳定判据。

奈奎斯特稳定判据:闭环系统稳定的条件是,补全与实轴对称部分的闭合曲线 Γ_{GH},其逆时针方向包围$(-1,\mathrm{j}0)$点的圈数 R,等于系统的开环右极点数。

由映射定理可知,闭合曲线 Γ 包围函数 $F(s)=1+G(s)H(s)$ 的零点个数(即闭环系统的正实部极点个数)为

$$Z = P - R \tag{5.82}$$

当 $P=R$,即 $Z=0$ 时,闭环系统稳定。

当闭合曲线 Γ_{GH} 穿过$(-1,\mathrm{j}0)$点时,表明存在 $s=\pm\mathrm{j}\omega_n$,使得

$$G(\pm\mathrm{j}\omega_n)H(\pm\mathrm{j}\omega_n) = -1 \tag{5.83}$$

即系统闭环特征方程存在共轭纯虚根,则系统可能临界稳定。

例 5.5　设系统的开环传递函数为

$$G(s)H(s) = \frac{K}{(T_1 s+1)(T_2 s+1)} \quad (T_1、T_1 > 0)$$

试判断其闭环系统的稳定性。

【解】　系统无开环右极点,故闭环系统稳定的充要条件是奈奎斯特图不包围$(-1,\mathrm{j}0)$点。

根据 0 型系统极坐标图的形状绘制出奈奎斯特图如图 5.32 所示,因而闭环系统是稳定的。

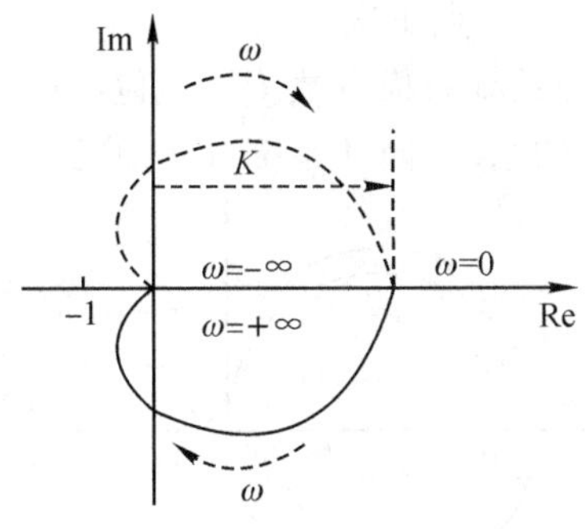

图 5.32　例 5.5 系统的奈奎斯特图

例 5.6　一单位反馈系统,其开环传递函数

$$G(s) = \frac{10}{s-1}$$

试判断其闭环系统的稳定性。

【解】　系统有一个开环右极点。系统的开环频率特性为

$$G(\mathrm{j}\omega) = \frac{10}{\mathrm{j}\omega - 1}$$

$$A(\omega) = \frac{10}{\sqrt{1+\omega^2}}$$

$$\varphi(\omega) = -\arctan^{-1}\frac{\omega}{-1}$$

可见其与惯性环节的幅频特性完全相同。

系统的相频特性曲线对称于 $\varphi=-90°$ 的水平线,如图 5.33 所示,曲线 a 为该传递函数的

对数频率特性曲线，曲线 b 为惯性环节的对数频率特性曲线。

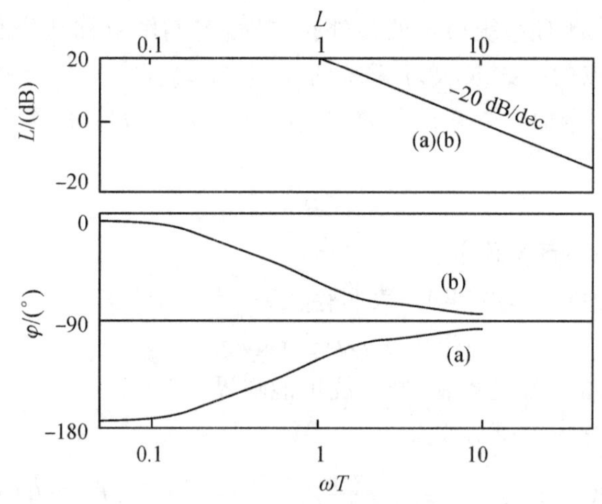

图 5.33　例 5.6 系统的开环对数频率特性曲线

因此可知本例系统与惯性环节的极坐标图的形状相似，由于惯性环节的极坐标图是一个半圆，可知本例系统的开环极坐标图也是一个半圆，仅相角变化的范围不同、半圆所处的象限不同、曲线变化的方向不同而已。据此画出本例系统的奈奎斯特图如图 5.34 所示，由图中看出，奈奎斯特曲线逆时针包围$(-1,j0)$点 1 次。

根据奈奎斯特判据，由于开环系统右极点数 $P=1$，包围$(-1,j0)$点次数为 1，故闭环系统是稳定的。此例说明开环不稳定的系统，闭环系统可能稳定。

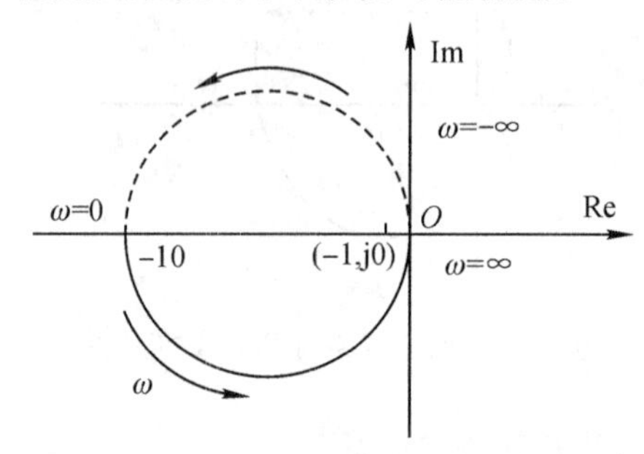

图 5.34　例 5.6 系统的奈奎斯特图

例 5.7　系统的开环传递函数为

$$G(s)H(s)=\frac{K_0}{s(s+1)(0.1s+1)}$$

试判别 $K_0=2$ 和 $K_0=20$ 时，闭环系统的稳定性。

【解】　系统为Ⅰ型系统，在原点处有一开环极点，无开环右极点，因此奈奎斯特轨迹由四部分组成。先画出极坐标图，用虚线补全半径无穷大的圆弧，获得奈奎斯特轨迹在 GH 平面上映射的轨迹 Γ_{GH}，如图 5.35 所示。可以看出，当 $K_0=2$ 时，Γ_{GH} 如不包围$(-1,j0)$点，则闭环系统稳定；当 $K_0=20$ 时，Γ_{GH} 如包围了$(-1,j0)$点，则闭环系统不稳定。

本例中 K_0 的变化使得系统由稳定变为不稳定，则有一点处的 K_0 使该系统的轨迹 Γ_{GH} 通过$(-1,j0)$点，该点称为系统的临界开环增益，在此参数下系统处于临界稳定状态，$(-1,j0)$

点称为特征点。判断系统的稳定性时只需要确定奈奎斯特图与特征点的相对关系，而不必注意奈奎斯特图的精确形状。

由于奈奎斯特图与伯德图有对应关系，因此奈奎斯特图与特征点的关系也可在开环对数坐标图上反映出来，因而可直接从开环对数坐标图中判断系统的稳定性。

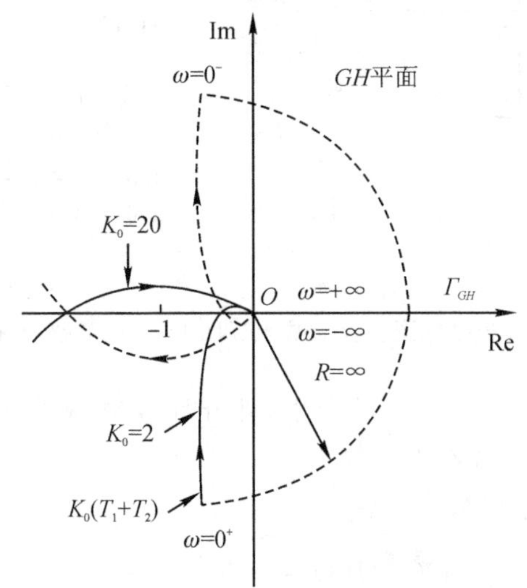

图 5.35　例 5.7 系统奈奎斯特轨迹在 GH 平面上映射的轨迹 Γ_{GH}

5.4.3　对数判据和相对稳定性

1. 对数判据

奈氏判据基于复平面的开环极坐标图及其补全曲线判定系统的闭环稳定性，而开环极坐标图和开环对数坐标图具有一定的对应关系，所以可以将奈奎斯特判据在对数坐标下进行推广，获得对数判据，其核心是通过对数坐标图获得开环极坐标图包围$(-1,j0)$点的次数。

开环幅频特性的 $A(\omega)$ 对应的开环对数幅频特性为 $L(\omega)=20\log A(\omega)$，即 $G(j\omega)H(j\omega)$ 平面上的 $A=1$ 的单位圆，对应着开环对数坐标图 $L=0$ dB 的水平线。而 $G(j\omega)H(j\omega)$ 平面上的负实轴（$\varphi=-180°$的直线）对应着开环对数坐标图上 $\varphi=-180°$的水平线。使 $L(\omega)=0$ 时的频率称为增益交界频率或开环截止频率，通常以 ω_0 表示。

奈奎斯特图上每穿越$(-1,j0)$点左侧负实轴一次，则开环对数频率特性在 $L(\omega)>0$ 的情况下，相频特性穿越 $\varphi=-180°$的水平线一次，奈奎斯特曲线的正穿越对应着相频特性 $\varphi(\omega)$ 自下而上穿越水平线 $\varphi=-180°$，奈奎斯特曲线的负穿越对应着 $\varphi(\omega)$ 自上而下穿越水平线 $\varphi=-180°$，如图 5.36 所示。

对数判据的应用分为以下三个步骤。

（1）确定增益交界频率或开环截止频率 ω_0。

（2）绘制开环系统的对数幅相特性曲线。

（3）计算相频特性在增益交界频率前穿越 $\varphi=-180°$水平线的次数，区分正、负穿越，分别用 N_+ 和 N_- 表示。

则开环极坐标图包围$(-1,j0)$点的次数 $R=2\times(N_+-N_-)$。

闭环系统稳定的充要条件：在开环对数坐标图上，在 $\omega<\omega_0$ 的频段内，相频特性穿越

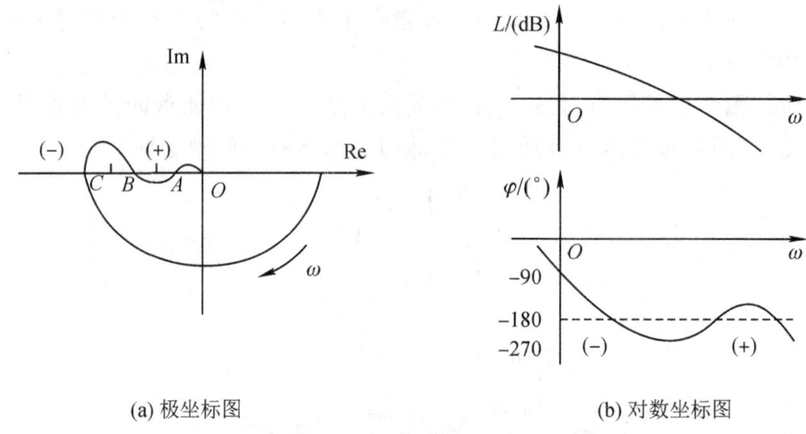

(a) 极坐标图　　(b) 对数坐标图

图 5.36　在极坐标图上及对数坐标图上正、负穿越的对应关系

$\varphi=-180^\circ$水平线的次数是(N_+-N_-)的两倍，即开环极坐标图包围$(-1,\mathrm{j}0)$点的次数 $R=2\times(N_+-N_-)$，其等于系统开环右极点数 P。

例 5.8　系统的开环传递函数为

$$G(s)H(s)=\frac{K_0}{s^2(Ts+1)}$$

试判别其闭环系统的稳定性。

【解】　根据对数判据，要使闭环系统稳定，应使 $N_+-N_-=0$，系统的奈奎斯特图如图 5.37(a)所示，伯德图如图 5.37(b)所示。在 $\omega=0$ 时，奈奎斯特图中的轨迹为辅助圆，极坐标上从原点到辅助圆点的向量，幅值 $A(\omega)=\infty$，相角由 0°到 -180°，对应的伯德图为虚线 ab。由图 5.37 可知，$N_+-N_-=0-1$，故闭环系统不稳定。

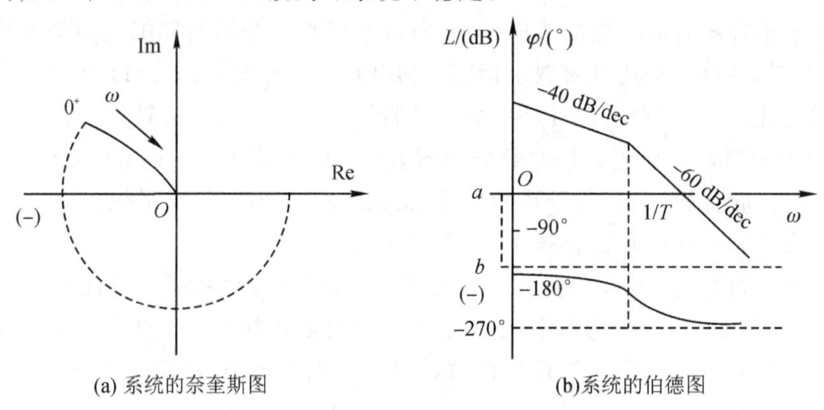

(a) 系统的奈奎斯特图　　(b)系统的伯德图

图 5.37　例 5.8 的开环频率特性

2. 稳定裕量

闭环系统的稳定性取决于开环闭合曲线 Γ_{GH} 包围$(-1,\mathrm{j}0)$点的圈数，当开环传递函数的某些系数发生变化时，使得 Γ_{GH} 穿过$(-1,\mathrm{j}0)$点，此时闭环系统处于临界稳定状态，对其施加阶跃信号，其响应呈等幅振荡。闭合曲线 Γ_{GH} 离$(-1,\mathrm{j}0)$点越近，其阶跃响应振荡性越强，所以，通常以闭合曲线 Γ_{GH} 距离$(-1,\mathrm{j}0)$点的程度表示系统的相对稳定性。频域的相对稳定性即稳定裕量，通常用相位裕量和增益裕量来度量。

1）相位裕量

在增益交界频率 ω_0 的基础上，使系统达到临界稳定状态所需附加的相位滞后量，叫作相位裕量，以 γ 表示。相位裕量在开环极坐标图上的表示如图 5.38 所示，在奈奎斯特曲线与单位圆的交点和坐标原点之间作一直线，从负实轴到该直线转过的角度为 γ，逆时针转动为正，则 γ 可以表示为

$$\gamma = 180^\circ + \varphi(\omega_0) \tag{5.84}$$

式中，φ 为 $\omega=\omega_0$ 时奈奎斯特曲线的相角。

在对数坐标图上，γ 为增益交界频率 ω_0 时，相频特性 $\varphi(\omega_0)$ 曲线与 $\varphi=-180^\circ$ 水平线之间的距离，$\varphi(\omega_0)$ 在 $\varphi=-180^\circ$ 水平线以上时 γ 为正，如图 5.39 所示，其中，ω_g 为 $\varphi(\omega)$ 曲线与 $\varphi=180^\circ$ 水平线的相交频率。

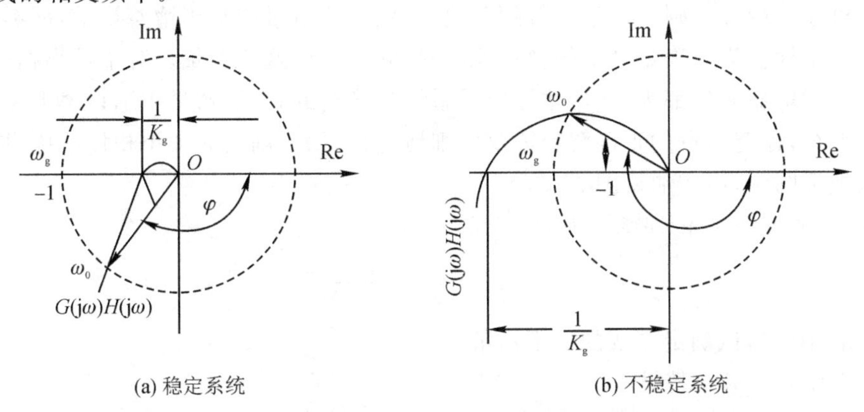

图 5.38　稳定和不稳定系统极坐标下的相位裕量和增益裕量

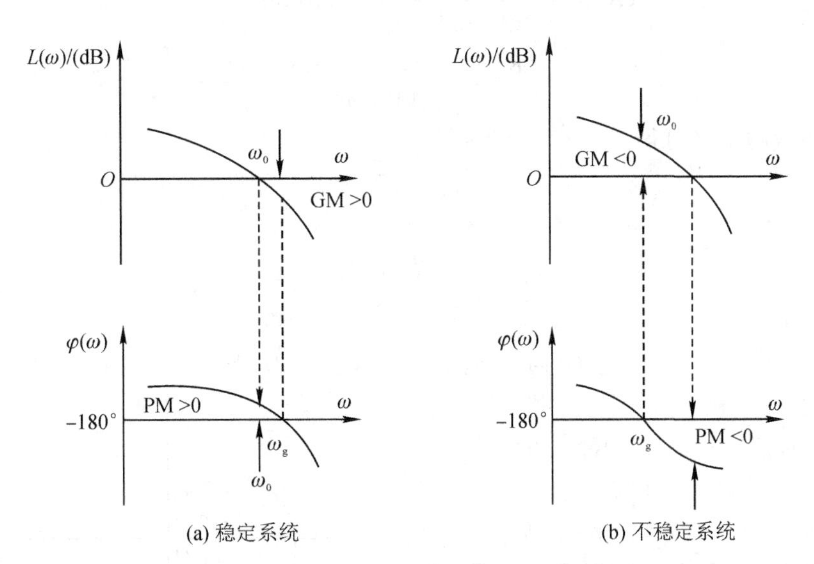

图 5.39　稳定和不稳定系统对数坐标下的相位裕量和增益裕量
（GM 表示增益裕量“gain margin”，“PM”表示相对裕量“phase margin”）

2）增益裕量

假设有频率 ω_x 使得 $\varphi(\omega_x)=-180^\circ$，该频率称为系统的穿越频率。该频率下，使系统开环

频率特性再增大 K_g 倍，则可使系统处于临界稳定状态，即

$$K_g \cdot | G(j\omega)H(j\omega) | = 1 \tag{5.85}$$

式中，K_g 为增益裕量，可得

$$K_g = \frac{1}{| G(j\omega)H(j\omega) |}$$

对数坐标下，增益裕量可以表示为

$$K_g = -20\lg | G(j\omega)H(j\omega) | \text{(dB)}$$

当增益裕量以对数坐标的形式进行表示时，若 $K_g > 1$，则增益裕量为正值，若 $K_g < 1$，则增益裕量为负值。

控制系统的相位裕量和增益裕量是系统的极坐标图对(−1,j0)点靠近程度的度量，因此这两个裕量可作为设计准则。对于一般的系统，只用相位裕量或只用增益裕量，都不足以说明系统的相对稳定性。为了确定系统的稳定性，必须同时给出这两个量。对于最小相位系统，只有当相位裕量和增益裕量都为正时，才能说明系统是稳定的，负的裕量表示系统不稳定。对于非最小相位系统，稳定裕量的正确解释需要仔细地进行研究，确定非最小相位系统稳定性的最好办法是极坐标图法，而非伯德图法。

例 5.9　系统的开环传递函数为

$$G(s)H(s) = \frac{K}{(s+1)^3}$$

K 分别为 4 和 10 时，试确定系统的稳定裕量。

【解】　系统开环频率特性

$$G(j\omega) = \frac{K}{(1+\omega^2)^{\frac{3}{2}}} \angle -3\arctan\omega$$

$$= \frac{K[(1-3\omega^2) - j\omega(3-\omega^2)]}{(1+\omega^2)^3}$$

按稳定裕量的定义可得

$$\omega_g = \sqrt{3}$$

$K=4$ 时，

$$G(j\omega_g) = -0.5,\ K_a = 2$$

$$\omega_0 = \sqrt{16^{1/3} - 1} = 1.233$$

$$\angle G(j\omega_0) = -152.9°,\ \gamma = 27.1°$$

$K=10$ 时，

$$G(j\omega_g) = -1.25,\ K_a = 8$$

$$\omega_0 = 1.908$$

$$\angle G(j\omega_0) = -187.0°,\ \gamma = -7.0°$$

分别作出 $K=4$ 和 $K=10$ 时系统的开环幅相曲线，如图 5.40 所示。根据奈奎斯特判据可知：$K=4$ 时，系统闭环稳定，$K_g>1$、$\gamma>0$；$K=10$ 时，系统闭环不稳定，$K_g<1$、$\gamma<0$。

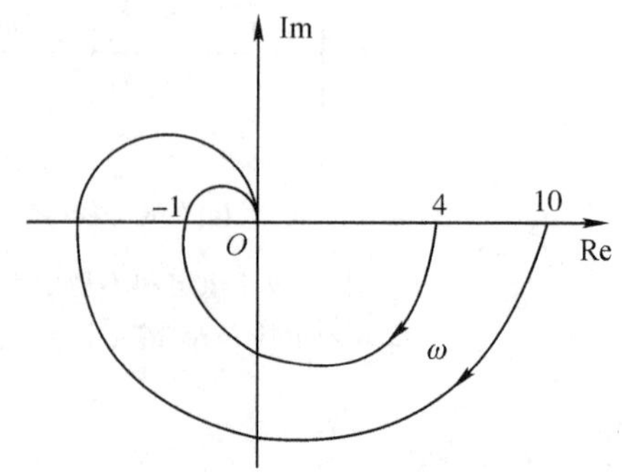

图 5.40　例 5.9 系统的开环幅相曲线

5.5　用频率法分析系统的性能指标

系统的频率特性和系统的时域动态特性之间有着密切的关系，系统的动态特性可以利用开环频率特性进行分析，也可以利用闭环频率特性进行分析。二阶系统的频率特性与动态特性的时域指标之间有确定的关系，而它们在高阶系统中则不存在确定的函数关系。

5.5.1　用开环对数频率特性分析系统的稳态特性

系统的稳态特性体现在系统的稳态误差上，而系统的型号(开环传递函数中积分环节的数目)越大，系统消除稳态误差的能力越强，系统的稳态准确度也越高，因此，要分析系统的稳态误差，首先需要区分系统的类型。对于相同类型的系统，其稳态误差系数 K_p、K_v 或 K_a 不同，导致系统减少或消除误差的能力也不同，因此，还需确定系统的稳态误差系数。通过开环对数幅频特性低频段渐近线的斜率可以确定系统的类型，而低频渐近线的位置与误差系数相关，因此，对于给定的输入信号，系统的稳态误差及误差的大小可以通过分析开环对数幅频特性的低频段的特性来确定。

1. 0 型系统

0 型系统的对数幅频特性曲线如图 5.41 所示，在低频段，系统的开环频率特性为

$$\lim_{\omega \to 0} G(\mathrm{j}\omega)H(\mathrm{j}\omega) = K_p \tag{5.86}$$

其低频渐近线为水平线，且与纵轴的交点为 $20\lg K_0 = 20\lg K_p$。这种类型的系统是稳态有差系统，且跟随阶跃输入信号时有稳态误差，误差的大小与开环对数幅频特性低频段高度有关。

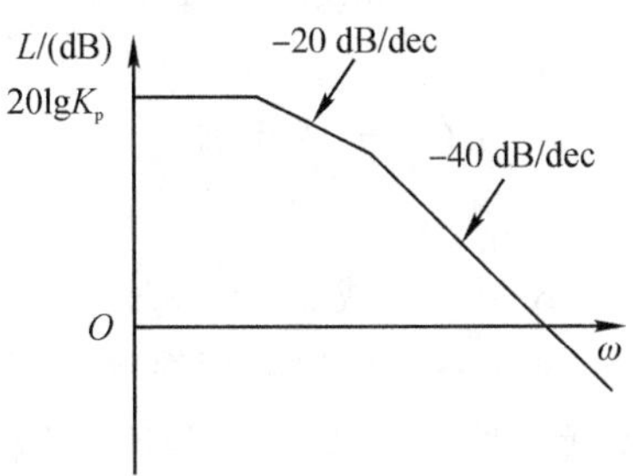

图 5.41　0 型系统开环对数幅频特性曲线

2. Ⅰ型系统

Ⅰ型系统的对数幅频特性曲线如图 5.42 所示，在转角频率 ω_2 前的低频段，系统的开环频率特性为

$$\lim_{\omega \to 0} G(\mathrm{j}\omega)H(\mathrm{j}\omega) = \frac{K_0}{\mathrm{j}\omega} \tag{5.87}$$

对于Ⅰ型系统有 $K_v = K_0$。低频渐近线为

$$L(\omega) = 20\lg K_v - 20\lg \omega \tag{5.88}$$

当 $\omega = 1$ 时，有

$$L(\omega) = 20\lg K_v$$

当 $L(\omega) = 0$ 时，有 $\omega = K_v$。

根据以上讨论可知：Ⅰ型系统的开环对数幅频特性低频渐近线斜率为－20 dB/dec；当$\omega=1$时，开环对数幅频特性低频渐近线的高度为$20\lg K_v$；开环对数幅频特性低频渐近线与0 dB水平线的交点频率$\omega_1=K_v$。

Ⅰ型系统为一阶无差系统，跟随斜坡输入信号时有固定稳态误差，误差大小与低频渐近线在$\omega=1$时的高度有关，系统不能跟随抛物线输入信号。

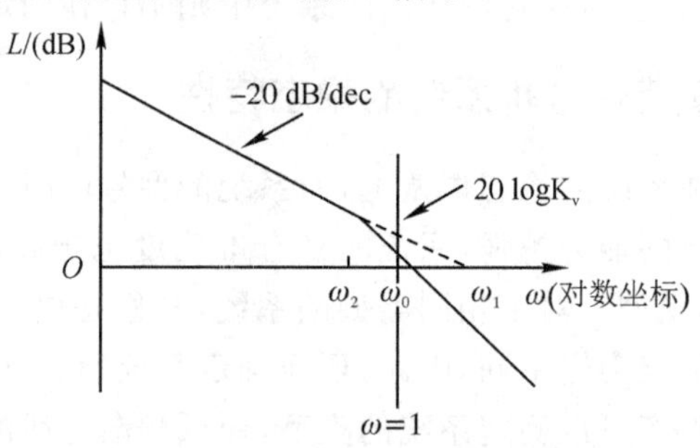

图 5.42 Ⅰ型系统对数幅频特性曲线

3. Ⅱ型系统

Ⅱ型系统的对数幅频特性曲线如图 5.43 所示，在转角频率前的低频段，系统的开环频率特性为

$$\lim_{\omega\to 0}G(\mathrm{j}\omega)H(\mathrm{j}\omega)=\frac{K_0}{(\mathrm{j}\omega)^2} \tag{5.89}$$

对于Ⅱ型系统有$K_a=K_0$。Ⅱ型系统的低频渐进线为

$$L(\omega)=20\lg K_a-40\lg\omega \tag{5.90}$$

当$\omega=1$时，有

$$L(\omega)=20\lg K_a$$

当$L(\omega)=0$时，有

$$K_a=\omega_a^2 \text{ 或 } \omega_a=\sqrt{K_a}$$

根据以上讨论可知：Ⅱ型系统的开环对数幅频特性低频渐近线的斜率为－40 dB/dec；当$\omega=1$时，开环对数幅频特性低频渐近线的高度为$20\lg K_a$；开环对数幅频特性低频渐近线与0 dB水平线的交点频率$\omega_a=\sqrt{K_a}$。

Ⅱ型系统在跟随阶跃给定和斜坡给定信号时，无稳态误差；跟随抛物线给定信号时，有固定稳态误差，其值与K_a的大小相关，K_a可由低频渐近线获得。

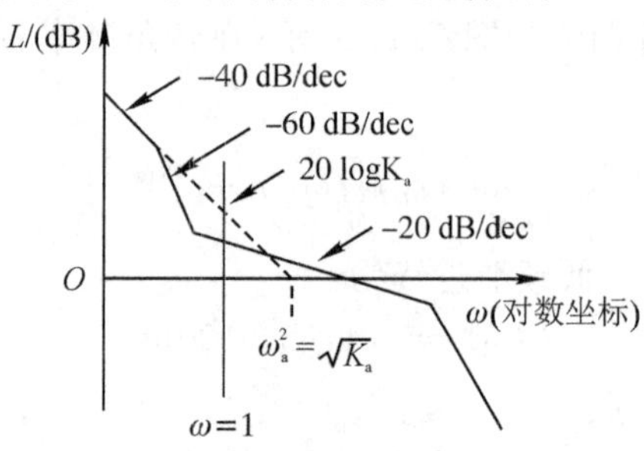

图 5.43 Ⅱ型系统对数幅频特性曲线

5.5.2　用闭环频域响应和时域响应的对应关系分析系统的动态特性

系统的动态特性体现在系统的动态响应指标中，在时域分析和频域分析中，通常以时域指标（瞬态响应指标）和频域指标来评价系统的品质。频率法分析系统动态特性不仅能够判断系统的频率特性是否满足性能指标，还可以从频率特性上分析如何改变系统的结构或参数来满足时域指标。因此，还需研究频域指标和时域指标的对应关系。

1. 系统闭环频域指标：带宽和谐振峰

反馈控制系统的闭环传递函数为

$$\Phi(s)=\frac{G(s)}{1+G(s)H(s)} \tag{5.91}$$

作用在控制系统的信号除了有用的输入信号，还有扰动和随机噪声，闭环系统的频域指标应该能反映控制系统跟踪控制输入信号和抑制干扰信号的能力。

设 $\Phi(\mathrm{j}\omega)$ 为系统闭环频率特性，当闭环幅频增益下降到其频率为零时的分贝值以下 3 dB，即 $0.707\Phi(\mathrm{j}0)$ 时，对应的频率称为带宽频率，即为 ω_b。即 $\omega>\omega_b$ 时，有

$$20\lg|\Phi(\mathrm{j}\omega)|<20\lg|\Phi(\mathrm{j}0)|-3 \tag{5.92}$$

而频率范围 $(0,\omega_b)$ 称为系统的带宽，如图 5.44 所示。

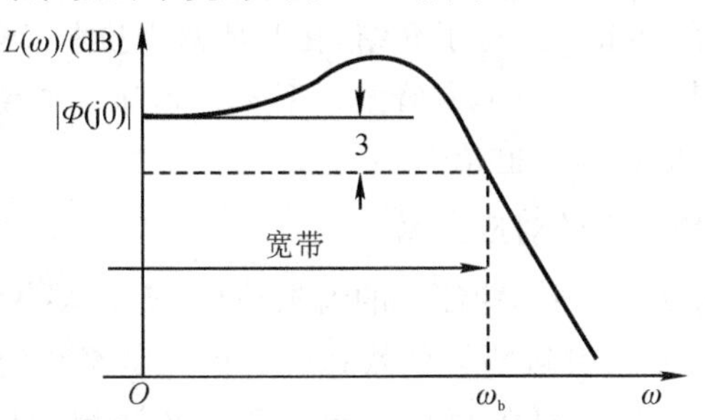

图 5.44　系统带宽频率与带宽示意图

带宽定义表明，对于高于带宽频率的正弦输入信号，系统输出将呈较大的衰减。对于Ⅰ型或Ⅰ型以上的开环系统，由于 $|\Phi(\mathrm{j}0)|=1$，$20\lg|\Phi(\mathrm{j}0)|=0$，故

$$20\lg|\Phi(\mathrm{j}\omega)|<-3\ (\mathrm{dB})\quad(\omega>\omega_b) \tag{5.93}$$

带宽是频域中一项非常重要的性能指标。对于一阶和二阶系统，带宽频率和系统参数具有解析关系。

设一阶系统的闭环传递函数为

$$\Phi(s)=\frac{1}{Ts+1} \tag{5.94}$$

因为 $\Phi(\mathrm{j}0)=1$，根据带宽定义

$$20\lg|\Phi(\mathrm{j}\omega_b)|=20\lg\frac{1}{\sqrt{1+T^2\omega_b^2}}=20\lg\frac{1}{\sqrt{2}} \tag{5.95}$$

可求得带宽频率为

$$\omega_b=\frac{1}{T} \tag{5.96}$$

由式(5.96)可知，一阶系统的带宽和时间常数 T 成反比，带宽越大，系统的响应速度

越快。

对于二阶系统，闭环传递函数为

$$\Phi(s)=\frac{\omega_n^2}{s^2+2\xi\omega_n s+\omega_n^2} \tag{5.97}$$

系统幅频特性为

$$|\Phi(j\omega)|=\frac{1}{\sqrt{\left(1-\frac{\omega^2}{\omega_n^2}\right)^2+4\zeta^2\frac{\omega^2}{\omega_n^2}}} \tag{5.98}$$

因为 $\Phi(j0)=1$，根据带宽定义得

$$\sqrt{\left(1-\frac{\omega^2}{\omega_n^2}\right)^2+4\zeta^2\frac{\omega^2}{\omega_n^2}}=\sqrt{2} \tag{5.99}$$

可求得带宽

$$\omega_b=\omega_n\sqrt{(1-2\zeta^2)+\sqrt{4\zeta^4-4\zeta^2+2}} \tag{5.100}$$

由式(5.100)可知，二阶系统的带宽和自然频率 ω_n 成正比，带宽越大，系统复现输入信号的能力越强，但另一方面，带宽越大，系统抑制输入端高频干扰的能力越弱，因此系统带宽的选择在设计中应折中考虑。

谐振峰值的定义在振荡环节中进行了介绍，在开环幅相频率特性曲线中，幅频特性最大点处的幅值为谐振峰值 M_r，其对应的频率为谐振频率 ω_r。谐振峰值越高，系统对谐振频率下的信号的增益越大，时域响应的振荡性也越强。

2. 闭环频域指标和时域指标的对应关系

对于二阶阻尼系统，可认为：频率特性上的谐振峰值 M_r 的大小反映了系统时域响应的振荡性，频带宽度 ω_b 的大小反映了时域响应的快速性。而二阶系统的谐振峰、谐振频率和带宽均为阻尼比 ζ 的函数，因此可以通过阻尼比求出二阶系统频域指标和时域指标之间的数学关系。

二阶系统的闭环传递函数可以写为

$$G(s)=\frac{\omega_n^2}{s^2+2\zeta\omega_n s+\omega_n^2} \tag{5.101}$$

对应的开环传递函数为

$$G_0(s)=\frac{\frac{\omega_n}{2\zeta}}{s\left(\frac{1}{2\zeta\omega_n}s+1\right)} \tag{5.102}$$

1)谐振峰值与超调量的关系

二阶系统谐振峰值 M_r 与阻尼比 ζ 的关系如下式所示：

$$M_r=\frac{1}{2\zeta\sqrt{1-\zeta^2}},\quad 0\leqslant\zeta<0.707 \tag{5.103}$$

可见，阻尼系数越小，谐振峰值越大。同时，阻尼系数与超调量 M_p 相关，三者的关系如图5.45所示。图中可以看出，在 $\zeta<0.4$ 时，谐振峰值迅速增大，这时超调量也很大，一般这种系统不符合瞬态响应指标的要求。而在 $\zeta>0.4$ 后，谐振峰值和超调量的变化趋势基本一致，因

此二阶系统中谐振峰值越大，瞬态响应的超调量也越大。当$\zeta>0.707$时，无谐振峰，谐振峰值和超调量的对应关系不再存在，因此，通常设计中，取$0.4<\zeta<0.707$，谐振峰值取$1<M_r<1.4$。而超调量随谐振峰值的变化也有明显的物理意义，当闭环频率特性有谐振峰时，系统对信号有选择性，使得信号频谱中在谐振峰频率附近的分量通过系统后显著增强，甚至产生震荡。

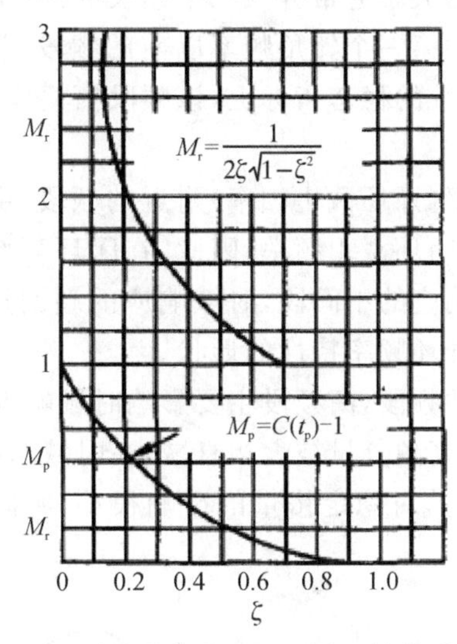

图5.45　二阶系统的M_r、M_p与ζ的关系曲线

2)带宽与时域响应速度的关系

对于二阶系统，其带宽与系统自然频率和阻尼比之间的关系如式(5.100)所示，式(5.100)中表明，当ζ一定时，带宽ω_b与自然频率ω_n成正比，而调节时间可以写为

$$t_s(\Delta=2\%)=\frac{4}{\zeta\omega_n} \tag{5.104}$$

根据带宽ω_b与自然频率ω_n的关系式，可得带宽与调节时间的关系式：

$$\omega_b=\frac{4}{t_s\zeta}\sqrt{(1-2\zeta^2)+\sqrt{4\zeta^4-4\zeta^2+2}} \tag{5.105}$$

同理，由于$\omega_n=\pi/(t_p\sqrt{1-\zeta^2})$，可得带宽与峰值时间$t_p$的关系式：

$$\omega_b=\frac{\pi}{t_p\sqrt{1-\zeta^2}}\sqrt{(1-2\zeta^2)+\sqrt{4\zeta^4-4\zeta^2+2}} \tag{5.106}$$

同理，由于$\omega_n=(\pi-\beta)/(t_r\sqrt{1-\zeta^2})$，可得带宽与上升时间$t_r$的关系式：

$$\omega_b=\frac{\pi-\beta}{t_r\sqrt{1-\zeta^2}}\sqrt{(1-2\zeta^2)+\sqrt{4\zeta^4-4\zeta^2+2}} \tag{5.107}$$

当阻尼比ζ一定时，调节时间t_s、峰值时间t_p、上升时间t_r均与带宽ω_b成反比，即带宽越大，响应速度越快，因此，为提高系统的响应速度，应适当提高带宽。但是，带宽过大时，系统的惯性减小，更容易使高频分量通过，导致系统的抗干扰能力下降。

高阶系统中，要求的频域指标和时域指标的对应关系比较复杂，很难用严格的解析式来表达。工程上往往根据一些近似计算和大量的经验数据求出一些经验公式或曲线图表，供分析设计时应用。

3. 开环频率特性和时域响应的对应关系

开环频率特性相较于闭环频率特性更易求取，且在最小相位系统中，幅频特性和相频特性之间有确定的对应关系，因此，工程上通常采用开环对数频率特性分析和设计系统。

开环频率特性与时域响应的关系通常分为三个频段进行分析，如图 5.46 所示。

低频段一般指对数幅频特性第一个转角频率以前的频段，其频率特性主要对时域响应的结尾段产生影响，主要表现在系统的稳态指标上，该频段幅频特性的高度和斜率决定了系统的稳态特性指标。

中频段指的是增益交界频率（开环截止频率）附近的频段，由于闭环截止频率与增益交界频率相近，而谐振频率又略小于闭环截止频率，因此，在闭环频率特性上有谐振峰的一段位于中频段。中频段主要影响时域响应的中间段，时域响应的超调量、调节时间、上升时间和峰值时间等动态指标取决于中频段开环频率特性的形状。

高频段指的是中频段以后的频段，高频段主要影响时域响应的起始部分，由于高频段一般有迅速衰减的特性，通过系统的高频分量被大幅衰减，在时域响应中，高频分量的影响很小，且高频段远离增益交界频率，因此其对稳定裕量的影响很小，所以在分析时常对高频段作近似处理。

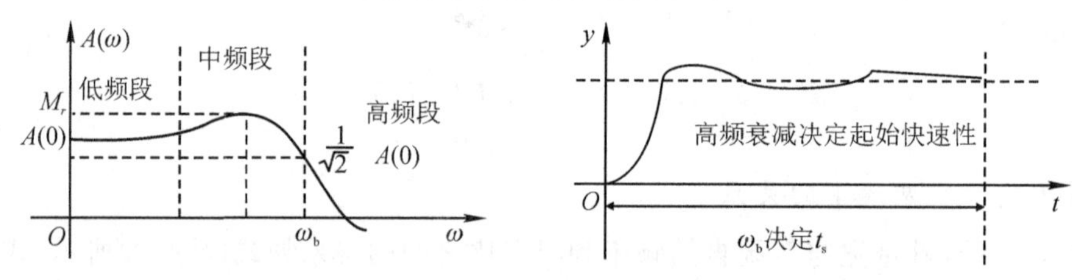

图 5.46　开环频率特性不同频段和时域响应的关系

5.6　基于 MATLAB 的频率法分析

本节主要介绍利用 MATLAB 仿真软件分析系统频率特性的几种方法，包括绘制伯德图、绘制奈奎斯特图和求解稳定裕量。

5.6.1　用 MATLAB 绘制伯德图

MATLAB 中的函数 bode 用于绘制传递函数的伯德图，函数 bode 的使用方法如下：在 MATLAB 中输入

[mag,phase,w]=bode(num,den,w)

其中，bode 函数的输入为 num、den、w；矩阵 num 和 den 分别为传递函数的分子和分母。w 是频率范围，可由 logspace 函数进行指定，该函数有两种使用方法：logspace(d_1,d_2)和 logspace(d_1,d_2,n)，前者表示在两个十进制数 10^{d_1} 和 10^{d_2} 之间产生 50 个数，均匀分布在两个数之间的对数坐标上，作为伯德图横轴的坐标轴刻度，例如，在 0.1～100 rad/s 范围内产生 50 个点，w 变量可以定义为 w=logspace(−1,2)；后者表示在两个十进制数 10^{d_1} 和 10^{d_2} 之间产生 n 个数，均匀分布在对数坐标轴上，例如，在 0.1～100 rad/s 范围内产生 100 个点，w 变量可以定义为 w=logspace(−1,2,100)。

bode 函数的输出为 mag、phase、w，其中，矩阵 mag 是系统频率响应的幅值，矩阵 phase 是系统频率响应的相角，这些变量根据用户指定的频率点 w 计算得到，用于伯德图的绘制。

当用户输入命令中不含左侧输出变量时，MATLAB 不输出矩阵 mag 和 phase，并直接绘制伯德图。

例 5.10　用 MATLAB 绘制以下传递函数对应的伯德图：

$$G(s)=\frac{s+21}{s^2+5s+21}$$

【解】　绘制伯德图的程序为

```
num = [1 21];                    %定义传递函数分子
den = [1 5 21];                  %定义传递函数分母
w = logspace(-1,3,100);          %确定频率范围
bode(num,den,w);                 %绘制伯德图
grid
title('Bode Diagram of G(s)=(s+21)/(s^2+5s+21)')
```

绘制的伯德图如图 5.47 所示：

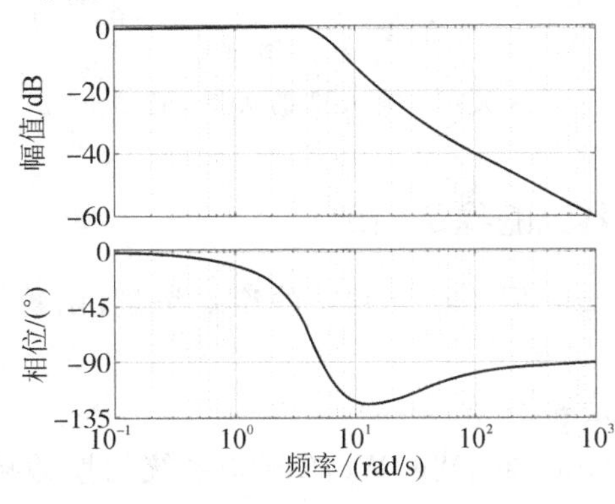

图 5.47　例 5.10 的伯德图

5.6.2　用 MATLAB 绘制奈奎斯特图

MATLAB 中的函数 nyquist 用于绘制传递函数的奈奎斯特图，函数 nyquist 使用方法如下：在 MATLAB 中输入

[re,im,w]=nyquist(num,den,w)

其中，nyquist 函数的输入与 bode 函数相同。nyquist 函数的输出为 re、im、w，其中，矩阵 re 是幅频特性曲线上点的实部，矩阵 im 是幅频特性曲线上点的虚部，这些变量根据用户指定的频率点 w 计算得到，可用于奈奎斯特图的绘制。

当用户输入命令中不含左侧输出变量时，MATLAB 不输出矩阵 re 和 im，并直接绘制奈奎斯特图。

例 5.11　用 MATLAB 绘制以下传递函数对应的奈奎斯特图：

$$G(s)=\frac{9}{s^2+5s+7}$$

【解】　绘制奈奎斯特图的程序为

```
num = [9];                                %定义传递函数分子
den = [1 5 7];                            %定义传递函数分母
w = logspace(-1,3,1000);                  %确定频率范围
nyquist(num,den,w);                       %绘制奈奎斯特图
grid
title('Nyquist Diagram of G(s)=9/(s^2+5s+7)')
```

绘制的奈奎斯特图如图 5.48 所示：

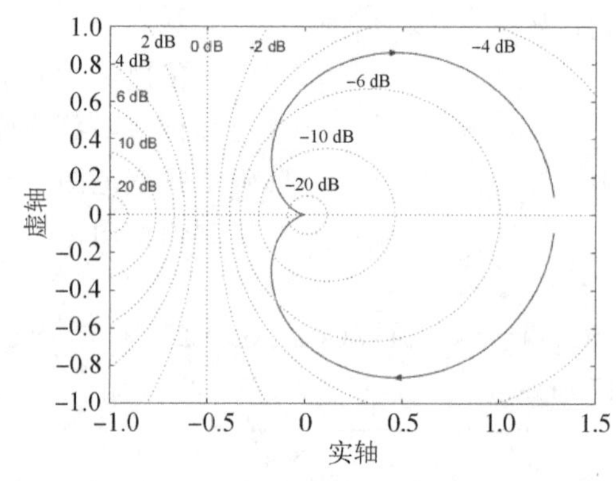

图 5.48　例 5.11 的奈奎斯特图

5.6.3　用 MATLAB 求系统的稳定裕量

MATLAB 中的函数 margin 用于计算系统的稳定裕量，函数 margin 使用方法如下：在 MATLAB 中输入

[Gm,Pm,Wg,Wc]=margin(num,den)

其中，margin 函数的输出为 Gm、Pm、Wg、Wc，Gm 是系统的增益裕量、Pm 是系统的相位裕量、Wg 是对应的相角穿越频率、Wc 是增益交界频率(开环截止频率)。

当用户输入命令中不含左侧输出变量时，MATLAB 不输出稳定裕量和穿越频率，并直接绘制标出稳定裕量和对应频率值的伯德图。

例 5.12　用 MATLAB 绘制下面传递函数对应的伯德图，并计算增益裕量、相位裕量及对应的相角穿越频率和增益交界频率。

$$G(s)=\frac{25}{s^2+4s+25}$$

【解】　绘制伯德图的程序为

```
num = [25];                               %定义传递函数分子
den = [1 4 25];                           %定义传递函数分母
margin(num,den,w);                        %绘制伯德图
grid
```

绘制的伯德图如图 5.49 所示，增益裕量为 0，增益交界频率为 0，相位裕量为 68.9°，对应的相角穿越频率为 5.83 rad/s。

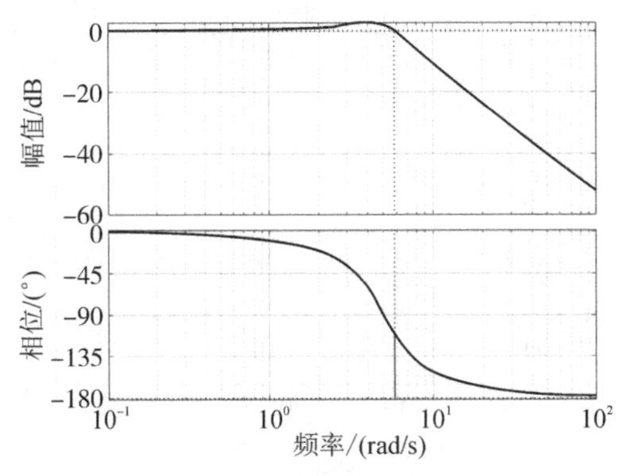

图 5.49　例 5.12 传递函数的伯德图

5.7　连续设计示例

本节将在前面研究的基础上，分析液位控制系统的频率响应特性，并绘制幅频特性曲线。液位控制系统如图 5.50 所示，包含阀门、管道、水箱和控制器，所采用的控制器为比例控制器。

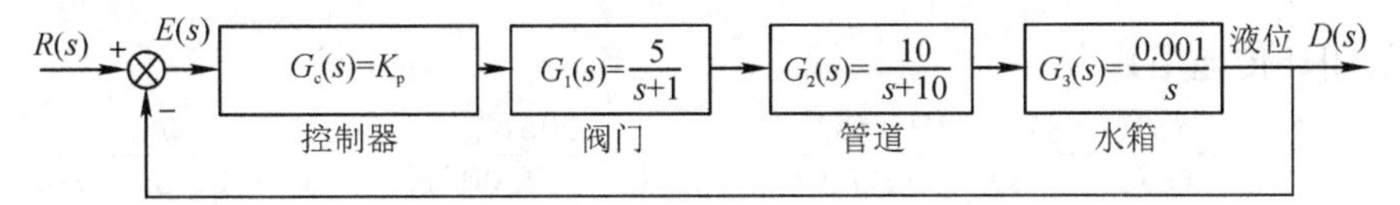

图 5.50　液位控制系统

根据模型框图 5.50 可以得出系统的开环传递函数为

$$G(s)=G_c(s)G_1(s)G_2(s)G_3(s)=\frac{0.05K_p}{s(s+1)(s+10)} \tag{5.108}$$

当 $K_p=100$ 时，系统的开环传递函数为

$$G(s)=\frac{0.5}{s(s+1)(0.1s+1)} \tag{5.109}$$

绘制该系统的对数幅频特性曲线，该开环系统包含一个积分环节、两个一阶惯性环节和一个比例环节。

比例环节：

$$L_1(\omega)=20\log 0.5\ \text{dB}=-6\ \text{dB}$$

对数幅频特性曲线是纵坐标为 $L=-6$ dB 的水平线。

积分环节：积分环节的幅频特性是曲线经过横轴 $\omega=1$、纵轴 $L=-6$ dB 点处，斜率为 -20 dB/dec的直线。

惯性环节：惯性环节的转角频率分别是 $\omega_1=1$ 和 $\omega_2=10$，当经过转角频率时，斜率变化 -20 dB/dec。

绘制的幅频特性曲线如图 5.51 所示：

为了分析系统的时域特性，我们对系统进行简化，将管道特性的一阶惯性环节简化为 1，相应的系统框图如图 5.52 所示。

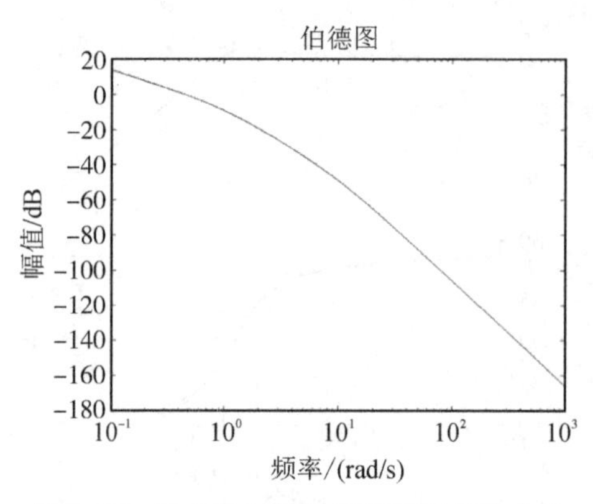

图 5.51　液位控制系统开环幅频特性曲线

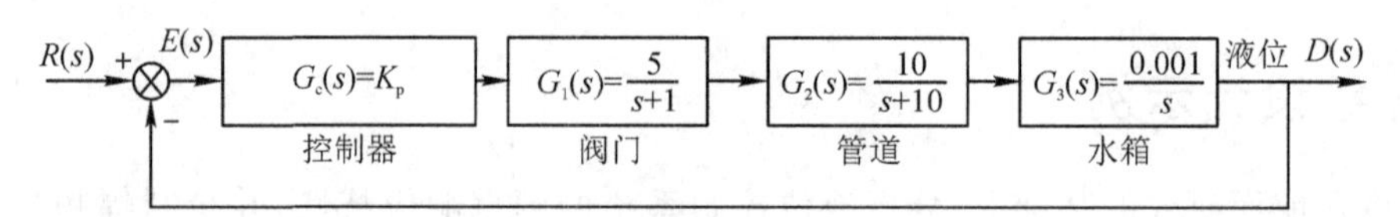

图 5.52　简化的液位控制系统

相应的闭环传递函数为

$$G(s)=\frac{G_c(s)G_1(s)G_2(s)G_3(s)}{1+G_c(s)G_1(s)G_2(s)G_3(s)}=\frac{0.005K_p}{s^2+s+0.005K_p}=\frac{\omega_n^2}{s^2+2\zeta\omega_n s+\omega_n^2} \tag{5.110}$$

可得 $\omega_n{}^2=0.005K_p$，$2\zeta\omega_n=1$。

由二阶系统的近似公式可知，调节时间为

$$t_s=\frac{4}{\zeta\omega_n}=8 \tag{5.111}$$

为了验证计算结果，将该液位控制系统的传递函数模型在 Simulink 中进行计算，获得如图 5.53 所示响应曲线，从图中可以看出，调节时间 $t_s=8$ s。

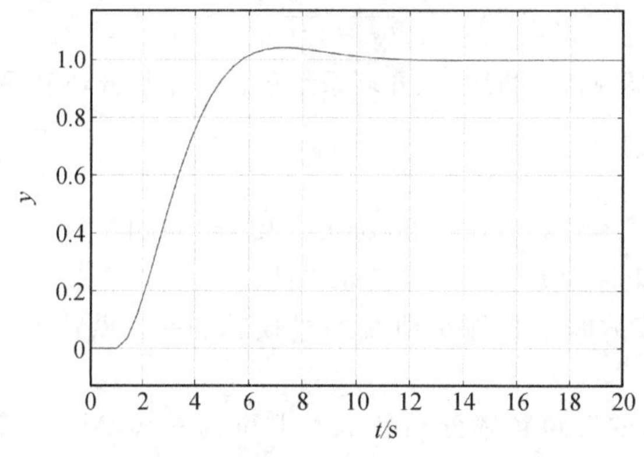

图 5.53　液位控制系统时域响应曲线

5.8　小结

频率特性反映了系统对不同频率下正弦信号的响应性能，在工程方面是一种很实用的分析和设计方法，稳态系统的频率特性可通过实验的方式获得。频率分析是研究控制系统的经典分析方法，具有计算量小、易判别系统特性主要影响因素、图形化直观显示等特点。本章内容主要包含以下几个方面。

(1)给出了频率特性的三种主要图形表示方式，分析了典型环节的频率特性，并绘制了典型环节的频率特性曲线。

(2)给出了系统开环对数频率特性和开环幅相特性的绘制方法，将系统的频率特性分解成多个环节，通过分析各个环节的频率特性来分析系统的频率特性，因此可以通过频率特性的分析推断系统不同结构和参数对系统性能的影响。

(3)介绍了使用奈奎斯特稳定判据和对数判据分析开环系统频率特性、判断闭环系统稳定性的方法，同时给出了相对稳定性的概念，并通过相位裕量和增益裕量指标定量以表示系统的稳定程度。

(4)讨论了系统的频率特性指标，使用伯德图分析了不同类型系统的稳态误差系数，针对闭环系统，讨论了谐振峰和带宽与系统时域响应性能之间的关系。

(5)介绍了如何使用 MATLAB 工具绘制伯德图和奈奎斯特图及计算系统的稳定裕量。

5.9　本章知识点

伯德图：又称对数频率特性图，包括对数幅频特性和相频特性两条曲线，对数幅频特性曲线是 $G(j\omega)$ 的对数值 $20\log A(\omega)$ 和频率 ω 之间的关系曲线，相频特性曲线是相角 $\varphi(\omega)$ 与频率 ω 之间的关系曲线。

奈奎斯特图：又称幅相频率特性图或极坐标图，$A(\omega)$ 和 $\varphi(\omega)$ 是频率 ω 的函数，当 ω 从零至无穷大变化时，频率特性曲线的幅值和相角均随之变化。

尼科尔斯图：又称对数幅相图，以角频率 ω 为参数绘制，将对数幅频特性和相频特性组合成一张图。

奈奎斯特稳定性判据：闭环系统稳定的条件是，补全与实轴对称部分的闭合曲线 Γ_{GH}，其逆时针方向包围 $(-1,j0)$ 点的圈数 R，等于系统的开环右极点数。

对数判据：开环对数坐标图上，在 $\omega<\omega_n$ 的频段内，相频特性穿越 $\varphi=-180°$ 水平线的次数是 (N_+-N_-) 的两倍，即则开环极坐标图包围 $(-1,j0)$ 点的次数 $R=2\times(N_+-N_-)$，等于系统开环右极点数 P。

相位裕量：在增益交界频率 ω_0 上，使系统达到临界稳定状态所需附加的相位滞后量。

增益裕量：在穿越频率下，系统开环频率特性再增大 K_g 倍，使系统处于临界稳定，K_g 称为增益裕量。

带宽：当闭环幅频增益下降到其频率为零时的分贝值以下 3 dB 时，对应的频率称为带宽频率，通常以 ω_b 表示，从 0 到 ω_b 的频率范围为该系统的带宽。

增益交界频率(开环截止频率)：在开环幅频特性曲线中，使 $L(\omega)=0$ 时的频率称为增益交界频率或开环截止频率，通常以 ω_0 表示。

5.10　习题

5.1　系统的开环传递函数为 K/s，若(a) $K=5$，(b) $K=0.05$，分别画出它们的对数频率特性曲线。

5.2　系统的开环传递函数为 $5/(s+12)$，绘制其近似的对数幅频特性曲线及相频特性曲线。

5.3　系统的开环传递函数为 $8/(s^2+s+4)$，绘制其对数频率特性曲线。

5.4　系统的开环传递函数为 $2.8(\tau s+1)/s(0.15s+1)$，若(a) $\tau=0.05$，(b) $\tau=0.5$，绘制它们的近似的对数幅频特性曲线及相频特性曲线。

5.5　设系统的开环传递函数为

$$G(s)=\frac{K}{(T_1s+1)(T_2s+1)(T_3s+1)},\ T_1>T_2>T_3>0$$

试绘制系统的近似的对数幅频特性曲线及相频特性曲线。

5.6　已知开环传递函数

$$G(s)=\frac{2000s+4000}{s^2(s+1)(s^2+10s+400)}$$

试绘制系统近似的开环对数幅频特性曲线。

5.7　设系统的传递函数为

$$G(s)=\frac{1}{s^{\nu}(s+1)(s+2)}$$

分别绘制 $\nu=1$、2、3、4 时系统的极坐标图。

5.8　设系统的开环传递函数为

$$G(s)=\frac{K(-T_2s+1)}{s^2(T_1s+1)},\quad K,T_1,T_2>0$$

试绘制其极坐标图。

5.9　已知三个最小相位系统的近似的对数幅频特性曲线分别如图所示，试确定三个系统的开环传递函数。

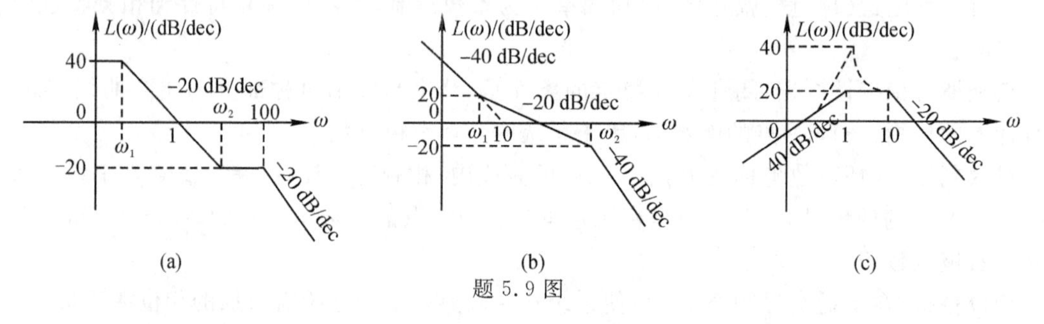

题 5.9 图

5.10　已知三个系统的极坐标图分别如图所示，且开环系统不含右半 s 平面的极点，试用奈奎斯特稳定判据判断三个闭环系统的稳定性。

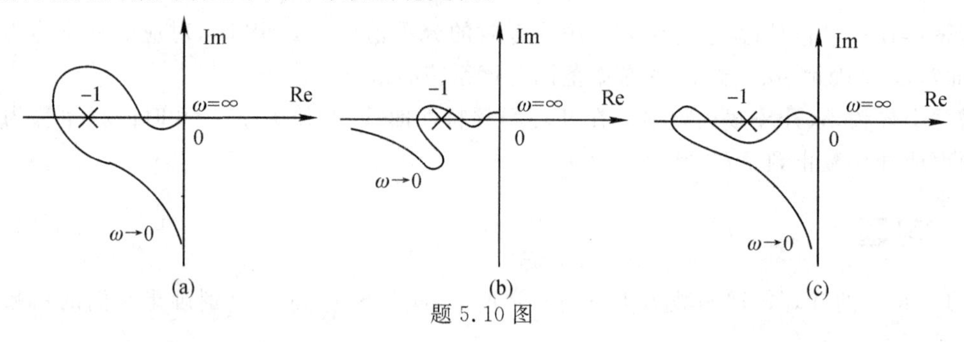

题 5.10 图

5.11　设蒸汽发生器液位和给水流量的传递函数可以表示为

$$G(s)=\frac{1}{s(s+1)(5s+1)}$$

(1)绘制其奈氏图及伯德图。

(2)试用奈奎斯特稳定判据分析其闭环系统的稳定性。

5.12　设某控制系统的开环传递函数为

$$G(s)=\frac{k}{s(1+T_1s)(1+T_2s)},\ k>0,\ T_1、T_2>0$$

(1)绘制其奈氏图及伯德图。

(2)用奈氏判据分析系统的稳定性。

(3)$T_1=1$、$T_2=0.5$、$k=0.75$ 时,求系统的相角裕量(近似)和幅值裕量。

5.13　设系统的开环极坐标图如图所示,并设开环增益为 $K=500$,系统在右半平面无开环极点,试确定使闭环系统稳定的 K 值范围。

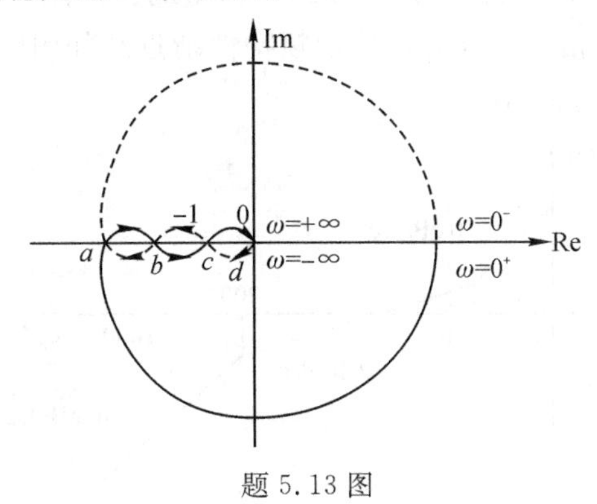

题 5.13 图

5.14　设系统的开环传递函数为

$$G(s)=\frac{2s-1}{s(s+1)}$$

试用奈奎斯特稳定判据分析其闭环系统的稳定性。

5.15　设系统的开环传递函数为

$$G(s)=\frac{2s+1}{s(s-1)}$$

试用奈奎斯特稳定判据分析其闭环系统的稳定性。

5.16　对于如图所示反馈控制系统

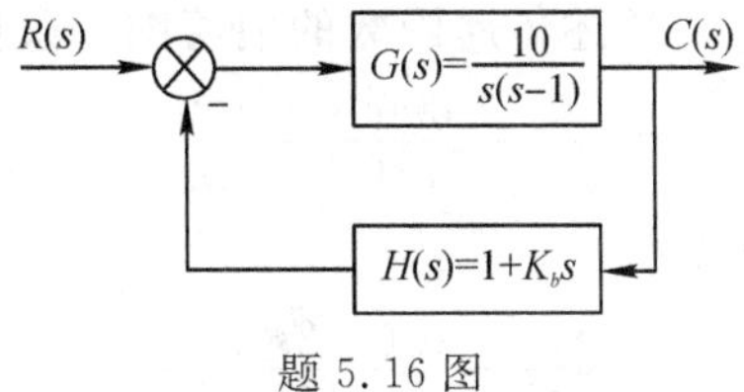

题 5.16 图

试用奈奎斯特稳定判据求出使系统稳定的 K_b 值范围。

5.17　设系统的开环传递函数为

$$G(s)=\frac{K\mathrm{e}^{-0.2s}}{s}$$

当 $K=1$ 时，试用奈奎斯特稳定判据分析其稳定性，进一步求出系统稳定的比例增益 K 的范围。

5.18　设系统的开环传递函数为

$$G(s)=\frac{100}{s(0.8s+1)(0.25s+1)}$$

试绘制其伯德图，并指出相位裕量和增益裕量。

5.19　设系统的开环传递函数为

$$G(s)=\frac{100\left(\frac{1}{4}s+1\right)}{s^2\left(\frac{1}{200}s+1\right)}$$

试求在 $r(t)=0.5t^2$ 时，系统的稳态误差和相位裕量的值。

5.20　某单位反馈最小相位系统的对数幅频特性渐近线如图所示，试求在 $r(t)=0.5t^2$ 时，系统的稳态误差和相位裕量 γ 的值。

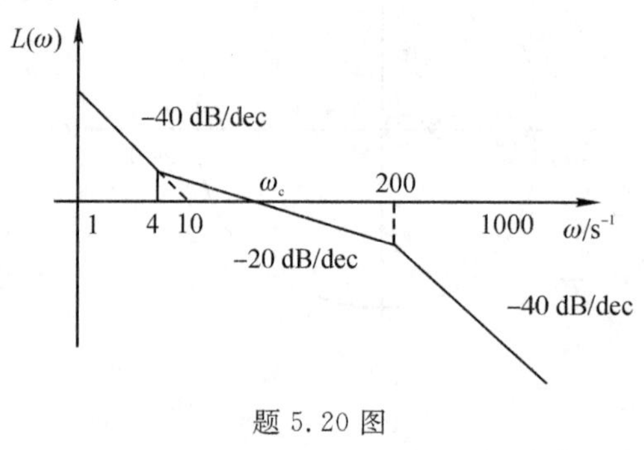

题 5.20 图

5.21　设系统的开环传递函数为

$$G(s)=\frac{K}{s(s+1)(10s+1)}$$

为使得系统具有 45°的相位裕量，求 K 的数值。

5.22　设系统的开环传递函数为

$$G(s)=\frac{4}{s^2+s+4}$$

试求其闭环系统的带宽 ω_b 及调节时间 t_s。

5.23　用 MATLAB 绘制下式所述传递函数的伯德图和奈氏图：

$$G(s)=\frac{2000s+4000}{s^2(s+1)(s^2+10s+400)}$$

5.24　设系统的开环传递函数为

$$G(s)=\frac{20(0.2s+1)}{s(0.1s+1)(0.5s+1)}$$

(1)用 MATLAB 绘制系统的伯德图和奈氏图。

(2)并在图中给出系统的增益裕量和相位裕量。

参考文献

[1] 沈传文,肖国春. 自动控制理论[M]. 西安:西安交通大学出版社,2007.

[2] 胡寿松. 自动控制原理[M]. 6 版. 北京:科学出版社,2013.

[3] 戴忠达. 自动控制理论基础[M]. 北京:清华大学出版社,1991.

[4] 张钟俊,沈锦泉. 自动控制理论及其发展概况[J]. 冶金自动化,1978(03):41-45.

[5] 杨清宇,马训鸣,朱洪艳丽,等. 现代控制理论[M]. 2 版. 西安:西安交通大学出版社,2020.

[6] 谢蓉,王晓燕,王新民,等. 先进控制理论及应用导论[M]. 西安:西北工业大学出版社,2015.

[7] 周建兴. MATLAB 从入门到精通[M]. 北京:人民邮电出版社,2008.

[8] 薛定宇,陈阳泉. 基于 MATLAB/Simulink 的系统仿真技术与应用[M]. 北京:清华大学出版社,2002.

[9] FRANKLIN G F, POWELL J D , EMAMI-NAEINI A. Feedback control of dynamic systems[M]. Beijing: Publishing House of Electronics Industry, 2014.

[10] 西安交通大学高等数学教研室. 复变函数[M]. 4 版. 北京:高等教育出版社, 1996.

[11] 连国钧. 动力控制工程[M]. 西安:西安交通大学出版社,2001.

[12] 王庆林. 经典控制理论的发展过程[J]. 自动化博览, 1996(5):4.

[13] 夏超英. 自动控制原理[M]. 2 版. 北京:科学出版社,2010.

[14] ATNERTON D P. Nonliner control engineering[M]. Van Nostrand: Rein-Hold Company Limited,1975.

[15] 陈康宁. 机械工程控制基础[M]. 修订本. 西安:西安交通大学出版社,1997.

[16] 胡寿松. 自动控制原理习题集[M]. 2 版. 北京:科学出版社,2003.

[17] 董霞,李天石. 机械控制理论基础[M]. 西安:西安交通大学出版社,2005.

[18] 刘金琨. 先进 PID 控制 MATLAB 仿真[M]. 4 版. 北京:电子工业出版社出版,2016.

[19] 张爱民. 自动控制原理[M]. 2 版. 北京:清华大学出版社,2019.

[20] 胡寿松. 自动控制原理[M]. 7 版. 北京:科学出版社,2019.

[21] 王艳东,程鹏. 自动控制原理[M]. 3 版. 北京:高等教育出版社,2021.

[22] 高国燊. 自动控制原理[M]. 4 版. 广州:华南理工大学出版社,2013.

[23] 卢京潮. 自动控制原理[M]. 2 版. 北京:清华大学出版社,2013.

[24] 侯夔龙. 自动控制理论[M]. 西安:西安交通大学出版社,1987.

[25] DORF R C, BISHOP R H. Modern control system[M]. 9 版. 北京:科学教育出版社,2003.

[26] KATSUHIK O. Modern control engineering [M]. 3 版. 北京:电子工业出版社,2000.

[27] 鄢景华. 自动控制原理[M]. 哈尔滨:哈尔滨工业大学出版社,2006.
[28] 巨林仓. 自动控制原理[M]. 2 版. 北京:中国电力出版,2013.
[29] 宋建梅. 自动控制原理[M]. 北京:北京理工大学出版社,2020.
[30] 谢克明. 现代控制理论[M]. 北京:清华大学出版社,2007.
[31] 胥布工. 自动控制原理[M]. 2 版. 北京:电子工业出版社,2016.
[32] DORF R C, BISHOP R H. Modern control system[M]. 12 版. 北京:电子工业出版社,2015.